"十四五"职业教育国家规划教材

职业教育信息技术类系列教材

SQL Server数据库项目教程

主　编　蓝永健　周键飞
副主编　徐　佳　米　淼　杜　建
参　编　蔡小宇　张志军
　　　　高　爽　肖　静

机械工业出版社

本书通过教学项目“学生成绩系统”贯穿全书，通过企业项目“新闻网站发布系统”同步进行拓展实践提升，从而使学生掌握SQL Server 2019数据库管理与应用技术。本书打破传统的以知识点编排章节内容的模式，围绕应用项目的需求，按真实项目体系进行编写。全书共10个项目，内容包括建立SQL Server数据库环境、创建和管理数据库、创建和管理数据表、维护数据库、操作数据、创建和管理视图、创建和管理存储过程、创建和管理触发器、数据库安全管理以及使用ASP. NET开发网页程序。

本书可作为各类职业院校计算机及相关专业数据库技术课程的教材，也可以作为SQL Server 2019初学者的自学参考用书。

本书是职业教育信息技术类课程新形态一体化教材，配有电子课件、习题等教学资源，读者可登录机械工业出版社教育服务网（www.cmpedu.com），以教师身份注册后免费下载或联系编辑（010-88379194，QQ：303431623）咨询。本书还配有微课视频，读者可扫描二维码进行学习。为方便教师进行混合教学，本书配有“示范教学包”，可在超星学习通上实现“一键建课”。

图书在版编目（CIP）数据

SQL Server数据库项目教程 / 蓝永健，周键飞主编.
—北京：机械工业出版社，2020.9（2026.1重印）
职业教育信息技术类系列教材
ISBN 978-7-111-66193-1

Ⅰ. ①S… Ⅱ. ①蓝… ②周… Ⅲ. ①关系数据库系统—职业教育—教材
Ⅳ. ①TP311.132.3

中国版本图书馆CIP数据核字（2020）第134155号

机械工业出版社（北京市百万庄大街22号 邮政编码100037）
策划编辑：李绍坤　　责任编辑：李绍坤
责任校对：梁　静　　封面设计：马精明
责任印制：单爱军
北京华宇信诺印刷有限公司印刷
2026年1月第1版第12次印刷
184mm×260mm・15.25印张・364千字
标准书号：ISBN 978-7-111-66193-1
定价：49.00元

电话服务	网络服务
客服电话：010-88361066	机　工　官　网：www.cmpbook.com
010-88379833	机　工　官　博：weibo.com/cmp1952
010-68326294	金　　书　　网：www.golden-book.com
封底无防伪标均为盗版	机工教育服务网：www.cmpedu.com

关于“十四五”职业教育
国家规划教材的出版说明

为贯彻落实《中共中央关于认真学习宣传贯彻党的二十大精神的决定》《习近平新时代中国特色社会主义思想进课程教材指南》《职业院校教材管理办法》等文件精神，机械工业出版社与教材编写团队一道，认真执行思政内容进教材、进课堂、进头脑要求，尊重教育规律，遵循学科特点，对教材内容进行了更新，着力落实以下要求：

1. 提升教材铸魂育人功能，培育、践行社会主义核心价值观，教育引导学生树立共产主义远大理想和中国特色社会主义共同理想，坚定“四个自信”，厚植爱国主义情怀，把爱国情、强国志、报国行自觉融入建设社会主义现代化强国、实现中华民族伟大复兴的奋斗之中。同时，弘扬中华优秀传统文化，深入开展宪法法治教育。

2. 注重科学思维方法训练和科学伦理教育，培养学生探索未知、追求真理、勇攀科学高峰的责任感和使命感；强化学生工程伦理教育，培养学生精益求精的大国工匠精神，激发学生科技报国的家国情怀和使命担当。加快构建中国特色哲学社会科学学科体系、学术体系、话语体系。帮助学生了解相关专业和行业领域的国家战略、法律法规和相关政策，引导学生深入社会实践、关注现实问题，培育学生经世济民、诚信服务、德法兼修的职业素养。

3. 教育引导学生深刻理解并自觉实践各行业的职业精神、职业规范，增强职业责任感，培养遵纪守法、爱岗敬业、无私奉献、诚实守信、公道办事、开拓创新的职业品格和行为习惯。

在此基础上，及时更新教材知识内容，体现产业发展的新技术、新工艺、新规范、新标准。加强教材数字化建设，丰富配套资源，形成可听、可视、可练、可互动的融媒体教材。

教材建设需要各方的共同努力，也欢迎相关教材使用院校的师生及时反馈意见和建议，我们将认真组织力量进行研究，在后续重印及再版时吸纳改进，不断推动高质量教材出版。

机械工业出版社

前　　言

一、编写背景

以往基于知识体系的教学模式，学生学习后普遍反映理论知识偏多，职业技能不明确、技能训练不足。在实际工作中，编者将学生的学习活动与项目相结合，以任务为导向来组织教学，既能使理论和技能紧密融合，又能使学生更快地获得规划、实施和管理中小型数据库应用系统的方法和技能，提高学生解决实际问题的能力。因此，本书按照项目教学的基本规律进行编写。

为了贯彻党的二十大精神，加强教材建设，推进教育数字化，编者根据多年一线教学实践与研究经验，依据“富媒体教材”的思想，针对教师和学生的不同需求进行详细设计与分析，不断动态更新，保证本书的技术性与先进性。

二、内容与结构

全书共10个项目，内容包括建立SQL Server数据库环境、创建和管理数据库、创建和管理数据表、维护数据库、操作数据、创建和管理视图、创建和管理存储过程、创建和管理触发器、数据库安全管理以及使用ASP. NET开发网页程序。

各项目均包含完整的教学环节：项目概述、项目分析、知识与能力目标、若干个工作任务、项目小结、拓展任务和练习题。每个任务又细化为“任务分析”“知识准备”“任务实施”“知识补充”“触类旁通”和“任务小结”。

三、本书特色

1）采用项目式体系结构。摒弃传统教材的讲授模式，采用“项目导向，任务驱动”来组织教学内容，便于学生形成系统的项目体系结构概念。

2）突出技能操作。将知识点分布在各个项目中，每个项目再分为若干个任务，围绕任务进行技能和知识的传授，方便教学工作的开展。

3）配套资源丰富。建设了一套完整的教学课件、教学素材、实训任务书、实训任务素材、微课视频、习题库、习题答案和试卷样题等教学资源，方便教师选用，也方便学生学习。

四、教学建议

1）结合教学资源，开展线上线下混合教学。学生可先进行线上学习，在课堂中再做相应知识和实训技能的提升。

2）结合微课视频开展翻转课堂教学。本书对各项目的操作过程、方法原理、拓展实训等制作了100多个微课视频，设计了200多道选择题和判断题，为翻转课堂提供了大量的教学资源。

3）教学课时分布建议如下，也可根据实际情况酌情调整。

序号	项目名称	90学时建议	72学时建议	54学时建议
1	项目1　建立SQL Server数据库环境	4	3	3
2	项目2　创建和管理数据库	6	6	6
3	项目3　创建和管理数据表	13	12	8
4	项目4　维护数据库	10	10	5
5	项目5　操作数据	27	18	15
6	项目6　创建和管理视图	7	6	4
7	项目7　创建和管理存储过程	4	3	3
8	项目8　创建和管理触发器	4	3	3
9	项目9　数据库安全管理	5	5	4
10	项目10　使用ASP.NET开发网页程序	10	6	3

五、编者与分工

本书由蓝永健和周键飞担任主编，徐佳、米淼和杜建担任副主编，蔡小宇、张志军、高爽和肖静参加编写。其中，项目1和项目3由徐佳编写，项目2、项目5和项目6由蓝永健编写，项目4和项目9由周键飞编写，项目7和项目8由米淼编写，项目10由杜建编写，蔡小宇、张志军、高爽和肖静编写了部分案例和习题，最后由蓝永健统稿。

由于编者水平有限，书中难免出现疏漏和不足之处，敬请读者批评指正。

编　者

二维码索引

（续）

（续）

（续）

名称	图形	页码	名称	图形	页码
6-1　创建单表视图		144	6-13　拓展任务4		156
6-2　创建多表视图		144	6-14　练习题1		160
6-3　创建基于视图的视图		145	6-15　练习题2		160
6-4　创建加密视图		146	6-16　练习题3		160
6-5　生成视图脚本		146	6-17　练习题4		160
6-6　修改和删除视图		149	6-18　练习题5		160
6-7　单表查询		152	7-1　使用SSMS创建并执行存储过程		165
6-8　多表查询		152	7-2　使用T-SQL创建并执行存储过程		167
6-9　数据更新		153	7-3　使用SSMS修改和删除存储过程		172
6-10　拓展任务1		156	7-4　使用T-SQL修改和删除存储过程		174
6-11　拓展任务2		156	7-5　拓展任务1		176
6-12　拓展任务3		156	7-6　拓展任务2		176

（续）

（续）

目　录

项目1 建立SQL Server数据库环境

项目概述

在大数据时代，传统的教学管理模式发生了新的改变。学校信息化、网络化、现代化的发展要求促进了数字化校园的建设。学生成绩管理工作量大、内容繁杂，借助计算机强大的信息处理能力可提高管理工作效率和质量。某公司为某大学的“学生成绩系统”进行软件产品研发。项目小组接到研发任务后，经过需求分析，决定使用Microsoft SQL Server 2019数据库系统作为“学生成绩系统”的数据库平台。

项目分析

“工欲善其事，必先利其器。”要进行软件开发，需要先在Windows系统中安装及配置SQL Server 2019。在使用SQL Server 2019进行软件开发时，需要熟练掌握管理SQL Server服务的方法。

知识与能力目标

1）了解SQL Server 2019的软硬件基本需求。
2）掌握下载并安装SQL Server 2019的方法。
3）掌握暂停、启动和停止SQL Server 2019服务的方法。
4）掌握SQL Server 2019网络协议和服务器配置方法。

任务1 SQL Server 2019的安装和服务配置

结合计算机的操作系统版本和环境，使用合适的SQL Server 2019和SQL Server Management Studio（SSMS）软件包，并在Windows系统中完成SQL Server 2019和SSMS的安装。

◆ 任务分析

从官方网站下载SQL Server 2019安装文件并进行全新安装。在安装的过程中可以根据实际情况选择不同的版本，不同的版本对操作系统要求有差异。

SSMS独立于SQL Server 2019，需要单独下载和安装。

◆ 知识准备

1. SQL Server 2019版本简介

SQL Server是Microsoft公司推出的关系型数据库管理系统，具有使用方便、可伸缩性好和相关软件集成程度高等优点，目前最新的版本是SQL Server 2019。

为了满足不同的需求，SQL Server 2019提供了5个版本，分别是企业版（SQL Server Enterprise Edition）、标准版（SQL Server Standard Edition）、网络版（SQL Server Web Edition）、开发版（SQL Server Developer Edition）和精简版（SQL Server Express Edition）。

访问SQL Server的官方网站可以获得需要的版本，如图1-1所示。

图1-1　SQL Server官网

安装SQL Server 2019所需要的内存、处理器和硬盘的基本配置，见表1-1。

表1-1　SQL Server 2019硬件要求

组件	最低	推荐
内存	Express Edition：512 MB 所有其他版本：1 GB	Express Edition：1GB 所有其他版本：至少4GB，并且应随着数据库大小的增加而增加来确保最佳性能
处理器速度	x64 处理器：1.4 GHz	2.0 GHz或更快
处理器类型	x64 处理器：AMD Opteron、AMD Athlon 64、支持 Intel EM64T 的 Intel Xeon以及支持 EM64T 的 Intel Pentium IV 仅x64处理器支持SQL Server的安装。x86处理器不再支持此安装	
硬盘	SQL Server 要求最少6 GB的可用硬盘空间	

安装SQL Server 2019对操作系统的要求为Windows 10 TH1 1507或更高版本，Windows Server 2016或更高版本。与各版本的Windows兼容的SQL Server 2019各版本，见表1-2。

表1-2　SQL Server 2019各版本与Windows各版本的兼容性

SQL Server版本	企业版	开发版	标准版	网络版	精简版
Windows Server 2019 Datacenter	是	是	是	是	是
Windows Server 2019 Standard	是	是	是	是	是
Windows Server 2019 Essentials	是	是	是	是	是
Windows Server 2016 Datacenter	是	是	是	是	是
Windows Server 2016 Standard	是	是	是	是	是
Windows Server 2016 Essentials	是	是	是	是	是
Windows 10 Enterprise	否	是	是	否	是
Windows 10 专业版	否	是	是	否	是
Windows 10 家庭版	否	是	是	否	是

2. SQL Server Management Studio

SQL Server Management Studio（SSMS）是用于管理SQL基础结构的集成环境。使用SSMS可以访问、配置、管理和开发SQL Server的所有组件。SSMS在一个综合实用工具中汇集了大量图形工具和丰富的脚本编辑器，为开发者和数据库管理员提供对SQL Server的访问权限。

◆ 任务实施

1-1　下载并安装 SQL Server 2019

1. 下载并安装SQL Server 2019

1）登录官方网站，选择合适的版本并下载SQL Server 2019安装文件。

2）双击打开文件夹中的“setup.exe”文件，进入如图1-2所示的安装中心界面。

图1-2　SQL Server 安装中心界面

3）单击左侧“安装”按钮，然后在右侧窗口中单击“全新SQL Server独立安装或向现有安装添加功能”，打开如图1-3所示的“SQL Server 2019安装”窗口，选择“指定可用版本”或者“输入产品密钥”。

4）单击“下一步”按钮，打开“许可条款”窗口，勾选“我接受许可条款”复选框。

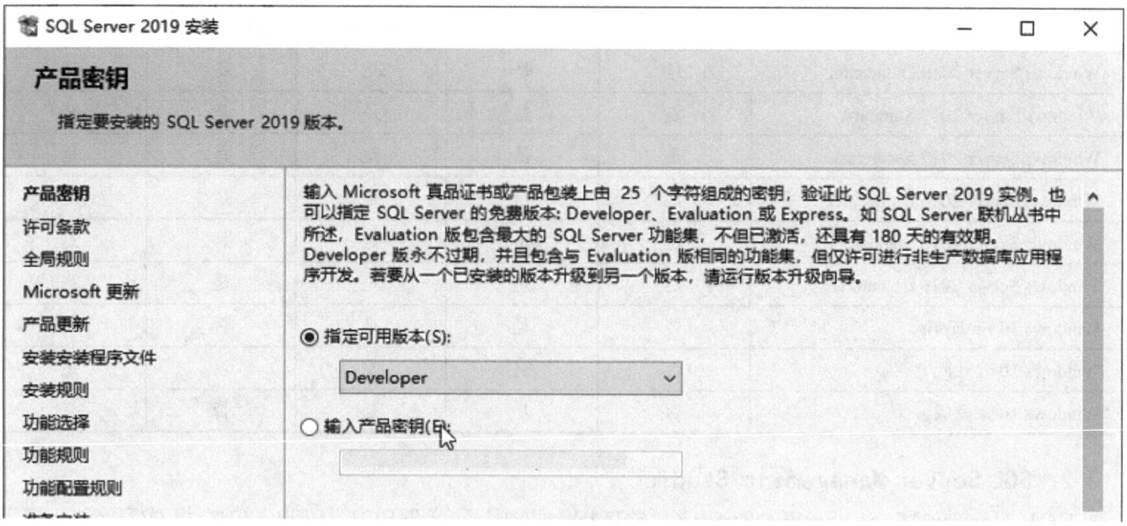

图1-3 “SQL Server 2019安装”窗口

5）单击“下一步”按钮，打开“Microsoft更新”窗口。

6）单击“下一步”按钮，打开“产品更新”窗口。

7）单击“下一步”按钮，打开“安装规则”窗口，如图1-4所示，只有当所有检测都通过之后才能继续下面的安装。如果出现错误，则需要更正所有失败后才能安装。

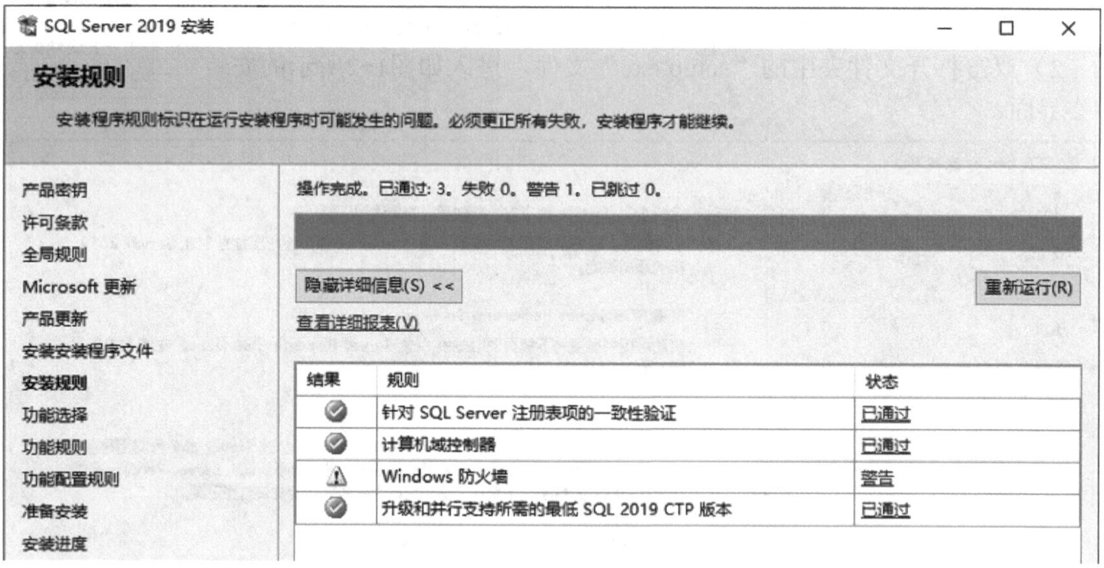

图1-4 “安全规则”窗口

8）单击“下一步”按钮，打开“功能选择”窗口，如图1-5所示，根据自己的需求选择要安装的组件。

9）单击“下一步”按钮，打开“实例配置”窗口，如图1-6所示，用户可以选择“默认实例”或者“命名实例”，还可以更改实例根目录。

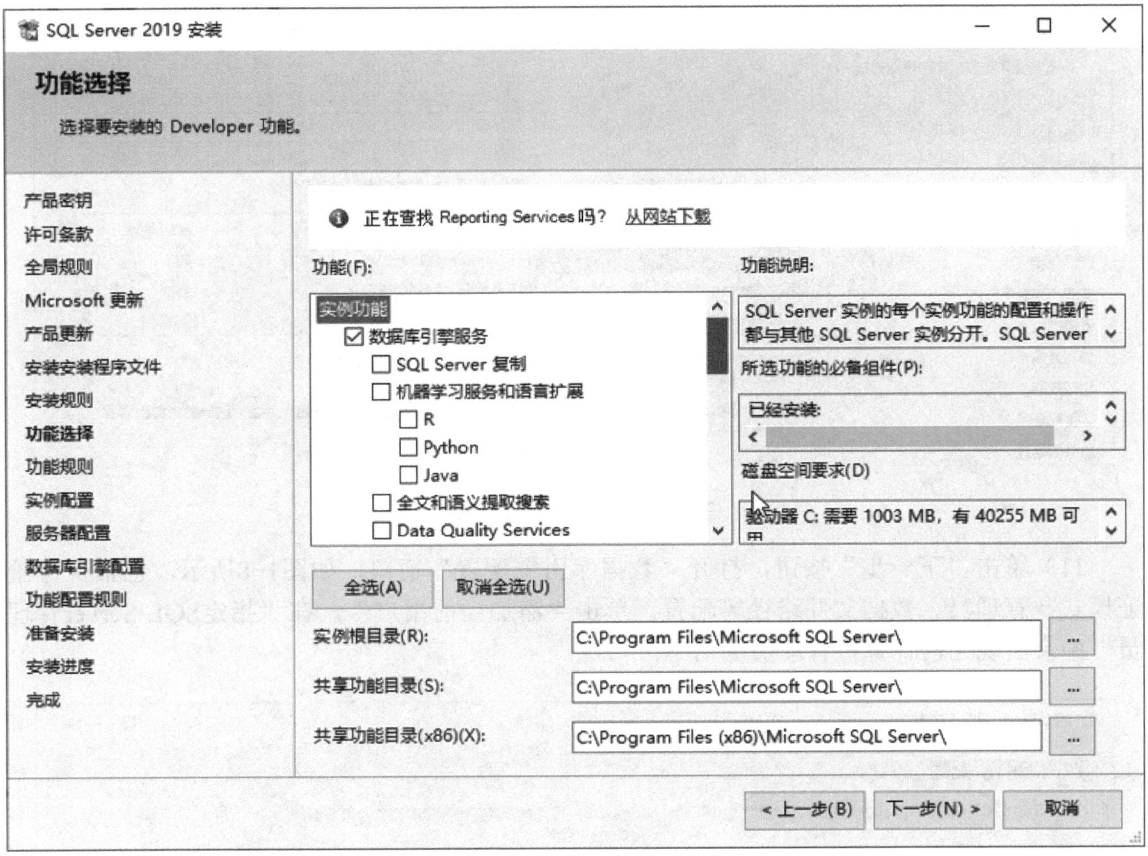

图1-5 “功能选择”窗口

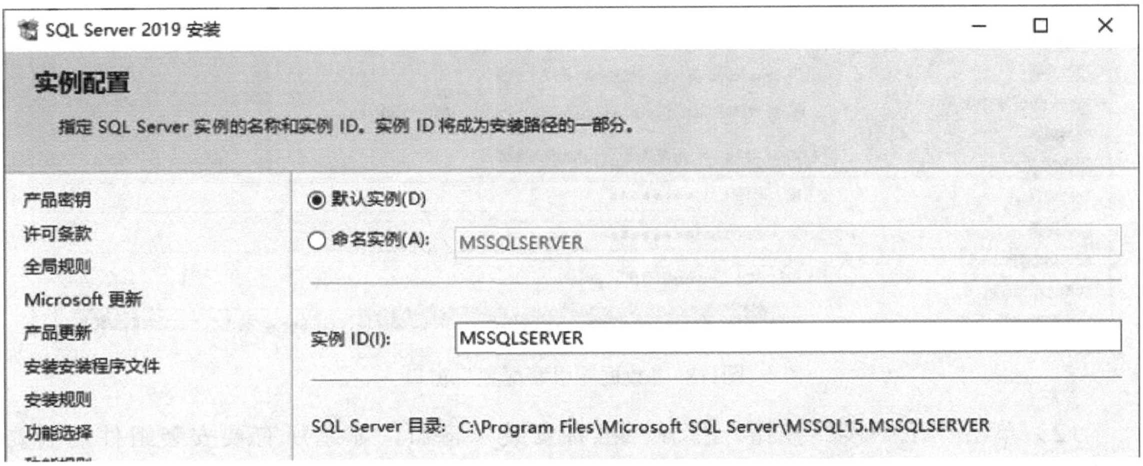

图1-6 “实例配置”窗口

10）单击“下一步”按钮，打开“服务器配置”窗口，如图1-7所示。在“服务账户”选项卡中可以为每个SQL Server服务配置一个单独的账户，也可以配置同一个账户。

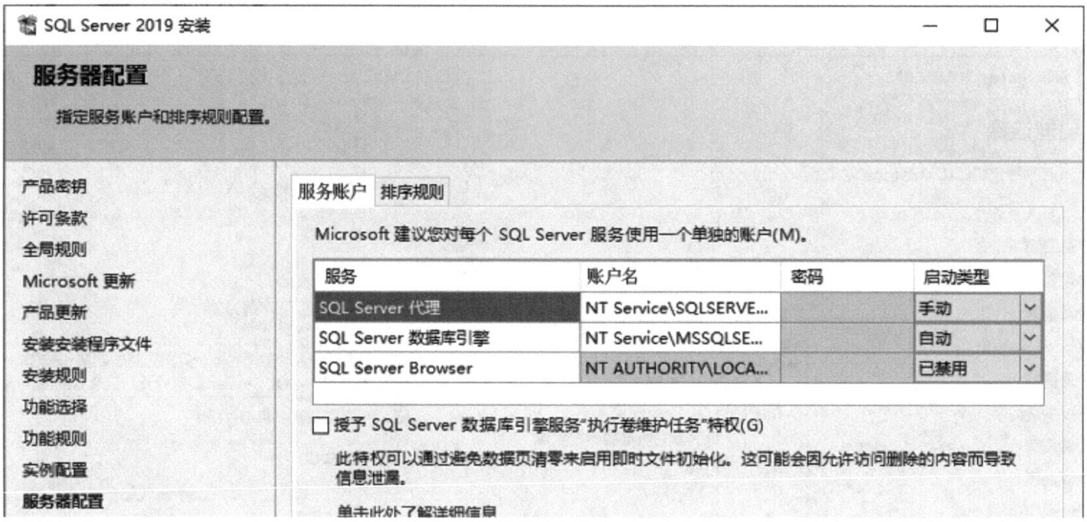

图1-7 “服务器配置”窗口

11）单击“下一步”按钮，打开“数据库引擎配置”窗口，如图1-8所示，包括身份验证模式、管理员、数据文件路径等配置。单击“添加当前用户”，在“指定SQL Server管理员”中会出现当前计算机管理员的信息。

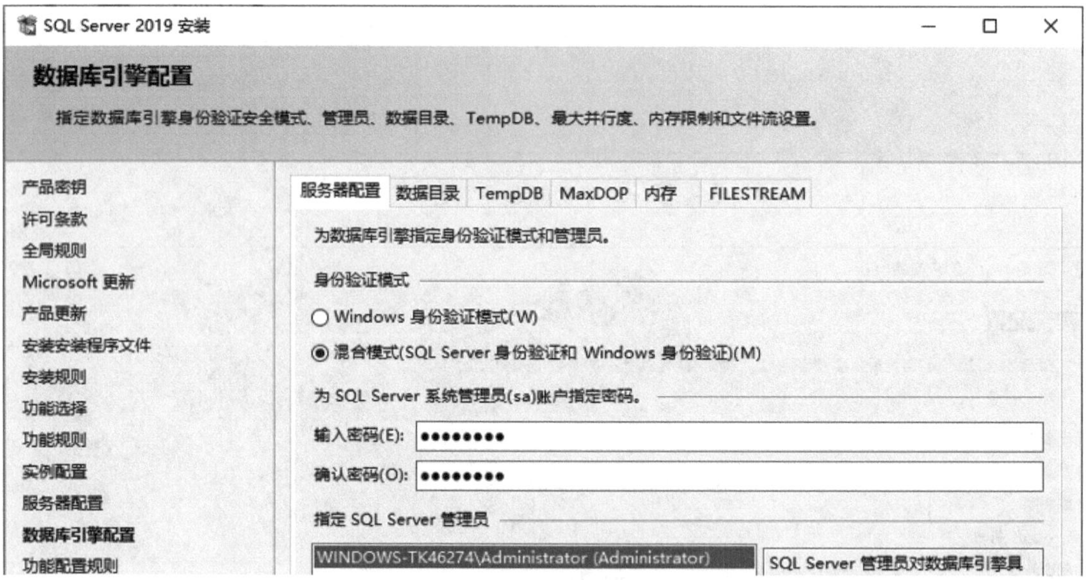

图1-8 “数据库引擎配置”窗口

12）单击“下一步”按钮，打开“准备安装”窗口，显示所有要安装组件的摘要信息。

13）单击“安装”按钮开始安装，当安装完成后会打开“完成”窗口，如图1-9所示。

14）单击“关闭”按钮，结束安装。

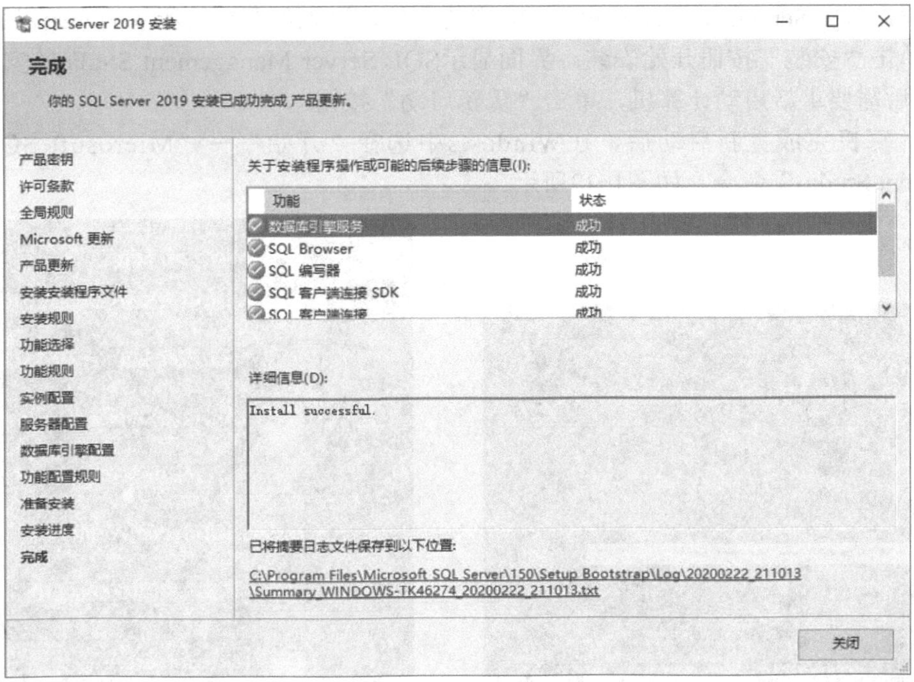

图1-9　“完成”窗口

2. 下载并安装SQL Server Management Studio

1）在安装界面单击第3项“安装SQL Server管理工具”会自动跳转到官方网站，如图1-10所示，下载SQL Server Management Studio安装文件。

1-2　下载并安装 SSMS

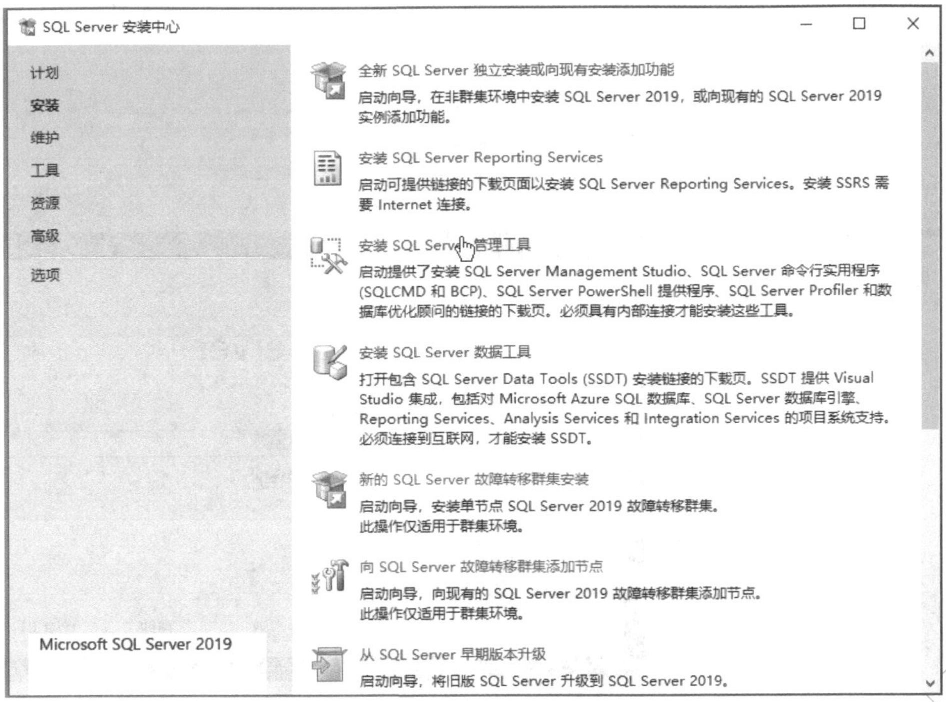

图1-10　单击“安装SQL Server管理工具”

2）双击SQL Server Management Studio安装文件，进入如图1-11所示的安装界面。

3）单击“安装”按钮开始安装，界面显示SQL Server Management Studio的安装进度。安装完成后需要重新启动计算机，单击“重新启动”按钮。

4）计算机完成重新启动后，在Windows中选择“开始”→“Microsoft SQL Server Management Studio”命令，如图1-12所示。

图1-11　SQL Server Management Studio安装界面

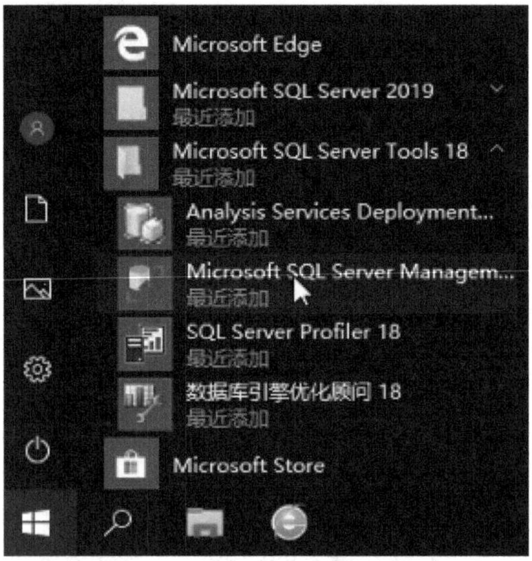

图1-12 “开始”菜单中启动SQL Server Management Studio

5）可以正常启动Microsoft SQL Server Management Studio即表示已安装完成，如图1-13所示。

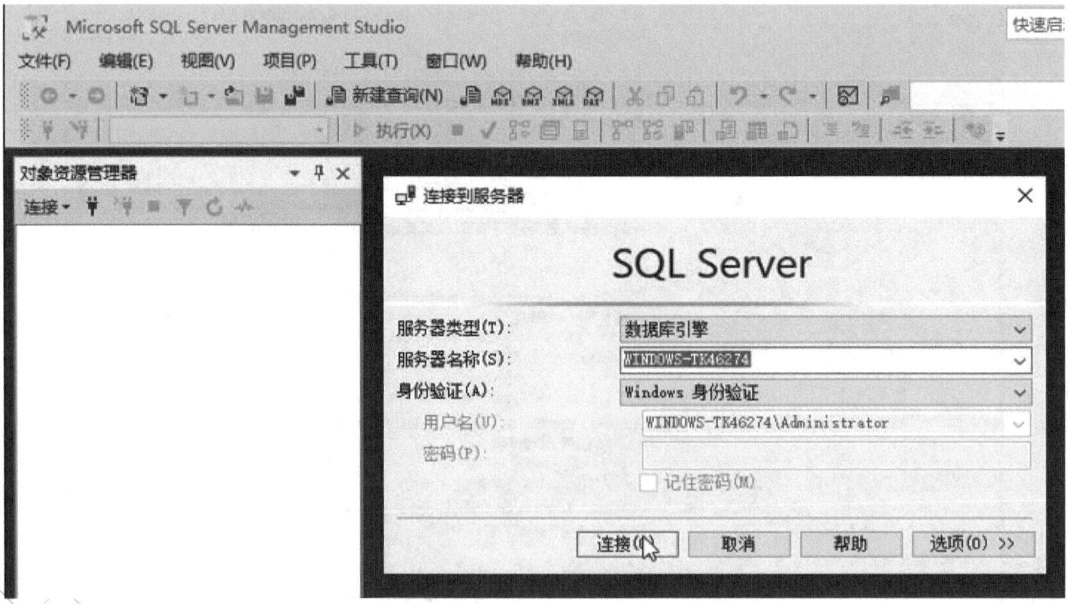

图1-13　SQL Server Management Studio启动界面

◆ 触类旁通

MySQL是一个关系型数据库管理系统，由瑞典MySQL AB 公司开发，属于 Oracle 旗下的产品。MySQL所使用的SQL是用于访问数据库的最常用的标准化语言。MySQL 由于具有体积小、速度快、总体拥有成本低，尤其是开放源代码这一特点，一般开发中小型网站会选择 MySQL 作为网站数据库。

1. MySQL官方版本的下载和安装

MySQL官方下载地址为https://www.mysql.com/downloads/。

MySQL安装教程为https://www.runoob.com/mysql/mysql-install.html。

2. 通过WAMP安装MySQL

WAMP是指Windows下的Apache+MySQL/MariaDB+Perl/PHP/Python，是一组用来搭建动态网站或者服务器的开源软件，这对于不熟悉WAMP安装的用户来说操作方便简单，它会自动安装MySQL数据库。WAMP软件安装完成后，MySQL数据库就安装完成了，可以使用了。

WampServer下载地址为http://www.wampserver.com。

XAMPP下载地址为https://www.apachefriends.org。

AppServ下载地址为https://www.appserv.org。

◆ 任务小结

本任务主要讲解了数据库和数据库管理系统的概念，SQL Server 2019的版本及下载方式，SQL Server 2019 和SQL Server Management Studio的安装过程。

任务2　SQL Server 2019的配置管理

本任务主要完成以下3项内容。

1）根据实际情况选择启动、暂停和停止SQL Server服务。

2）为了能让网络访问和使用SQL Server 2019，需要对SQL Server 2019的服务端和客户端的通信协议进行配置。

3）对SQL Server 2019服务器属性进行修改，结合服务器的CPU、内存和带宽等要求调整和修改部分参数，以获得最优的性能体验。

◆ 任务分析

1）启动、暂停和停止SQL Server服务可以使用以下方法完成。

① 在“SQL Server配置管理器”中，SQL Server服务左侧的图标可以表明服务器的当前状态，可对SQL Server服务的状态进行管理。

② 启动SSMS，登录并且连接SQL Server服务器后，可以对SQL Server服务的状态进行管理。

③ 在Windows“服务”中进行管理。打开Windows服务的方法主要有以下两种：选择“控制面板”→“所有控制面板项”→“管理工具”命令可以打开；或者在打开的Windows

运行窗口或者DOS命令窗口中输入命令services.msc，然后单击“确定”按钮可以把“服务”功能调出来。

2）SQL Server 2019配置通信协议主要是对共享内存协议的服务器端和客户端进行配置。

3）修改SQL Server 2019服务器的一些基本配置参数，可以在SQL Server 2019服务器上单击鼠标右键，在弹出的快捷菜单中选择“属性”命令，在“属性”窗口中完成相关参数的调整。

◆ 任务实施

1-3 启动、暂停和停止服务

1. 启动、暂停和停止SQL Server服务

1）在Windows系统中选择“开始”→“Microsoft SQL Server 2019”→“SQL Server配置管理器”命令，打开“SQL Server配置管理器”窗口。

2）打开后的“SQL Server配置管理器”窗口，如图1-14所示，单击左侧的“SQL Server服务”选项，右侧窗口会显示本地SQL Server服务。

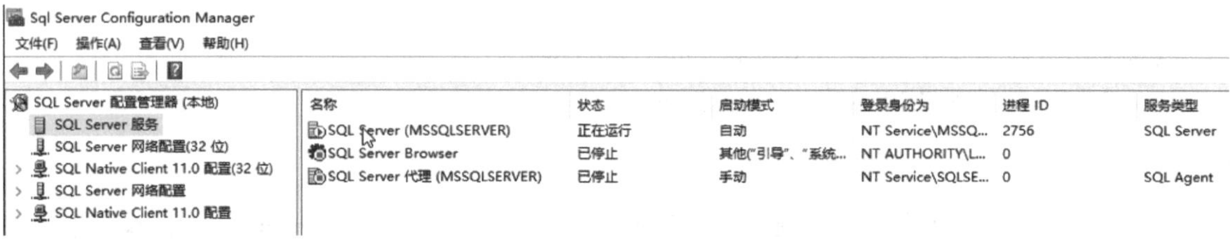

图1-14 SQL Server 配置管理器

3）需要启动、停止、暂停、继续或者重新启动SQL Server服务时，在服务名称上单击鼠标右键，在弹出的快捷菜单中选择相应的命令即可，如图1-15所示。

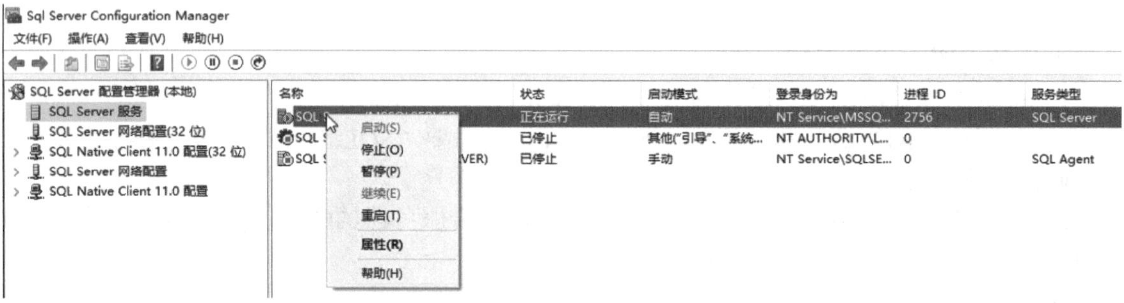

图1-15 启动、停止、暂停、继续或者重新启动SQL Server 服务

4）选择“控制面板”→“所有控制面板项”→“管理工具”命令打开Windows服务，也可以进行启动、停止、暂停、继续或者重新启动SQL Server服务操作。

2. 配置MSSQLSERVER协议和SQL Server Native Client协议

1-4 配置通信协议

1）启动“SQL Server配置管理器”，展开左侧的“SQL Server网络配置”选项，选中“MSSQLSERVER的协议”选项。在右侧窗口中，在Shared Memory选项上单击鼠标右键，在弹出的快捷菜单中选择“启用”

命令，如图1-16所示。

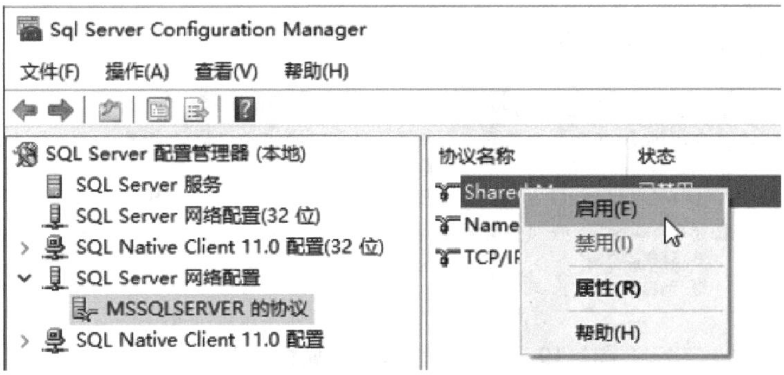

图1-16 启用Shared Memory

2）在右侧窗口中，在“TCP/IP”选项上单击鼠标右键，在弹出的快捷菜单中选择“属性”命令，弹出“TCP/IP属性”对话框，如图1-17所示，将“已启用”属性设置为“是”。

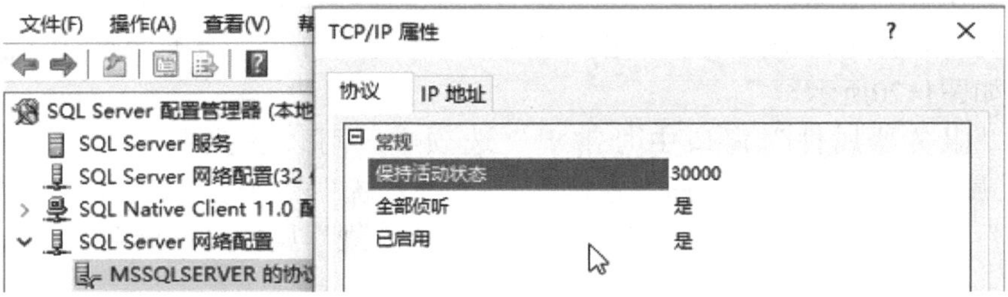

图1-17 “TCP/IP属性”对话框

3）展开左侧“SQL Native Client 11.0配置”选项，选中“客户端协议”选项，如图1-18所示。按<F1>键后可看到有关配置管理器中的“SQL Server Native Client配置”对话框的帮助主题。

图1-18 设置客户端的共享内存协议

4）在右侧窗口中，在Shared Memory选项上单击鼠标右键，在弹出的快捷菜单中选择“启用”命令。

5）在右侧窗口中，在“TCP/IP”选项上单击鼠标右键，在弹出的快捷菜单中选择“属性”命令，弹出“TCP/IP属性”对话框，如图1-19所示，将“已启用”属性设置为“是”。

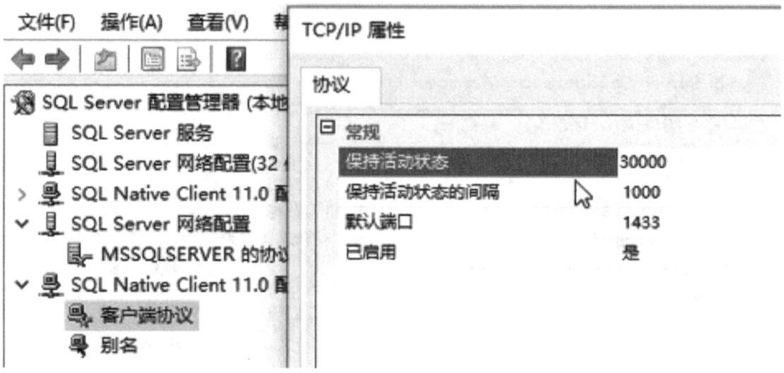

图1-19　客户端“TCP/IP属性”对话框

6）配置完相应的协议后，在SQL Server配置管理器中要重新启动SQL Server服务，设置才能生效。

3．查看SQL Server 2019服务器属性和修改参数

1-5　修改服务器参数

1）启动SSMS，登录并且连接到SQL Server服务器。在服务器名称上单击鼠标右键，在弹出的快捷菜单中选择“属性”命令，打开“服务器属性”窗口，如图1-20所示。

2）在“服务器属性”窗口中“常规”选项中，可以看到服务器的“常规”属性，包括服务器的“名称”“操作系统”“平台”“版本”“语言”“内存”和“处理器”等数据信息。“常规”属性只能查看，不能修改。

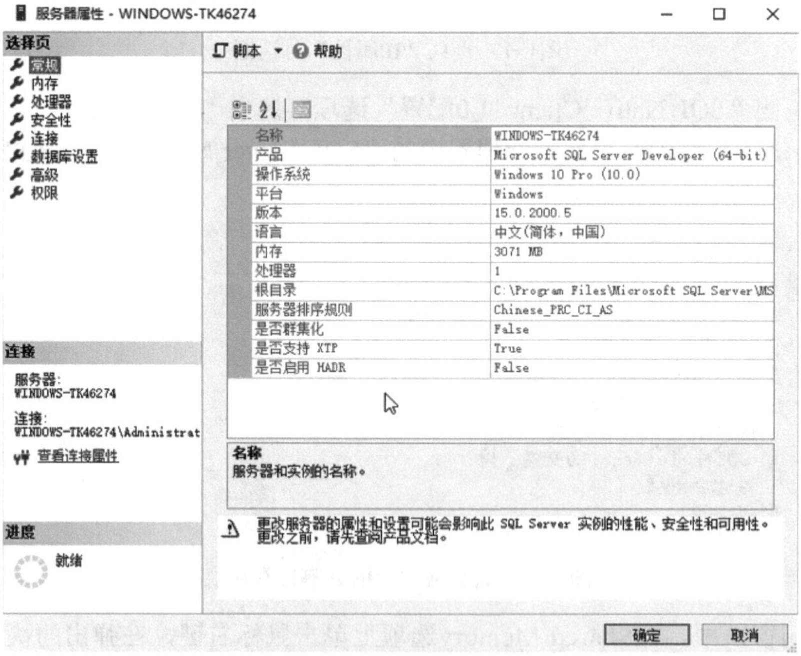

图1-20　“服务器属性”的“常规”属性

3）选择“内存”选项，可以根据当前计算机的内存实际情况，设置使用最小服务器内存、最大服务器内存和创建索引时占用的内存等数据信息。

4）选择“安全性”选项，可以更改SQL Server的身份验证模式、启用审核功能、设置代理账户等信息，如图1-21所示。在通常情况下，可以选择将“服务器身份验证”的方式设置为混合模式。混合模式允许程序以编程的方式或者其他客户端使用SQL Server的登录名进行登录和管理。

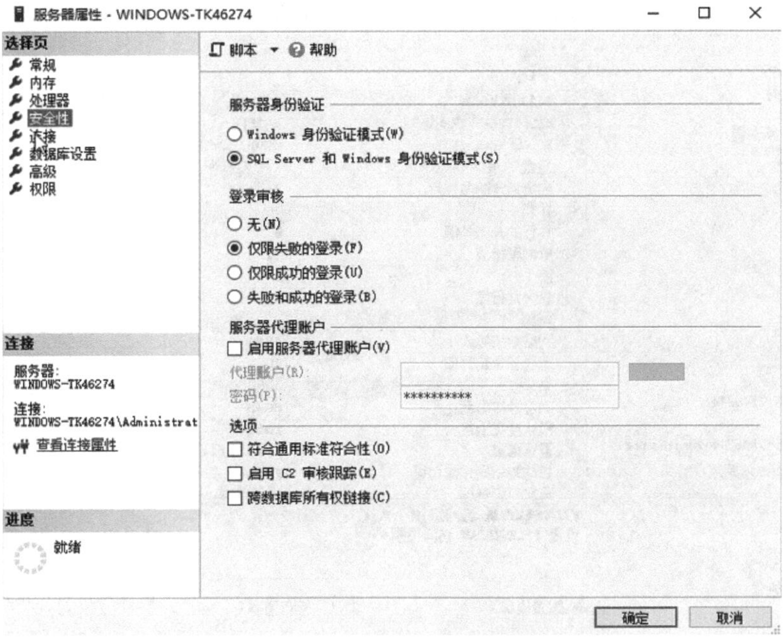

图1-21 “服务器属性”的“安全性”属性

5）选择“连接”选项，可以指定并发用户连接的最大数目、进行分布式事务设置等，如图1-22所示。

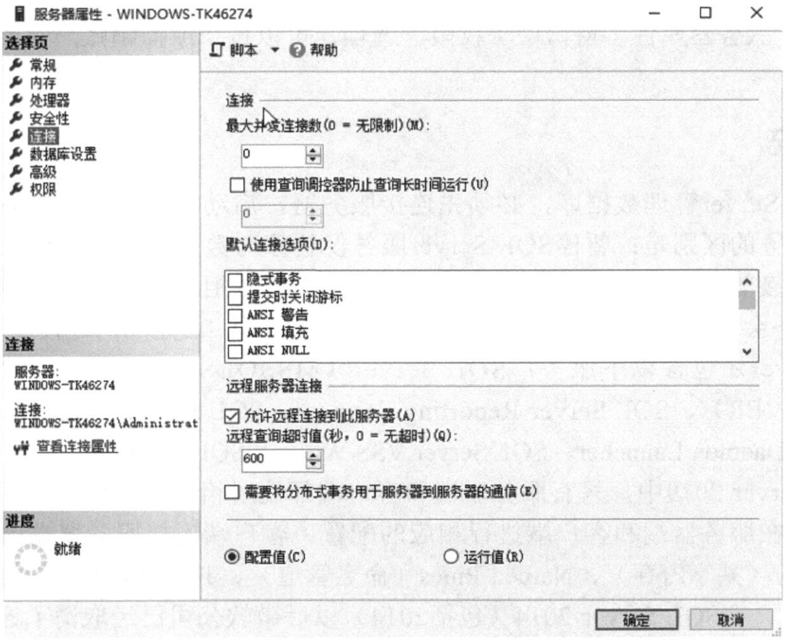

图1-22 “服务器属性”的“连接”属性

6）选择“高级”选项，可以进行并行、网络、文件流、默认语言等设置，如图1-23所示。

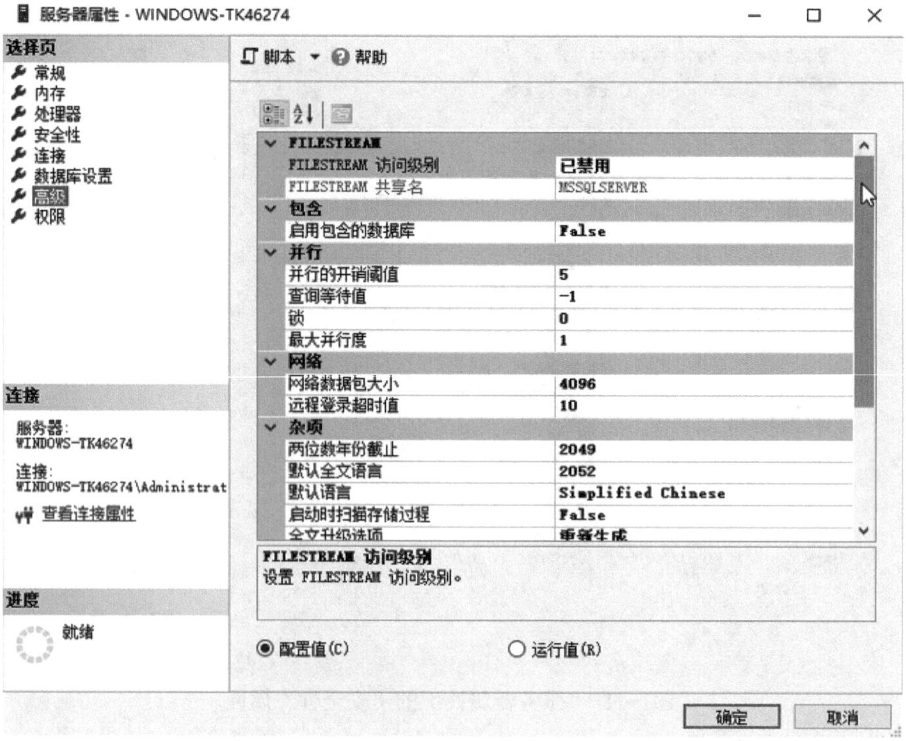

图1-23 “服务器属性”的“高级”属性

7）选择“服务器属性”窗口中“权限”选项，可以授予或撤销账户对数据库服务器的操作权限。

◆ 知识补充

要用SQL Server管理数据库，必须先连接服务器，启动SQL Server服务。暂停和停止SQL Server服务的区别是：暂停SQL Server服务仅暂停对数据库的登录请求和对数据的操作，已建立连接的客户机不受影响，可以继续工作，但会拒绝新的客户机连接请求；停止SQL Server服务会从内存中清除所有SQL Server服务器进程，已建立的连接也会立即中止。

SQL Server还包含以下服务：SQL Server（MSSQLSERVER）、SQL Server代理（MSSQLSERVER）、SQL Server Reporting Services、SQL Server Analysis Services、SQL Full-text Filter Daemon Launcher、SQL Server VSS Writer和SQL Browser。

在SQL Server 2019中，只有服务器端和客户端都使用相同的协议才可以正常通信。因此，需要分别在服务器端和客户端进行相应的配置。客户端连接服务器端的通信协议有：Shared Memory（共享内存）、Named Pipes（命名管道）、TCP/IP、VIA。微软官方不推荐使用 VIA 协议，在SQL Server 2014（包括2014）以后微软公司已经取消了这种协议。平时使用涉及的协议主要有：共享内存协议和TCP/IP。

1）Share Memory是一种最简单的协议。由于使用该协议仅可以连接到自身服务器上安装的SQL Server实例，它对于大多数数据库活动而言是没有用的。可以使用该协议进行故障排除，排查其他协议是否有误。

2）TCP/IP是Internet上广泛使用的通信协议。启用该协议，就可以在远程客户端上访问该计算机上安装的SQL Server实例。

3）NamePipes协议是为局域网开发的协议。该协议在使用SQL Server实例的过程中一般是禁用的。

SQL Server Native Client是客户端计算机用于连接到 SQL Server的网络库，与 Microsoft SQL Server 一起启动。SQL Server Native Client 中配置的设置将在运行客户端程序的计算机上使用。在运行 SQL Server的计算机上配置这些设置时，它们仅影响那些运行在服务器上的客户端程序。

◆ 触类旁通

MySQL的配置和管理可以通过命令行的方式进行。

1）使用WAMP Server安装的MySQL 8.0启动方法：在开始运行窗口中输入“services.msc”，按<Enter>键确认之后找到MySQL服务的真实服务名，服务名并不是MySQL，而是wampmysqld64，双击打开“属性”对话框，通过单击“启动”和“停止”按钮来改变服务状态。

2）登录MySQL数据库的方法。

在开始运行窗口中输入“cmd”并以管理员身份打开窗口，在DOS窗口中输入代码，以切换到MySql安装目录。如果MySQL文件在其他目录上，则输入相应的地址。

```
cd C:\wamp64\bin\mysql\mysql8.0.18\bin
```

按<Enter>键确认后可以通过登录命令来连接MySQL数据库，登录命令是：

```
mysql -h localhost -u root -p
```

按<Enter>键之后系统会提示enter password，这时输入配置时设置的密码，按<Enter>键确认之后即登录数据库，可以开始对数据库进行操作了。

登录MySQL数据库的一般命令格式为：mysql -h hostname -u root -p。

说明： mysql是登录命令，-h后面是服务器的主机地址，如果客户端与服务器在同一台机器上，则输入localhost，-u后面是登录的用户名称，这里默认是root。-p表示后面要输入password（登录密码）。

◆ 任务小结

本任务主要讲解多种方式对SQL Server 2019服务进行暂停、启动和停止，以及SQL Server 2019网络通信协议和服务器属性参数的配置。

项目小结

本项目主要通过介绍SQL Server 2019的安装配置环境训练读者掌握安装和部署SQL Server 2019的技能。数据库环境建立的思维导图，如图1-24所示。

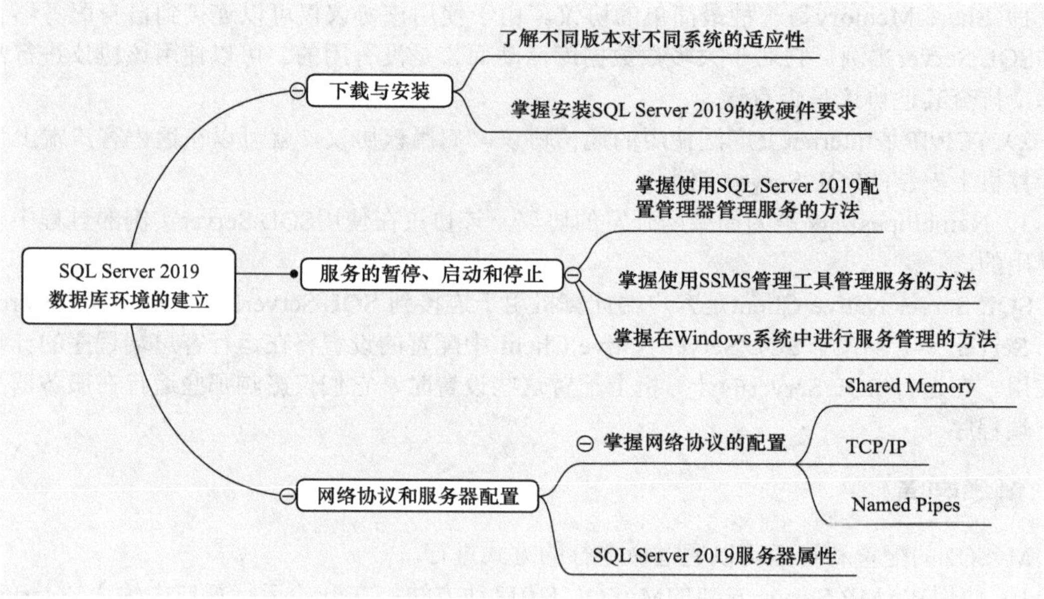

图1-24　数据库环境建立的思维导图

本项目还讲述了SQL Server 2019和SQL Server Management Studio的下载和安装，提供具体的安装条件和步骤，读者可以按照指引一步步地安装。

在SQL Server 2019中，服务器端和客户端使用TCP/IP通信。正确设置后，客户端才可以连接到服务器端对数据库进行管理。本项目是整个数据库项目的基石，可以了解环境的搭建方法和基础知识。所谓工欲善其事必先利其器，本项目是学习后面项目的基础，对以后解决数据库故障也有着不可忽视的作用。

拓展任务

◆ 任务描述

A传媒公司珠海分公司需要开发一个新闻管理系统。为了符合网络安全法要求，供应商要求安装最新的、提供服务和维护的操作系统和软件。

1）系统需要安装两台服务器，分别为1台数据库服务器DataServer和1台Web应用服务器的WebServer。

2）所有服务器都安装Windows Server 2019操作系统，数据库服务器需要安装数据库软件SQL Server 2019和SMSS，Web应用服务器需要安装SMSS。

3）需要配置服务器，设置sa账号和TCP/IP，保证应用服务器和数据库服务器的联通。

◆ 思路提示

1）在数据库服务器DataServer中安装 SQL Server 2019和SMSS软件。

2）在Web应用服务器WebServer中安装SMSS软件。

3）配置数据库服务器和Web应用服务器，使WebServer服务器的SSMS可以访问DataServer数据库服务器的SQL Server 2019服务。

1-6 拓展任务 1　　1-7 拓展任务 2　　1-8 拓展任务 3

练习题

一、选择题

1．以下哪个是常用的数据库管理软件。（　　）

A．SQL Server　　B．Word　　C．JDK　　D．QQ

2．Microsoft公司的SQL Server 2019 数据库管理系统一般只能运行于（　　）。

A．Windows平台　　B．UNIX平台

C．Linux平台　　D．NetWare平台

3．SQL Server 2019标准版不支持的操作系统是（　　）。

A．Windows 10　　B．Windows Server 2012

C．Windows Server 2016　　D．Windows Server 2019

4．SQL Server 2019属于（　　）数据库系统。

A．层次模型　　B．网状模型

C．关系模型　　D．面向对象模型

5．要想使SQL Server 2019数据库管理系统开始工作，必须首先启动（　　）。

A．SQL Server服务器　　B．查询分析器

C．网络实用工具　　D．数据导入和导出程序

6．下列操作中，（　　）不是SQL Server服务器管理器功能。

A．启动SQL Server服务　　B．停止SQL Server服务

C．暂停SQL Server服务　　D．执行SQL查询命令

二、填空题

1．数据库是按照（　　）来组织、存储和管理数据的仓库。

2．SQL Server 2019提供了5个版本，分别是（　　）、（　　）、（　　）、（　　）和（　　）。

3．SQL Server有（　　）和混合验证模式两种身份验证模式。

三、简答题

1．通常情况下，通过什么方法管理SQL Server服务？

2．暂停和停止SQL Server服务有什么区别？

3．如何设置SQL Server服务自动启动？

4．简要描述SQL Server 2019中Shared Memory（共享内存）、Named Pipes（命名管道）、TCP/IP三个协议的作用。

5．SQL Server服务有很多种，通过查找资料简单说明以下服务的作用和意义。

（1）SQL Server（MSSQLSERVER）

（2）SQL Server代理（MSSQLSERVER）

（3）SQL Server Reporting Services

（4）SQL Server Analysis Services

（5）SQL Full-text Filter Daemon Launcher

（6）SQL Server VSS Writer

（7）SQL Browser

项目2　创建和管理数据库

项目概述

日常办公时对大多数轻量级数据的管理会在Excel中进行，但是它往往只能允许单用户使用，在应对多用户在线管理的数据时存在不足。这往往需要应用数据库管理系统进行管理。在开发“学生成绩系统”软件时，需要数据库工程师创建数据库并对学生成绩系统数据库进行管理。

项目分析

对数据库的简单管理包含新建数据库、修改数据库和删除数据库。在SQL Server 2019中创建、修改和删除数据库可以使用SSMS图形界面的方式完成，也可以使用T-SQL语句的方式完成，还需要熟练使用CREATE DATABASE、ALTER DATABASE和DROP DATABASE的语法。

知识与能力目标

1）能合理规划数据库文件和文件组。

2）理解CREATE DATABASE、ALTER DATABASE和DROP DATABASE的语法。

3）掌握使用T-SQL语句新建数据库、修改数据库和删除数据库的方法。

4）掌握使用SSMS图形界面方式新建数据库、修改数据库和删除数据库的方法。

5）掌握自动生成CREATE DATABASE脚本的方法。

任务1　创建数据库

创建“学生成绩系统”数据库，数据库名称为“dbStudentScore”，物理路径为“C:\SchoolData\”。业务要求提交T-SQL语句代码，要求如下：

1）主文件的逻辑名为StudentScore_data，文件名为“StudentScore_data.mdf”，初始大小为3MB，最大值为UNLIMITED（不限制），文件增长量为1MB。

2）日志文件的逻辑名为StudentScore_log，文件名为“StudentScore_log.ldf”，初始大小为1MB，最大值为20 480MB，文件增长量为10%。

◆ 任务分析

本任务可以使用两种方法完成。

1）使用SSMS图形界面方式创建数据库，再使用“编辑数据库脚本为”的功能自动生成相应的CREATE DATABASE代码。

2）使用T-SQL语句创建数据库。在使用CREATE DATABASE语法时需要区别和注意NAME、FILENAME、SIZE、MAXSIZE、FILEGROWTH参数的准确含义。

◆ 知识准备

1. 数据库文件

每个SQL Server数据库至少具有两个文件：一个数据文件和一个日志文件。数据文件包含数据和对象，例如，表、索引、存储过程和视图。日志文件包含恢复数据库中的所有事务所需的信息。为了便于分配和管理，可以将数据文件集合起来放到文件组中。SQL Server数据库文件有三种类型，分别是主要数据文件、次要数据文件和事务日志文件。三者之间的比较见表2-1。

表2-1 SQL Server数据库三种类型的文件

文件	描述	扩展名	数量
主要数据文件	主要数据文件包含数据库的启动信息，并指向数据库中的其他文件。用户数据和对象可存储在主要数据文件中，也可以存储在次要数据文件中	.mdf	=1
次要数据文件	次要数据文件是可选的，由用户定义并存储用户数据。通过将每个文件放在不同的硬盘驱动器上，次要文件可用于将数据分散到多个硬盘上。另外，如果数据库超过了单个 Windows 文件的最大大小，可以增加次要数据文件，这样数据库就能继续增长	.ndf	≥0
事务日志文件	事务日志文件保存用于恢复数据库的日志信息。每个数据库必须至少有一个日志文件	.ldf	≥1

默认情况下，数据和事务日志被放在同一个驱动器上的同一个路径下，但是在生产环境中建议将数据和日志文件放在不同的硬盘上。数据库文件保存的位置可以由系统默认指定，也可以由用户自定义指定。默认路径为“C:\Program Files\Microsoft SQL Server\MSSQL15.MSSQLSERVER\MSSQL\DATA”，其中MSSQLSERVER是数据库实例的名称，由用户安装时自定义指定。

2. 数据库文件组

SQL Server的数据存储在文件中，文件是实际存储数据的物理实体，文件组是逻辑对象，SQL Server通过文件组来管理文件。SQL Server 2019版本支持四种文件组：默认（Primary）文件组、用户自定义文件组、内存优化数据文件组和Filestream文件组。

（1）默认（Primary）文件组

如果在数据库中创建对象时没有指定对象所属的文件组，则对象将被分配给默认文件组。不管何时，只能将一个文件组指定为默认文件组。默认文件组中的文件必须足够大，能够容纳未分配给其他文件组的所有新对象。每个数据库有一个主要（Primary）文件组。此文件组包含主要数据文件和未放入其他文件组的所有次要文件。可以创建用户定义的文件组，用于将数据文件集合起来，以便于管理、数据分配和放置。不同的文件可以保存分布到不同的物理硬盘上，这样便于分散硬盘I/O，提高数据的读取速度。

（2）用户自定义文件组

它是指用户首次创建数据库或以后修改数据库时明确创建的任何文件组。

（3）内存优化数据文件组

内存优化数据文件组是为内存优化表服务的。若要创建内存优化表，必须首先创建内存优化的文件组。内存优化的文件组容纳一个或多个容器。每个容器都包含数据文件或差异文件或是同时包含两者。

内存中OLTP（On-Line Transaction Processing，联机事务处理过程）是SQL Server和SQL数据库中用于优化事务处理、数据引入、数据加载和瞬态数据方案性能的核心技术。对于合适的工作负荷，In-Memory OLTP可提供显著的性能增益。

（4）Filestream文件组

Filestream存储以varbinary（max）列的形式实现，在该列中数据以BLOB的形式存储在文件系统中。BLOB的大小仅受文件系统容量大小的限制。Filestream数据必须存储在Filestream文件组中。Filestream文件组是包含文件系统目录而非文件本身的专用文件组。

使用文件组的优势如下：

在实际开发数据库的过程中，通常情况下，用户需要关注文件组而不用关心文件的物理存储，即使数据库管理员改变文件的物理存储，用户也不会察觉到，也不会影响数据库去执行查询。除了逻辑文件和物理文件的分离之外，SQL Server使用文件组还有一个优势，那就是分散I/O负载，其实现的原理是：

对于单分区表，数据只能存到一个文件组中。如果把文件组内的数据文件分布在不同的物理硬盘上，那么SQL Server能同时从不同的物理硬盘上读写数据，把I/O负载分散到不同的硬盘上。

对于多分区表，每个分区使用一个文件组，把不同的数据子集存储在不同的硬盘上，SQL Server在读写某一个分组的数据时，能够调用不同的硬盘I/O。

这两种方式本质上都是使每个硬盘均摊系统负载，提高I/O性能。

3．CREATE DATABASE语法

```
CREATE DATABASE <数据库名>
 [  [ON [ PRIMARY ]
(
     NAME =<逻辑文件名>,
     FILENAME =<物理文件名>
     [ , SIZE = <数据文件初始大小 [ KB | MB | GB | TB > ]
     [ , MAXSIZE = <数据文件最大值[ KB | MB | GB | TB ] | UNLIMITED >]
     [ , FILEGROWTH = <文件增长量 [ KB | MB | GB | TB | % > ]
     [,…n ]
)
]
[ LOG  ON
(
     NAME =<逻辑文件名>,
     FILENAME =<物理文件名>
     [ , SIZE = <数据文件初始大小 [ KB | MB | GB | TB > ]
```

```
    [ , MAXSIZE = <数据文件最大值[ KB | MB | GB | TB ] | UNLIMITED >]
    [ , FILEGROWTH = <文件增长量 [ KB | MB | GB | TB | % > ]
    [,…n ]
)
]
```

说明：“[]”表示可选项；“[,...n]”表示可以有多个重复项，使用逗号分隔；“ | ”表示在多项中选其中一个。

◆ 任务实施

2-1　使用 SSMS 创建数据库

1. 使用SSMS图形界面方式创建数据库

1）创建文件夹“C:\SchoolData\”。如果硬盘中没有此文件夹的名称，则创建数据库时会失败，需要预先确认此文件夹是否存在。

2）登录进入SSMS中的“对象资源管理器”，在“对象资源管理器”窗口中，在“数据库”上单击鼠标右键，在弹出的快捷菜单中选择“新建数据库”命令，打开“新建数据库”窗口，选择“常规”选项页，输入相应的参数，如图2-1所示。最后单击“确定”按钮完成。

图2-1　“新建数据库”窗口中的“常规”选项页

3）创建数据库后再刷新左边的目录树，可以看到dbStudentScore数据库已经创建成功。在数据库dbStudentScore2上单击鼠标右键，在弹出的快捷菜单中选择“编写数据库脚本为”→“CREATE 到”→“新查询编辑器窗口”命令，如图2-2所示。

4）自动打开查询编辑窗口，并生成一系列代码。把一些暂时无关的代码删除，整理代码后效果如图2-3所示。使用这一个方法可以快速生成CREATE TABLE的语句。

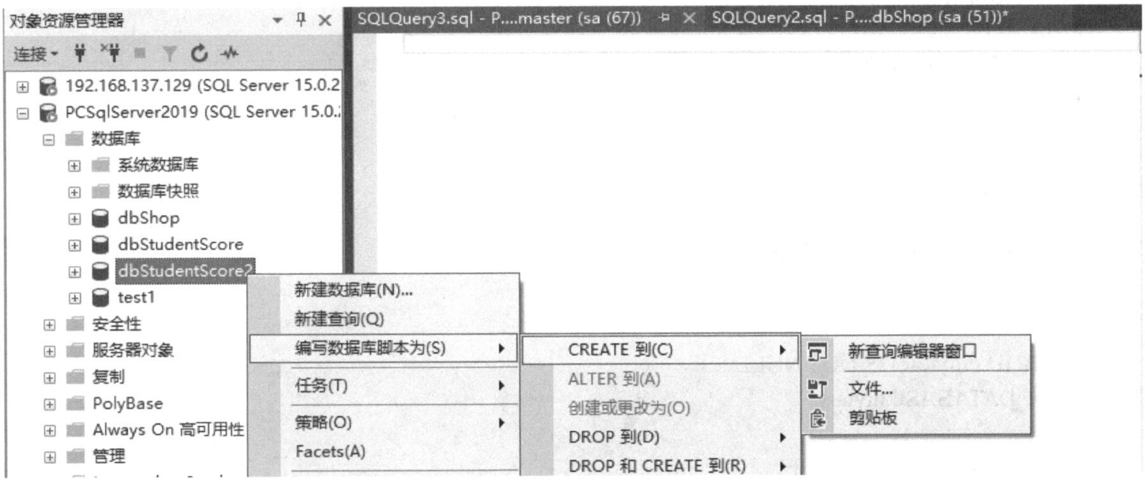

图2-2　生成数据脚本的菜单

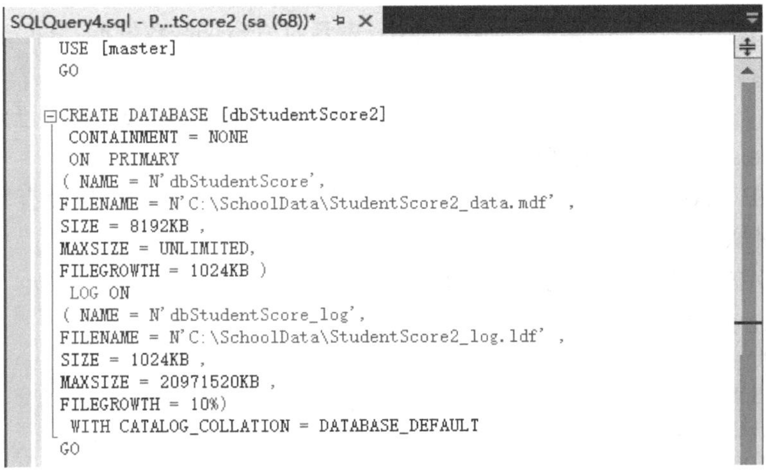


```
USE [master]
GO

CREATE DATABASE [dbStudentScore2]
 CONTAINMENT = NONE
 ON  PRIMARY
( NAME = N'dbStudentScore',
FILENAME = N'C:\SchoolData\StudentScore2_data.mdf' ,
SIZE = 8192KB ,
MAXSIZE = UNLIMITED,
FILEGROWTH = 1024KB )
 LOG ON
( NAME = N'dbStudentScore_log',
FILENAME = N'C:\SchoolData\StudentScore2_log.ldf' ,
SIZE = 1024KB ,
MAXSIZE = 20971520KB ,
FILEGROWTH = 10%)
 WITH CATALOG_COLLATION = DATABASE_DEFAULT
GO
```

图2-3　生成脚本的结果界面

2. 使用T-SQL语句创建数据库

单击“新建查询”按钮，可以在命令界面中输入以下代码并执行。

```
 CREATE DATABASE dbStudentScore   --数据库名称
 ON  PRIMARY
( NAME = 'dbStudentScore',  --逻辑名称
FILENAME = 'C:\SchoolData\StudentScore_data.mdf' , --物理路径和文件名称
SIZE = 3MB , --初始大小
 MAXSIZE = UNLIMITED,  --最大值
 FILEGROWTH = 1MB    --增长量
 )
 LOG ON  --日志文件
( NAME = 'dbStudentScore_log',
FILENAME = 'C:\SchoolData\StudentScore_log.ldf' ,
```

2-2　使用 T-SQL 创建数据库

```
SIZE = 1MB ,
MAXSIZE = 20480MB ,
FILEGROWTH = 10%
)
GO
```

◆ 知识补充

1．创建未指定文件的数据库

```
USE master
GO
IF DB_ID ('mytest') IS NOT NULL
DROP DATABASE mytest;
GO
CREATE DATABASE mytest;
GO
```

说明：

1）USE用于打开一个数据库。USE master表示打开master数据库；GO表示一个批处理语句结束。

2）IF DB_ID ('mytest') IS NOT NULL表示判断数据库mytest是否已经存在；DROP DATABASE mytest 表示删除数据库mytest。

3）CREATE DATABASE mytest表示创建一个数据库mytest，如果没有写其他参数，则所有参数都采用默认值。

2．通过指定多个数据和事务日志文件创建数据库

```
CREATE DATABASE School
ON  PRIMARY
  (NAME = School1,
    FILENAME = 'D:\Data\Schooldat1.mdf',
    SIZE = 100MB,
    MAXSIZE = 200,
    FILEGROWTH = 20), --请注意这里有一个逗号。当有多个文件时，使用逗号隔开
( NAME = School3,
    FILENAME = 'D:\Data\Schooldat3.ndf',
    SIZE = 100MB,
    MAXSIZE = 200,
    FILEGROWTH = 20) --请注意这里没有逗号了。主要文件和次要文件已经写完
LOG ON
  (NAME = Schoollog1,
    FILENAME = 'D:\Data\Schoollog1.ldf',
    SIZE = 100MB,
    MAXSIZE = 200,
    FILEGROWTH = 20), --请注意这里有一个逗号。当有多个文件时，使用逗号隔开
  (NAME = Schoollog2,
    FILENAME = 'D:\Data\Schoollog2.ldf',
    SIZE = 100MB,
```

```
    MAXSIZE = 200,
    FILEGROWTH = 20) ; --请注意这里没逗号。代码写完后可不写分号，也可写分号
```

说明：

1）注释符分单行、多行注释。对语句进行注释的方法：单行注释为“--”可以对输入的语句进行单行注释。多行注释首为“/*”、尾为“*/”，包括在“/*”，“*/”之间的均被注释。

2）NAME表示逻辑名；FILENAME表示文件路径和文件名。SIZE表示文件初始大小，可以使用KB、MB、GB和TB等单位，如果SIZE参数中没有指定单位，将默认使用MB作为单位。MAXSIZE表示最大文件大小，可以使用KB、MB、GB、TB和unlimited等，unlimited表示不限定文件大小。

3）每一个文件都可以用5个参数来描述，这5个参数放在一个括号内。多个文件就同步写多组参数，每组参数用逗号隔开。“Schooldat1.mdf”表示主要数据文件，“Schooldat3.ndf”表示次要数据文件，“Schoollog1.ldf”和“Schoollog2.ldf”表示日志文件，它们的扩展名不相同。主要数据文件只能有一个，日志文件至少有一个，次要数据文件是可选项。

3．创建具有文件组的数据库

```
CREATE DATABASE Score
ON PRIMARY  --注意这是默认文件组PRIMARY
( NAME = StudentScore1_dat,
    FILENAME = 'D:\Data\StudentScore1dat.mdf ',
    SIZE = 10,
    MAXSIZE = 50,
    FILEGROWTH = 15% ),
FILEGROUP ScoreGroup1 --注意这是文件组ScoreGroup1
( NAME = SGrp1Fi1_dat,
    FILENAME = 'D:\Data\SG1Fi1dt.ndf',
    SIZE = 10,
    MAXSIZE = 50,
    FILEGROWTH = 5 ), ,
FILEGROUP ScoreGroup2 --注意这是文件组ScoreGroup2
( NAME = SGrp2Fi1_dat,
    FILENAME = 'D:\Data\SG2Fi1dt.ndf ',
    SIZE = 10,
    MAXSIZE = 50,
    FILEGROWTH = 5 ),
LOG ON
( NAME = Score_log,
    FILENAME = 'E:\ScoreLog\salelog.ldf ',
    SIZE = 5MB,
    MAXSIZE = 25MB,
    FILEGROWTH = 5MB ) ;
GO
```

该数据库具有以下文件组：ScoreGroup1文件组包含文件 SG1Fi1dt.ndf。文件组ScoreGroup2包含文件 SG2Fi1dt.ndf。

◆ 触类旁通

1. 在MySQL中创建数据库的语法

```
create {database | schema } [if not exists] db_name [create_specification]
--MySQL在创建库的时候指定库的默认字符集
create_specification:
    [defualt] character set  [=] charset_name
    [default] collate        [=] collation_name
```

2. 在MySQL中显示当前数据库服务器中的数据库列表

```
mysql> show databases;
```

3. 在MySQL中选择数据库

```
mysql> use  db_name;
```

4. 使用举例

1）创建数据库mydb。

```
mysql> create database mydb;
```

2）如果不存在数据库yourdbname，则创建数据库yourdbname，并指定默认为utf8字符集。

```
mysql> create database  if not exists yourdbname  DEFAULT  CHARSET  utf8  COLLATE  utf8_general_ci;
```

3）创建数据库yourdb，并指定默认gbk字符集。

```
mysql> create database yourdb DEFAULT CHARACTER  SET  gbk  COLLATE  gbk_chinese_ci;
```

关键字CHARSET表示字符集，CHARACTER SET表示指定字符集。COLLATE通常是和数据编码（CHARSET）相关的，一般来说每种CHARSET都有多种它所支持的COLLATE，并且每种CHARSET都指定一种COLLATE为默认值。

◆ 任务小结

本任务通过SSMS和T-SQL语句两种方式创建数据库，重点任务是通过T-SQL语句书写Create Database的脚本，同时还学习了数据库文件的分类和文件组的作用。

任务2　修改和删除数据库

对“学生成绩系统”dbStudentScore数据库进行修改，业务要求提交T-SQL脚本代码，要求如下。

1）把逻辑名为StudentScore_data的文件修改初始大小为10MB，最大值为1000MB。把逻辑名为StudentScore_log的文件修改初始大小为5MB，最大值为1000MB，文件增长量为10MB。

2）增加文件，逻辑名为StudentScore_data2，物理路径为“C:\SchoolData\”，文件名为“StudentScore_data2.ndf”，初始大小为3MB，最大值为100MB，文件增长量为1MB。

3）增加文件，逻辑名为StudentScore_data3，物理路径为“C:\SchoolData\”，文件名为“StudentScore_data3.ndf”，初始大小为8MB，最大值为500MB，文件增长量为10MB。

4）增加文件，逻辑名为StudentScore_log2，物理路径为“C:\SchoolData\”，文件名为“StudentScore_log2.ldf”，初始大小为5MB，最大值为1000MB，文件增长量为10%。

5）增加文件组group1。把StudentScore_data2和StudentScore_data3加到文件组group1中。

◆ 任务分析

本任务主要有4项内容：修改原有数据库文件的参数，增加次要数据文件，增加日志文件，增加文件组并设定文件组。

使用SSMS的方式把数据库的“属性”窗口调出来，可以进行原参数的修改，也可以增加新文件和文件组。结合修改数据库的T-SQL语法，可以对每一个子任务书写一段单独的T-SQL语句。

◆ 知识准备

修改数据库主要是修改5个参数，包括文件大小、逻辑名、文件路径、最大值和增长量。使用T-SQL语句修改数据库的方法主要有MODIFY FILE、ADD FILE、ADD LOG FILE和MODIFY NAME等语法。

1．ALTER DATABASE修改数据库的语法

```
ALTER DATABASE DATABASE_name
 {ADD FILE<FILESPEC>[,...N][TO FILEGROUP filegroup_name]
   |ADD LOG FILE<filespec>[,...n>
   |REMOVE FILE logic_file_name
   |ADD FILEGROUP filegroup_name
   |MODIFY FILE<filespec>
   |REMOVE FILEGROUP filegroup_name
   |MODIFY NAME = new dbname
   |MODIFY FILEGROUP filegroup_name
   {filegroup_property|NAME = new_filegroup_name}
   |SET <optionspec>[,...n][WITH <termination>]
   |COLLTEA<collation_name>}
GO
```

2．修改数据文件的简洁写法

```
ALTER DATABASE Publish          /*修改数据库Publish*/
MODIFY FILE                     /*修改数据文件*/
(
NAME = 'Publish1',              /*数据库文件逻辑名*/
SIZE = 200MB,                   /*修改后的文件初始大小*/
MAXSIZE = UNLIMITED,            /*修改后的文件最大值*/
FILEGROWTH = 10%                /*修改后的文件增长方法*/
)
```

说明：数据文件一般有5个参数，逻辑文件名不能省略，其他参数可以根据要求省略。

3. 删除数据库的语法

执行数据库删除操作会从SQL Server实例中删除数据库，并删除该数据库使用的物理磁盘文件。因此，删除数据库时需要特别小心，避免误删除操作。删除数据库时，应先尽量根据业务要求备份数据库，以便日后恢复数据库。Drop Database的用法如下。

```
DROP DATABASE [ IF EXISTS ] { database_name | database_snapshot_name } [ ,...n ] [;]
```

参数说明：IF EXISTS只有在数据库已存在时才对其进行有条件地删除。database_name指定要删除的数据库的名称。database_snapshot_name指定要删除的数据库快照的名称。

例如，删除数据库mytestdb，代码如下：

```
DROP DATABASE  mytestdb
```

◆ 任务实施

1. 使用SSMS方式修改数据库

2-3 使用 SSMS 修改数据库

对“dbStudentScore”数据库单击鼠标右键，在弹出的快捷菜单中选择“属性”命令，打开“数据库属性”窗口，在“数据库属性”窗口中选择“文件”选项页进行相应参数的修改。它的操作方法与创建数据库的步骤类似，如图2-4所示。

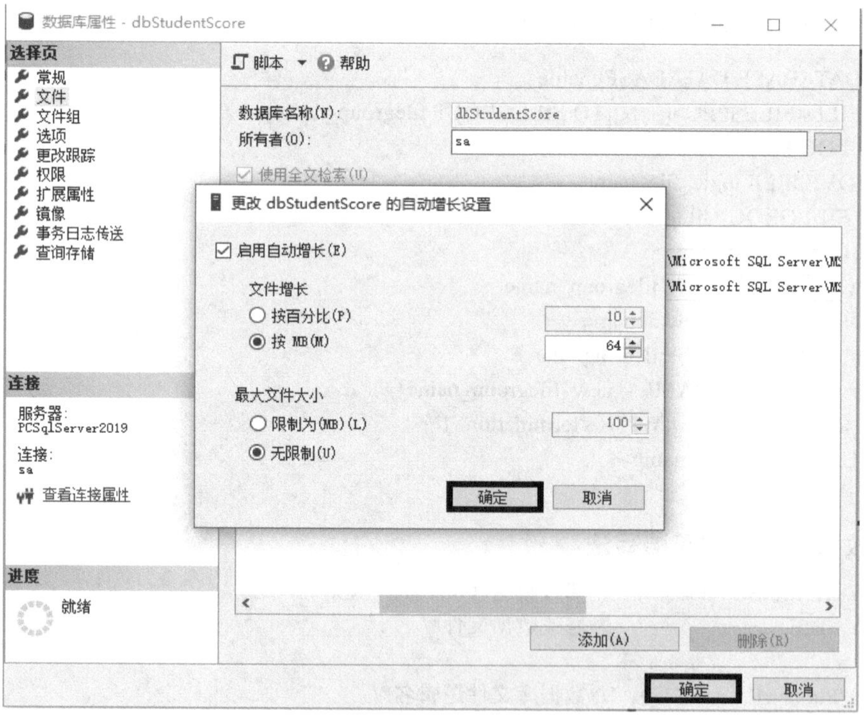

图2-4　修改数据库文件的参数

2. 使用T-SQL语句的方式修改数据库

打开“新建查询”窗口输入如下代码。

```
--修改逻辑名为StudentScore_log的文件
ALTER database dbStudentScore
MODIFY FILE                              /*修改数据文件*/
(
name = 'StudentScore_log',               /*数据库文件逻辑名*/
size = 5MB,                              /*修改后的文件初始大小*/
maxsize = 1000MB,                        /*修改后的文件最大值*/
filegrowth=10MB                          /*修改后的文件增长方法*/
)

--增加文件组group1
ALTER DATABASE dbStudentScore
ADD FILEGROUP group1

--增加次要数据文件，逻辑名为StudentScore_data2和StudentScore_data3
ALTER DATABASE dbStudentScore
ADD FILE
(
name = StudentScore_data2,
filename = 'C:\SchoolData\StudentScore2_data2.ndf ',
size = 3MB,
maxsize = 100MB,
filegrowth = 1MB
)
,
(
name = StudentScore_data3,
filename = 'C:\SchoolData\StudentScore2_data3.ndf ',
size = 8MB,
maxsize =500MB,
filegrowth = 10MB
)
to filegroup   group1; --把StudentScore_data2和StudentScore_data3加到文件组group1中。

--增加日志文件，逻辑名为StudentScore_log2
ALTER DATABASE dbStudentScore
ADD LOG FILE
(
name = StudentScore_log2,
filename = 'C:\SchoolData\StudentScore2_log2.ldf ',
size = 5MB,
maxsize = 1000MB,
filegrowth = 10%
)
GO
```

2-4　使用 T-SQL 修改数据库

◆ 知识补充

1．向数据库中添加由两个文件组成的文件组

```
ALTER DATABASE Works2012
ADD FILEGROUP Test1FG1;--增加文件组
GO

ALTER DATABASE Works2012
ADD FILE    --下面增加了两个文件
(
    NAME = test1dat3,
    FILENAME = 'C:\t1dat3.ndf',
    SIZE = 5MB,
    MAXSIZE = 100MB,
    FILEGROWTH = 5MB
),
(
    NAME = test1dat4,
    FILENAME = 'C:\ t1dat4.ndf',
    SIZE = 5MB,
    MAXSIZE = 100MB,
    FILEGROWTH = 5MB
)
TO FILEGROUP Test1FG1; --把上面两个文件，设置为文件组Test1FG1
```

说明：在Works2012数据库中创建文件组Test1FG1，然后将两个5MB的文件添加到该文件组中。

2．向数据库中添加两个日志文件

```
ALTER DATABASE Works2012
ADD LOG FILE
(
    NAME = test1log2,
    FILENAME = 'C: \test2log.ldf',
    SIZE = 5MB,
    MAXSIZE = 100MB,
    FILEGROWTH = 5MB
),
(
    NAME = test1log3,
    FILENAME = 'C: \test3log.ldf',
    SIZE = 5MB,
    MAXSIZE = 100MB,
    FILEGROWTH = 5MB
)
```

说明：向Works2012数据库中添加两个5MB的日志文件。

3．修改文件，把文件初始值修改为200MB

```
USE master;

ALTER DATABASE Works2012
MODIFY FILE
(NAME = test1dat3,
SIZE = 200MB);
```

带有MODIFY FILE命令的ALTER DATABASE只能增大文件大小。如果需要缩小文件大小，则需使用DBCC SHRINKFILE。下面的例子将数据文件的大小缩小为100MB，然后指定该文件的大小为200MB。

```
USE Works2012;
GO
DBCC SHRINKFILE (Works2012, 100); --数据文件收缩
GO

ALTER DATABASE Works2012 --重新指定数据文件
MODIFY FILE
(NAME = test1dat3,
SIZE = 200MB);
```

4．修改数据库的名称

```
ALTER DATABASE Publish
Modify NAME = newDBName --把原数据库名称Publish修改为newDBName
Go
```

也可以使用系统存储过程修改数据库名称。

```
Exec Sp_renamedb newDatabaseName, oldDatabaseName
go
```

◆ 触类旁通

1．在MySQL中修改数据库的语法

```
ALTER {DATABASE | SCHEMA} [db_name]
    alter_specification ...
alter_specification:
  [DEFAULT] CHARACTER SET [=] charset_name
 | [DEFAULT] COLLATE [=] collation_nam
```

2．查看可用的字符集

```
mysql> SHOW CHARACTER SET
```

3．查看可用的排序规则

```
mysql> SHOW COLLATION
```

4．使用举例

```
mysql> ALTER DATABASE test
    DEFAULT CHARACTER SET = utf8
    DEFAULT COLLATE = utf8_general_ci ;
```

在CHARACTER SET子句更改默认数据库字符集，在COLLATE子句更改默认数据库排序规则。

◆ 任务小结

本任务主要对数据库进行修改，可以通过SSMS和T-SQL语句的方式进行操作。主要是对数据文件和文件组的增加、修改和删除操作。可以使用MODIFY NAME修改数据库的名称，使用ADD FILE、ADD LOG FILE、MODIFY FILE和REMOVE FILE实现增加、修改和删除数据文件，使用ADD FILEGROUP、MODIFY FILEGROUP和REMOVE FILEGROUP实现增加、修改和删除数据文件组。

项目小结

本项目主要讲解了数据库文件和文件组，创建、修改和删除数据库的两种方法，要掌握1种自动生成创建数据库脚本的方法。创建和管理数据库的思维导图，如图2-5所示。

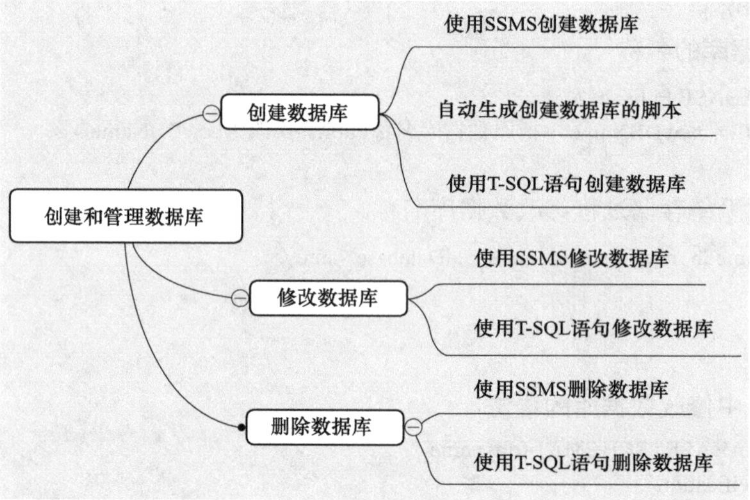

图2-5　创建和管理数据库的思维导图

每个SQL Server数据库至少具有两个文件：一个数据文件和一个日志文件。数据文件包含数据和对象，例如，表、索引、存储过程和视图。日志文件包含恢复数据库中的所有事务所需的信息。为了便于分配和管理，可以将数据文件集合起来放到文件组中。理解文件组可以分散I/O负载的优势。

SQL Server数据库有三种类型，分别是主要数据文件、次要数据文件和事务日志文件。需要明确它们三者之间的联系和区别，注意它们的文件数量要求和文件扩展名。

CREATE DATABASE、ALTER DATABASE和DROP DATABASE都有详细的语法，也有简洁的使用情况，需要重点掌握它们在不同情景中用到的代码。对于已经创建的数据库，可以使自动生成脚本代码的方式把T-SQL代码导出来，需要熟练掌握自动生成创建数据库脚本的方式和操作步骤。

拓展任务

◆ 任务描述

在开发“新闻网站发布系统”时，数据管理员负责数据库相关的工作。现阶段需要在SQL Server 2019系统中创建“新闻网站发布系统”的数据库。

1）数据库在SQL Server 2019系统中创建和管理，数据库名称为dbNews。在系统研发初期只在本地服务器创建一个主数据文件和一个日志文件。

2）随着项目进度的推进，要求增加一个次要数据文件。

3）在“新闻网站发布系统”本地服务器研发完成后再部署到远程服务器中，对创建的数据库自动生成CREATE DATABASE脚本。

◆ 思路提示

2-5　拓展任务 1　　2-6　拓展任务 2　　2-7　拓展任务 3

1）使用T-SQL语句创建数据库，要求如下：数据库名称为dbNews，文件保存在“D:\sqldata\dbNews\”中，主数据文件参数：初始大小为20MB，最大为200MB，文件增长量为10MB。日志文件参数：初始大小为19 592KB，最大为512 000KB，文件增长量为10 240KB。

2）增加次要数据文件。文件保存在“D:\sqldata\dbNews\”，初始大小为20MB，最大为1000MB，文件增长量为10%。

3）创建数据库成功后再使用“编写脚本为”命令对dbNews生成CREATE DATABASE脚本。

练习题

一、选择题

1．关于SQL Server 2019文件组的叙述正确的是（　　）。

A．一个数据文件不能存在于两个或两个以上的文件组中。

B．日志文件可以属于某个文件组。

C．文件组可以包含不同数据库的数据文件。

D．一个文件组只能放在同一个存储设备中。

2．SQL Server 2019的物理存储主要包括两类文件：（　　）。

A．主要数据文件、次要数据文件　　B．数据文件、事务日志文件

C．表文件、索引文件　　D．事务日志文件、文本文件

3．SQL Server数据库的主数据文件的扩展名为（　　）。

A．ndf　　B．db　　C．ldf　　D．mdf

4．一个SQL Server数据库至少有（　　）个文件。

A．2　　B．3　　C．4　　D．5

5．选择数据库的命令是（　　）。

A．USE　　B．USE DATABASE

C．OPEN　　D．OPEN OPEN DATABASE

6．使用（　　）语句可以删除数据库。

A．DROP DATABASE　　B．CREATE TABLE

C．ALTER DATABASE　　D．DROP TABLE

7．以下能够创建数据库文件组的语句是（　　）。

A．ALTER DATABASE　ADD FILE

B．ALTER DATABASE　MODIFY FILEGROUP

C．ALTER DATABASE　ADD FILEGROUP

D．ALTER DATABASE　REMOVE FILEGROUP

二、简答题

1．在SQL Server 2019中，主要数据文件、次要数据文件和事务日志文件的区别有哪些？

2．在SQL Server 2019使用文件组的优势有哪些？

3．在创建数据库的语法中有5个关键字，请分别指出它的单词并解析它的意义。

4．描述使用SSMS删除数据库的方法和步骤。

三、操作题

2-8　练习题 1　　2-9　练习题 2　　2-10　练习题 3　　2-11　练习题 4

1．使用T-SQL语句完成stuGuangZhouManage数据库创建。数据库的名称为：stuGuangZhouManage，物理文件的路径设置为“D:\sqldata\myData”文件夹。

1）主数据文件：逻辑文件名：stuGuangZhouManage_M_data，物理文件名：“stuGuangZhouManage_data.mdf”，初始大小：13MB，递增：10%，限制文件增长：500MB。

2）次数据文件：逻辑文件名：stuGuangZhouManage_N_data，物理文件名：“stuGuangZhouManage_data2.ndf”，初始大小：30MB，递增：1MB，限制文件增长：不限。

3）日志文件：逻辑文件名：stuGuangZhouManage_log，物理文件名：“stuGuangZhouManage_log.ldf”，其他信息：默认。

2．对上题已经完成的stuGuangZhouManage数据库自动生成创建数据库的脚本。

3．使用T-SQL语句完成Student数据库的修改。

1）主要数据库文件Student_123456789_Data修改参数：初始大小为30MB。

2）增加日志文件名称为Student_123456789_LOG2，所有参数默认。

3）增加次要数据库文件，名称为Student_123456789_Data3，初始大小为30MB，增长方式为按照10MB的增长量增长，从属于“StudentFileGroup2”文件组。

4）增加次要数据库文件，名称为Student_123456789_Data4，初始大小为40MB，从属于“StudentFileGroup2”文件组。

5）增加次要数据库文件，名称为Student_123456789_Data5，初始大小为50MB，从属于“StudentFileGroup3”文件组。

6）增加次要数据库文件，名称为Student_123456789_Data6，初始大小为60MB，从属于“StudentFileGroup3”文件组。

4．使用T-SQL语句先创建数据库再删除数据库。

1）创建数据库Exam2019。

2）删除数据库Exam2019。

项目3 创建和管理数据表

项目概述

在“学生成绩系统”软件的研发中，数据库工程师已经完成“学生成绩系统”数据库dbStudentScore的创建。接下来，需要分析该系统的概念结构、逻辑结构和物理结构，从而设计出数据库表结构。根据数据库表结构，创建和管理数据表，并掌握约束和索引的创建与管理。

项目分析

对数据表的简单管理包含创建数据表、修改数据表、删除数据表和管理索引的任务。在SQL Server 2019中创建、修改和删除数据表可以使用SSMS图形界面的方式，也可以使用T-SQL语句的方式完成。

在使用T-SQL语句的方式时，需要熟练使用CREATE TABLE、ALTER TABLE和DROP TABLE的语法。

知识与能力目标

1）理解学生成绩系统的概念结构、逻辑结构和物理结构，并能绘制系统E-R图、设计表结构。

2）理解CREATE TABLE、ALTER TABLE和DROP TABLE的语法。

3）掌握使用SSMS和T-SQL语句新建数据表、修改数据表和删除数据表的方法。

4）掌握自动生成CREATE TABLE脚本的方法。

5）掌握使用T-SQL语句新建索引、修改索引和删除索引的方法。

6）掌握使用SSMS图形界面方式新建索引、修改索引和删除索引的方法。

任务1 绘制E-R图和设计表结构

对“学生成绩系统”的数据库先完成数据表E-R图的绘制，再根据E-R图完成数据库中的表结构的设计。

◆ 任务分析

表结构的设计是系统开发的基础。因为一旦设计好数据表结构，进行系统开发后，再发现问题去修改数据表是一件很麻烦的事情，所以要求在设计表结构之前，先完成数据表E-R图的绘制。本任务实现的基本步骤如下。

1）分析学生成绩系统的系统E-R图，并绘制E-R图。

2）根据E-R图设计数据表结构。数据表结构可以使用Word或者Excel编写。

◆　知识准备

1．E-R模型

E-R方法是“实体-联系”方法（Entity-Relationship Approach）的简称，是描述现实世界概念结构模型的有效方法。它用矩形表示实体（Entity），椭圆表示实体的属性（Attribute），用无向边将实体与其属性连接起来。用菱形表示实体与实体之间的联系（Relationship），在菱形的端点处分别用无向边将有联系的实体连接起来。

用E-R方法描述的数据模型就是E-R模型，也称为E-R图。以下是绘制E-R图的基本元素。

1）实体。实体是客观存在的事物。实体可以是人、物，也可以是一个抽象的概念，例如，教师、学生。一般在矩形框内写明实体的名称，如图3-1所示，表示一名教师的实体。

2）属性。实体所具有的某一特性可以称为一个属性，一个实体可以由若干个属性组成。例如，教师的姓名、性别、职称等都可以称为属性。如图3-2所示是教师实体属性的表示。

图3-1　教师实体的表示

图3-2　教师属性的表示

3）关系。关系是指事物内部或事物之间的联系，因此E-R模型中关系可以分为实体内部关系和实体之间的关系。实体之间存在着三种关系类型，分别是1对1、1对多和多对多，在E-R图中即可表示为1:1、1:N和M:N。

1对1（1:1）：实体集A中的每一个实体最多只能和实体集B中的一个实体有关系，同样，实体集B中的每一个实体最多只能和实体集A中的一个实体有关系。例如，班级分配教室，“班级”实体集和“教室”实体集之间的关系，每个班级可以分到一间教室，同时每间教室只能容纳一个班级。1对1关系用图表示，如图3-3所示。

1对多（1:N）：实体集A与实体集B中至少N（N>0）个实体有关系；并且实体集B中每一个实体至多与实体集A中一个实体有关系。例如，“学生”实体集和“班级”实体集的关系，一个班级可以有若干名学生，而每一名学生只属于这一个班级。1对多关系用图形表示，如图3-4所示。

图3-3　1对1关系

图3-4　1对多关系

多对多（M:N）：实体集A中的每一个实体与实体集B中至少M（M>0）个实体有关系，并且实体集B中的每一个实体与实体集A中至少N（N>0）个实体有关系。例如，学生选课，一个学生可以选择多门课程；同时，一门课程也可以被多个学生选。多对多关系用图形表示，如图3-5所示。

图3-5　多对多关系

2. 表结构的设计

对表结构的设计有很多方法，主要是把业务需求内容转化为数据库中的数据表并创建数据表的表结构。一般来说，可以通过概念设计、逻辑设计和物理结构设计等方法或者途径来实现。

（1）概念设计

概念设计是将用户的信息需求综合抽象，形成一个不依赖于具体计算机系统的概念数据模型。概念设计描述数据库概念模型一种比较传统的方法是E-R模型。

（2）逻辑设计

数据库的逻辑设计是根据概念设计的结果，设计数据库的逻辑结构，即在计算机中的表达方式和实现方法。逻辑设计中，用一张二维表格记录一个实体集，一行表示一个实体，称为记录，这一行中的列表示实体属性，称为字段。能唯一标识文件中每个记录的字段或者字段集称为键。键一般又可分为主键和外键，详细介绍如下：

1）主键（Primary Key）。表中的一个或多个字段，它的值用于唯一地标识表中的某一条记录。一个表的主键可以由多个关键字共同组成，并且主关键字的列不能包含空值。例如，学生实体表中，“学号”属性是不会重复的唯一标识，可以作为主键，而“姓名”属性可能会有同名的学生重复，所以不能单独设为主键。

2）外键（Foreign Key）。如果关系R_2的一个或一组属性不是R_2的主键，而是另一个关系R_1的主键，则称该属性或属性组为R_2的外键。例如，学生实体表中，“班级代码”属性不是它的主键，却是班级实体表中的主键，“班级代码”就称为学生实体表的外键。学生实体表中只有“班级代码”，没有“班级名称、班主任名称、班级人数”等信息，但是它可用“班级代码”这一个“主键-外键”关联条件查询到相应班级实体表的所有详细信息。

（3）物理结构设计

逻辑设计的结果实际就是确定了数据库所包含的表、字段及其之间的联系，而物理结构设计是对逻辑数据模型的具体实现。数据库的物理结构指数据库在物理设备上的存储结构和存取方法。

表结构设计是物理结构设计中重要的内容，主要确定数据的存储记录结构，例如，记录的组成、各数据字段的名称、类型和长度。此外，还要确定索引、约束，为建立表的关联准备条件。

◆ 任务实施

1．绘制成绩管理系统E-R图

（1）确定实体及其属性

学生（Student）：参与课程的学习者，属性包括学生学号、学生姓名、性别、是否团员、身份证号、籍贯和班级代码。

班级（Class）：学生以班级为单位进行管理，班级从属于各专业，属性包括班级代码、班级名称、教室名称、班主任的教师代码、班级人数、校区、入学年份和专业代码。

专业（Major）：班级按专业进行划分管理，专业从属于各院系，属性包括专业代码、专业名称、部门代码。

院系（Department）：各专业由院系负责管理，属性包括院系部门代码和院系部门名称。

教师（Teacher）：参与课程的授课人，评定学生学习成绩，属性包括教师工号、姓名、性别、电话号码、职称、身份证号和籍贯。

课程（Course）：可供学生进行选择学习的课程，属性包括课程代码、课程名称、课时数、考试类型和课程类型。

（2）分析各实体间的关系，确定实体联系图

学生与班级有“从属”关系，一名学生只属于一个班级，一个班级可容纳多名学生，班级与学生的“从属”关系是1对多联系。

班级与专业有“从属”关系，一个班级只属于一个专业，一个专业可以有多个班级，专业与班级的“从属”关系是1对多联系。

专业与院系有“从属”关系，一个专业只属于一个院系，一个院系可以有多个专业，院系与专业的“从属”关系是1对多联系。

学生与课程有“选修”关系，一名学生可以选修多个课程，一门课程也可以供多名学生选择，学生与课程的“选修”关系是多对多联系。

教师与课程有“教学”关系，一名教师可以教授多门课程，一门课程也可以由多名教师讲授，教师与课程的“讲授”关系是多对多联系。

需要注意的是，联系也会有属性，例如，在学生选课后才会产生的属性有成绩、学分等。

（3）绘制E-R图

由分析得到以下结果：实体类型有院系、专业、班级、学生、教师和课程。

实体间的联系类型有班级与学生之间的联系是1:N联系，取名为“从属”；专业与班级之间的联系是1:N联系，取名为“从属”；院系与专业之间的联系是1:N联系，取名为“从属”；学生与课程之间的联系是M:N联系，取名为“选修”；教师与课程之间的联系是M:N联系，取名为“教学”。

画E-R图常用的工具有Microsoft Visio或者亿图图示软件等，读者可以根据自己的需要选用。将实体类型和联系类型组合成E-R图，如图3-6所示。

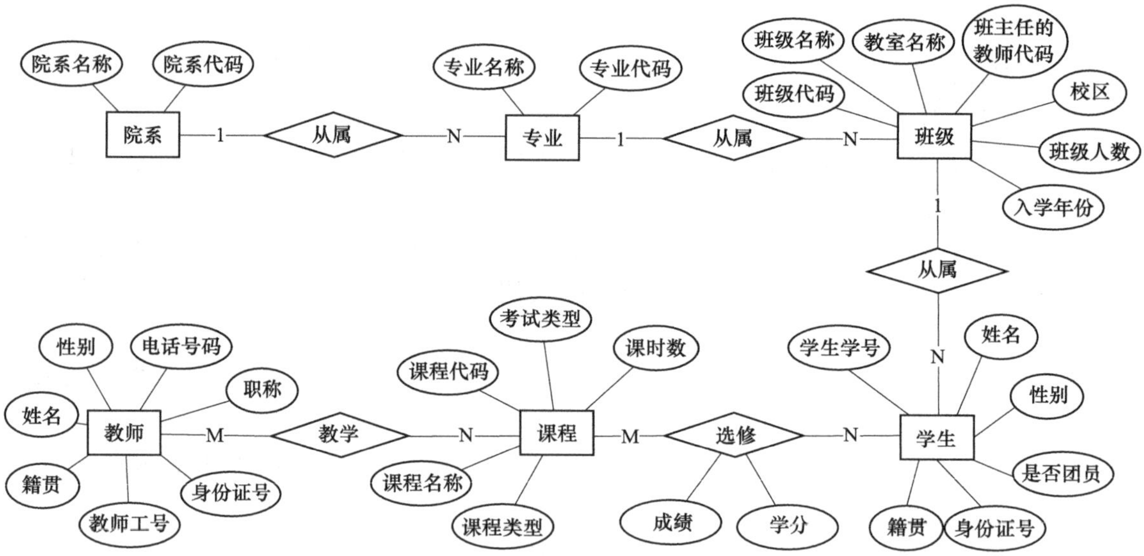

图3-6　成绩管理系统E-R图

2. 根据成绩管理系统关系模型，设计数据表的表结构

院系表tbDepartment、专业表tbMajor、教师表tbTeacher、班级表tbClass、学生表tbStudent、课程信息表tbCourse、课程教学任务表tbTeachingTasks和成绩表tbScore的表结构，见表3-1～表3-8。

表3-1　院系表tbDepartment

序号	字段名	类型	允许为空	中文含义	备注
1	DepartmentID	char(6)	NOT NULL	院系部门代码	主键索引
2	DepartmentName	nvarchar(20)	NOT NULL	院系部门名称	唯一键约束

表3-2　专业表tbMajor

序号	字段名	类型	允许为空	中文含义	备注
1	MajorID	char(6)	NOT NULL	专业代码	主键索引
2	MajorName	nvarchar(20)	NOT NULL	专业名称	唯一键约束
3	DepartmentID	char(6)	NOT NULL	部门代码	外键

表3-3　教师表tbTeacher

序号	字段名	类型	允许为空	中文含义	备注
1	TeacherID	char(6)	NOT NULL	教师工号	主键索引
2	TeacherName	nvarchar(20)	NOT NULL	姓名	
3	Sex	char(2)	NOT NULL	性别	男/女
4	Telephone	nvarchar(20)	NULL	电话号码	
5	PositionalTitles	nvarchar(20)	NULL	职称	
6	IDNumber	nvarchar(18)	NULL	身份证号	
7	NativePlace	nvarchar(50)	NULL	籍贯	

表3-4 班级表tbClass

序号	字段名	类型	允许为空	中文含义	备注
1	ClassID	char(6)	NOT NULL	班级代码	主键索引
2	ClassName	nvarchar(20)	NOT NULL	班级名称	唯一键约束
3	ClassRoomName	nvarchar(20)	NULL	教室名称	
4	HeadMasterTeacherID	char(6)	NULL	班主任的教师代码	外键
5	StudentTotals	int	NOT NULL	班级人数	默认值为0
6	Campus	nvarchar(20)	NOT NULL	校区	
7	RegisteredYear	int	NOT NULL	入学年份	
8	MajorID	char(6)	NOT NULL	专业代码	外键

表3-5 学生表tbStudent

序号	字段名	类型	允许为空	中文含义	备注
1	StudentID	char(10)	NOT NULL	学生学号	主键索引
2	StudentName	nvarchar(20)	NOT NULL	学生姓名	
3	Sex	char(2)	NOT NULL	性别	男/女
4	LeagueMember	char(2)	NULL	是否团员	是/否
5	IDNumber	nvarchar(18)	NULL	身份证号	
6	NativePlace	nvarchar(50)	NULL	籍贯	
7	ClassID	char(6)	NOT NULL	班级代码	外键

表3-6 课程信息表tbCourse

序号	字段名	类型	允许为空	中文含义	备注
1	CourseID	char(7)	NOT NULL	课程代码	主键索引
2	CourseName	nvarchar(50)	NOT NULL	课程名称	
3	Hours	int	NOT NULL	课时数	检查约束≥0
4	ExamType	nvarchar(20)	NOT NULL	考试类型	只能为：考试、考查
5	CourseType	nvarchar(20)	NOT NULL	课程类型	只能为：必修课、任选课、限选课

表3-7 课程教学任务表tbTeachingTasks

序号	字段名	类型	允许为空	中文含义	备注
1	TaskID	char(10)	NOT NULL	教学任务代码	主键索引
2	CourseID	char(7)	NOT NULL	课程代码	外键
3	TeacherID	char(6)	NOT NULL	教师工号	外键
4	StudentID	char(10)	NOT NULL	学生学号	外键
5	SchoolYear	nvarchar(10)	NOT NULL	学年	
6	Semester	char(1)	NOT NULL	学期	只能为：1、2、3
7	LogTime	datetime	NOT NULL	选课时间	默认值，自动取出当前日期和时间

表3-8　成绩表tbScore

序号	字段名	类型	允许为空	中文含义	备注
1	ScoreID	int	NOT NULL	成绩代码	主键、标识种子，种子为1000，累加1
2	CourseID	char(7)	NOT NULL	课程代码	外键
3	StudentID	char(10)	NOT NULL	学生学号	外键
4	Score1	decimal(6,2)	NOT NULL	平时成绩	检查约束≥0
5	Score2	decimal(6,2)	NOT NULL	期中成绩	检查约束≥0
6	Score3	decimal(6,2)	NOT NULL	期末成绩	检查约束≥0
7	ScoreAll	decimal(6,2)	NOT NULL	总评成绩	检查约束≥0
8	Credit	int	NOT NULL	学分	检查约束≥0
9	Remarks	char(4)	NULL	备注信息	只能为：缺考、作弊、旷考、其他
10	LogTime	datetime	NOT NULL	成绩录入时间	默认值，自动取出当前日期和时间
11	LogTeacherID	char(6)	NOT NULL	成绩录入的教师工号	外键

◆ 任务小结

本任务主要讲解了E-R图的绘制和表结构的设计。E-R图使用矩形表示实体（Entity），椭圆表示实体的属性（Attribute），用无向边将实体与其属性连接起来，用菱形表示实体与实体之间的联系（Relationship），在菱形的端点处分别用无向边将有联系的实体连接起来。

任务2　创建数据表

根据任务1设计的表结构，在数据库dbStudentScore中创建8个简单表：“院系表”“专业表”“教师表”“班级表”“学生表”“课程信息表”“课程教学任务表”和“成绩表”。

◆ 任务分析

本任务可以使用两种方法完成：使用SSMS图形界面方式创建数据表，再使用“编辑数据库脚本为”的功能自动生成相应的CREATE TABLE代码或者直接使用T-SQL语句创建数据表。

1）“院系表”命名为tbDepartment，根据表3-1创建数据表。对院系代码创建主键约束，对院系名称创建唯一性约束。

2）“专业表”命名为tbMajor，根据表3-2创建数据表。对专业代码创建主键约束，对专业名称创建唯一性约束，设置院系代码为关联表tbDepartment的外键。

3）“教师表”命名为tbTeacher，根据表3-3创建数据表。对教师代码创建主键约束，对性别创建检查约束。

4）“班级表”命名为tbClass，根据表3-4创建数据表。对班级代码创建主键约束，对班级名称创建唯一性约束，设置班主任的教师代码为关联表tbTeacher的外键，设置专业代码为关联表tbMajor的外键。

5）“学生表”命名为tbStudent，根据表3-5创建数据表。对学生学号创建主键约束，对性别、是否团员创建检查约束，设置班级代码为关联表tbClass的外键。

6）“课程信息表”命名为tbCourse，根据表3-6创建数据表。对课程代码创建主键约束，对课时数、考试类型、课程类型创建检查约束。

7）“课程教学任务表”命名为tbTeachingTasks，根据表3-7创建数据表。对教学任务代码创建主键约束，对学期创建检查约束，对选课时间创建默认约束，设置课程代码为关联表tbCourse的外键，设置教师工号为关联表tbTeacher的外键，设置学生学号为关联表tbStudent的外键。

8）“成绩表”命名为tbScore，根据表3-8创建数据表。它包含了成绩代码的主键约束，课程代码的外键约束，学生学号的外键约束，平时成绩、期中成绩、期末成绩、总评成绩和学分的检查约束，备注信息的检查约束，成绩录入时间的默认约束和成绩录入教师工号的外键约束。

◆ 知识准备

1. CREATE TABLE语法

CREATE TABLE是创建数据表的完整语法，它的参数非常多，在业务应用中，很少会使用到全部参数。以下是CREATE TABLE创建数据表的简洁语法。

```
CREATE TABLE<表名>
(<列名><数据类型>[NULL | NOT NULL] [IDENTITY [ (SEED, INCREMENT) ] [{<列约束>}] ]
[,…n] [ {<表约束>}] ]
)
```

参数说明：

[NULL | NOT NULL]指定列的非空性，默认为NOT NULL。

[IDENTITY [(SEED,INCREMENT)]指定标识列，SEED为标识种子，INCREMENT为增量。

列约束主要有以下几项：UNIQUE唯一性约束、PRIMARY KEY主键约束、FOREIGN KEY外键约束、CHECK检查约束和DEFAULT默认约束。

2. 在创建表格同时设置约束

```
--列约束的写法
CREATE TABLE [table_name]
 (
 [field 1] [datetype] [Constraint] PRIMARY KEY , ---主键约束
[field 1] [datetype] [Constraint] CHECK ([expession]), --检查约束
 [field 2] [datetype] [Constraint] UNIQUE. , --唯一性约束
   [field 2] [datetype] [Constraint]……
 );
--表约束的写法：使用关键字CONSTRAINT进行设置
CREATE TABLE [table_name]
 (
 [field 1] [datetype] [Constraint] ,
 [field 2] [datetype] [Constraint], ……
CONSTRAINT  [pk_name]  PRIMARY KEY ([field 1]), –主键约束
CONSTRAINT [uq_name] UNIQUE ([field 1] [Sort]),  --唯一性约束
```

```
    CONSTRAINT [check_name] CHECK ([expession]), --检查约束
    CONSTRAINT [default_name] DEFAULT ([expression]) , --默认约束
    CONSTRAINT  [fk_name] FOREIGN KEY ([field_name])  REFERENCES  [reference_table_name]([field_
name]) …… --外键约束

    );
```

说明：一般uq_name格式为：uq_{表名}_{列名}，[Sort]是排序规则，默认是ASC升序，也可以是DESC降序。

◆ 任务实施

3-1　使用SSMS图形界面方式创建数据表

1. 使用SSMS图形界面方式创建数据表

1）将“对象资源管理器”窗口中的dbStudentScore数据库展开，单击选中“表”选项，单击鼠标右键，在弹出的快捷菜单中选择“新建表”命令。

2）打开表设计器，按照表3-1的内容填写“列名”和“数据类型”，根据属性勾选“允许Null值”复选框，如图3-7所示。

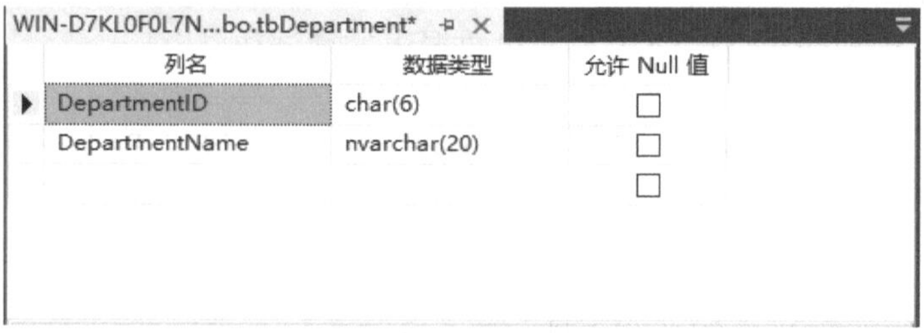

图3-7　表设计器

3）选择DepartmentID字段，单击鼠标右键，从弹出的快捷菜单中选择“设置主键”命令，如图3-8所示。

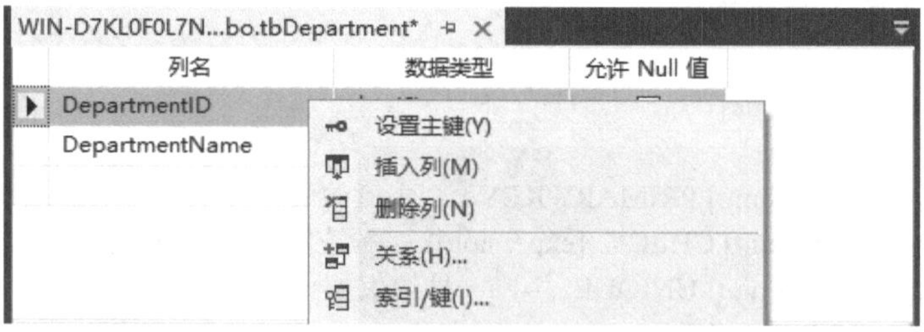

图3-8　设置主键

4）完成设置后，DepartmentID字段的开头会出现钥匙形状的图标，如图3-9所示。

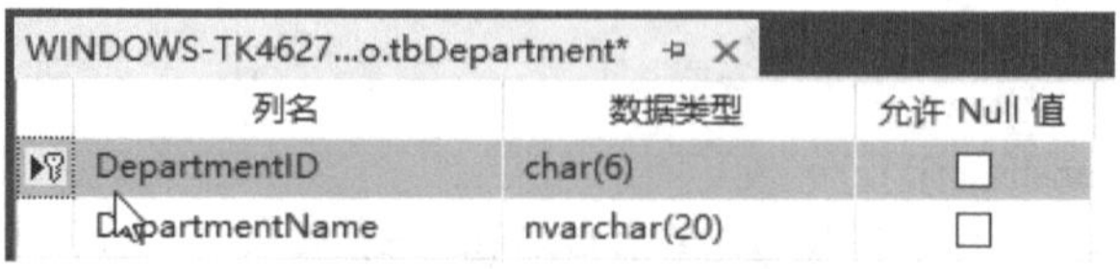

图3-9　成功设置主键

注意：如果需要同时设置多个字段为主键，则需要按住<Ctrl>键同时选中这些字段，然后在任意一个字段上单击鼠标右键，在弹出的快捷菜单中选择“设置主键”命令。另外，当已经设置了某个字段为主键后，如果再对另一个字段执行“设置主键”命令，则原有的主键会被新主键取代。

5）选择任意一个字段，单击鼠标右键，在弹出的快捷菜单中选择“索引/键”命令，打开“索引/键”对话框。

6）单击“添加”按钮添加一个命名为“uq_tbDepartment_DepartmentName”的键，在右侧属性列表的“类型”下拉列表框中选择“唯一键”，如图3-10所示。

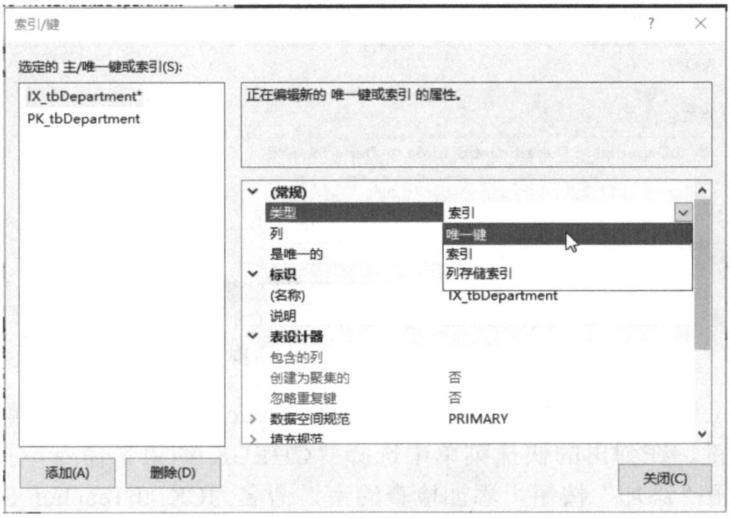

图3-10 创建唯一性约束

7）单击“列”后面的按钮，打开“索引列”对话框，在“列名”下拉列表框中选择DepartmentName字段，排序采用默认设置，如图3-11所示。单击“确定”按钮，返回“索引/键”对话框。单击“关闭”按钮，返回“表设计器”。

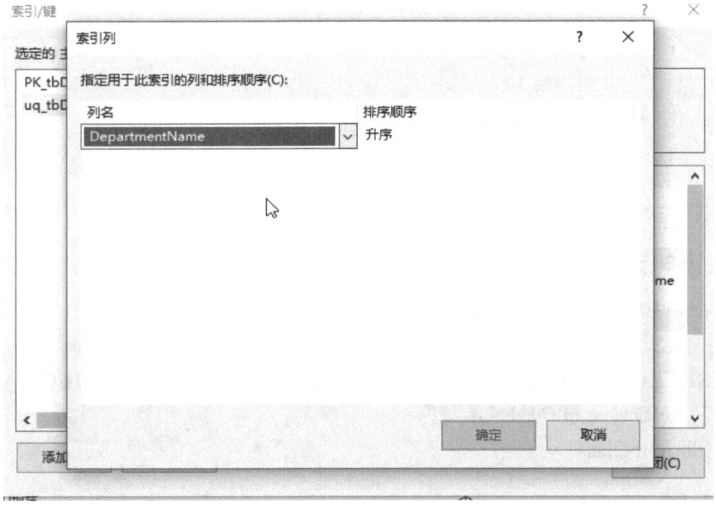

图3-11 “索引列”对话框

8）以tbDepartment名称进行“保存”。

9）按照以上操作方法创建tbMajor表。设置MajorID字段为主键，设置MajorName字段为“唯一键”，并命名为“uq_tbMajor_MajorName”。

10）在任一个字段上单击鼠标右键，在弹出的快捷菜单中选择“关系”命令，打开“外键关系”对话框，单击“添加”按钮添加一个外键约束。单击“表和列规范”后面的按钮，打开“表和列”对话框。在“关系名”文本框中输入“fk_tbDepartment_DepartmentID_tbMajor_DepartmentID”；在“主键表”下拉列表框中选择tbDepartment，并在下方选择列名DepartmentID；在“外键表”tbMajor的下方选择列名DepartmentID，如图3-12所示。最后数据表以tbMajor为表名进行“保存”，完成数据表的创建。

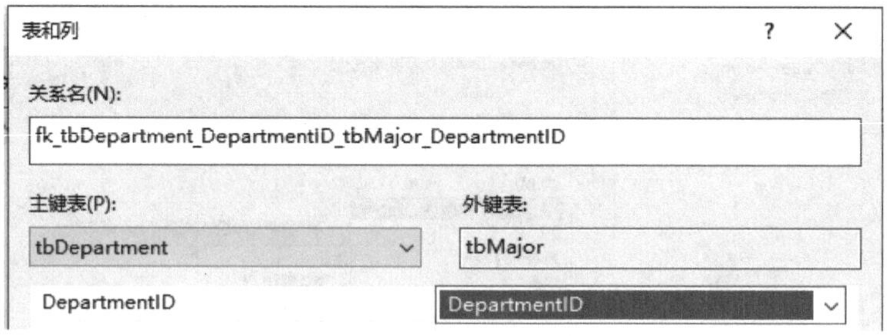

图3-12 “表和列”对话框

11）按照以上操作方法创建tbTeacher表。设置TeacherID字段为主键。选择任一个字段，单击鼠标右键，在弹出的快捷菜单中选择“CHECK 约束”命令，打开“CHECK约束”对话框。单击“添加”按钮，添加检查约束，命名为CK_tbTeacher_Sex，逻辑表达式为：Sex in（'男'，'女'），如图3-13所示。最后数据表以tbTeacher为表名进行“保存”，完成数据表的创建。

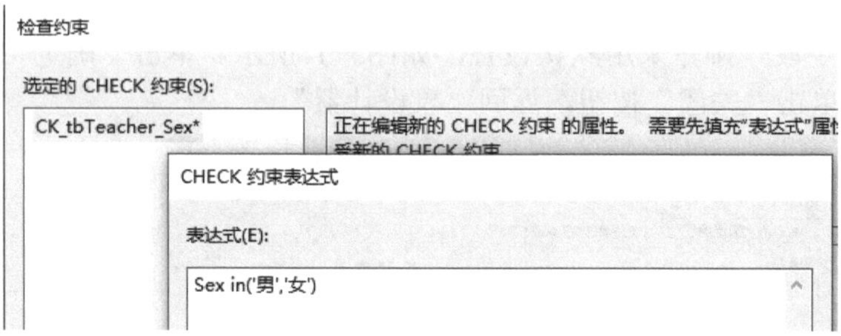

图3-13 创建检查约束

2. 使用T-SQL语句创建数据表

1）创建班级表为tbClass，输入以下代码。

```
--如果已经存在该表，则先删除这个表
IF EXISTS (SELECT * FROM sys.objects WHERE object_id = OBJECT_ID(N'[dbo].[tbClass]') AND type in (N'U'))
DROP TABLE [dbo]. tbClass

CREATE TABLE tbClass
```

3-2 使用T-SQL语句创建数据表

```
(
ClassID Char(6) not null,
ClassName Nvarchar(20) not null,
ClassRoomName Nvarchar(20),
HeadMasterTeacherID Char(6),
StudentTotals int not null CONSTRAINT df_tbClass_StudentTotals DEFAULT 0, --默认约束，直接在字段后面写，这是列级约束
Campus Nvarchar(20) not null,
RegisteredYear int not null,
MajorID Char(6) not null,
CONSTRAINT pk_tbClass_ClassID PRIMARY KEY (ClassID), --主键约束，这是表级约束
CONSTRAINT uq_tbClass_ClassName UNIQUE (ClassName ASC) –唯一键约束
)
```

2）创建学生表为tbStudent，输入以下代码。

```
IF EXISTS (SELECT * FROM sys.objects WHERE object_id = OBJECT_ID(N'[dbo].[ tbStudent]') AND type in (N'U'))
DROP TABLE [dbo]. tbStudent

CREATE TABLE tbStudent
(
StudentID Char(10) not null PRIMARY KEY, --主键约束，列级约束
StudentName Nvarchar(20) not null,
Sex Char(2) not null CHECK(Sex in ('男','女')), --检查约束，列级约束
LeagueMember Char(2) CHECK(LeagueMember in ('是','否')), --检查约束，列级约束
IDNumber Nvarchar(18),
NativePlace Nvarchar(20),
ClassID Char(6) not null
CONSTRAINT fk_tbClass_ClassID_tbStudent_ClassID FOREIGN KEY(ClassID) REFERENCES tbClass (ClassID) --外键约束，表级约束
)
```

3）创建课程表为tbCourse，输入以下代码。

```
IF EXISTS (SELECT * FROM sys.objects WHERE object_id = OBJECT_ID(N'[dbo].[ tbCourse]') AND type in (N'U'))
DROP TABLE [dbo]. tbCourse

CREATE TABLE tbCourse
(
CourseID Char(7) Not null PRIMARY KEY, --主键约束
CourseName Nvarchar(50) Not null,
Hours int Not null CHECK(Hours>=0), --检查约束
ExamType Nvarchar(20) Not null,
CourseType Nvarchar(20) Not null,
CONSTRAINT ck_tbCourse_ ExamType CHECK(ExamType in ('考试','考查')) --检查约束
);
```

4）创建教学任务表为tbTeachingTasks，输入以下代码。

```
IF EXISTS (SELECT * FROM sys.objects WHERE object_id = OBJECT_ID(N'[dbo].[ tbTeachingTasks]')
```

```
AND type in (N'U'))
    DROP TABLE [dbo]. tbTeachingTasks

    CREATE TABLE tbTeachingTasks
    (
    TaskID Char(10) Not null PRIMARY KEY, --主键约束
    CourseID  Char(7)  Not null,
    TeacherID  Char(6)  Not null,
    StudentID  Char(10)  Not null,
    SchoolYear  Nvarchar(10)  Not null,
    Semester  Char(1)  Not null  CHECK(Semester in ('1','2','3')), --检查约束
    LogTime  dateTime  Not null  CONSTRAINT df_tbTeachingTasks_LogTime DEFAULT getdate()  --默认约束
    );
```

5）创建成绩表为tbScore，输入以下代码。

```
    IF EXISTS (SELECT * FROM sys.objects WHERE object_id = OBJECT_ID(N'[dbo].[ tbScore]') AND
type in (N'U'))
    DROP TABLE [dbo]. tbScore

    CREATE TABLE tbScore
    (
    ScoreID  int not null identity(1000,1) PRIMARY KEY, --主键约束
    CourseID  Char(7)  not null,
    StudentID  Char(10)  not null,
    Score1  decimal(6,2)  not null CHECK(Score1>=0), --检查约束
    Score2  decimal(6,2)  not null CHECK(Score2>=0), --检查约束
    Score3  decimal(6,2)  not null CHECK(Score3>=0), --检查约束
    ScoreAll  decimal(6,2)  not null CHECK(ScoreAll>=0), --检查约束
    Credit  int  not null CHECK(Credit>=0), --检查约束
    Remarks  Char(4)  CHECK(Remarks in ('缺考','作弊','旷考','其他')), --检查约束
    LogTime  datetime  not null DEFAULT(getdate()),--默认约束
    LogTeacherID  Char(6)  not null,
    CONSTRAINT  fk_tbCourse_CourseID_tbScore_CourseID
        FOREIGN KEY(CourseID) REFERENCES tbCourse(CourseID),--外键约束
    CONSTRAINT  fk_tbStudent_StudentID_tbScore_StudentID
        FOREIGN KEY(StudentID) REFERENCES tbStudent (StudentID), --外键约束
    CONSTRAINT  fk_tbTeacher_TeacherID_tbScore_LogTeacherID
        FOREIGN KEY(LogTeacherID) REFERENCES tbTeacher (TeacherID) --外键约束
    )
```

执行以上代码。刷新左边目录树后可以看到新的数据表已经创建成功。

3. 创建数据表“教师表”的脚本

1）首先使用SSMS方式完成数据表tbTeacher的创建，然后在数据库dbStudentScore中表tbTeacher上单击鼠标右键，在弹出的快捷菜单中选择“编写表脚本为”→“CREATE 到”→“新查询编辑窗口”命令，如图3-14所示。

3-3 创建数据表“教师表”的脚本

2）自动打开查询编辑窗口，并生成一系列代码，效果如图3-15所

示。将文件另存为“create tbTeacher.sql”进行保存。

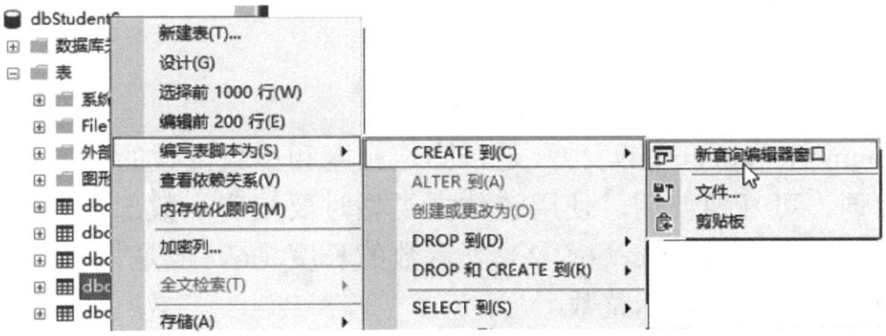

图3-14　生成数据脚本的菜单

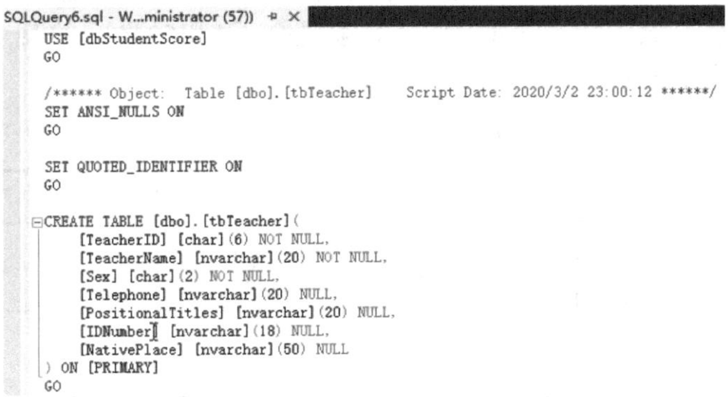

图3-15　生成脚本的结果界面

◆ 知识补充

在SQL Server中常用数据类型有以下几种：数值数据、字符数据、货币数据、日期和时间数据以及二进制字符串等。

1．数值型数据类型

数值型数据就是通常所说的数字，它可以由0～9之间的数字、正负符号与小数点组成。整数类型是不带小数的类型；带小数点的类型通常称为浮点型。例如，1是整数类型，0.1是浮点型。

（1）整数类型

整数类型主要包括int、smallint、tinyint、bigint和bit这5种，其中，int数据类型是SQL Server中比较常用的数据类型。当int的取值范围满足不了要求时，可以考虑使用bigint数据类型，具体范围见表3-9。

表3-9　整数型数据范围

数据类型	范围	存储
int	-2^{31}到$2^{31}-1$	4字节
smallint	-2^{15}到$2^{15}-1$	2字节
tinyint	0到255	1字节
bit	0、1或者NULL	若表中的列为8列或更少，则这些列作为1个字节存储。若列为9到16列，则这些列作为2个字节存储，以此类推
bigint	-2^{63}到$2^{63}-1$	8字节

字符串值TRUE和FALSE可转换为bit值：TRUE将转换为1，FALSE将转换为0。转换为bit会将任何非零值升为1。

（2）浮点型

浮点型数据可以分为精确数字和近似数字两种。

精确数字分numeric和decimal两种，是带固定精度和小数位数的数值数据类型。decimal和numeric是同义词，可互换使用。使用该数据类型时要指明小数部分和整数部分的精度，也就是各占几位，例如，numeric（6，2）表示数的长度是6，但是只有2位小数。这里，小数的位数也可以指定为0，即表示整数。

近似数字分float和real两种，用于表示浮点数值数据的大致数值数据类型。浮点数据为近似值；float[(n)]其中n为用于存储float数值尾数的位数（以科学记数法表示），因此可以确定精度和存储大小。如果指定了n，则它必须是介于1和53之间的某个值。n的默认值为53。float和real的范围见表3-10。

表3-10　float和real的范围

数据类型	范围	存储
float	–1.79E+308至–2.23E–308、0 以及2.23E–308至1.79E+308	取决于n的值
real	–3.40E+38至–1.18E–38、0 以及1.18E–38至3.40E+38	4个字节

2. 字符型数据类型

数字、字母、汉字及标点符号都可以称为字符。如果要将字符存放到数据表的字段中，就需要将该字段设置成字符型。字符型数据被放在单引号（''）中，用于区别其他类型的数据。例如，'student'、'计算机'、'123456789@qq.com'、'123456789^'等都是字符型数据。每个字符型数据都有长度，其长度是该字符型数据的字符个数。例如，'student'的长度为7。每个汉字占两个字符的位置，例如，'计算机'的长度是6。

常用的字符数据类型有char、varchar和text三种，用于存储ANSI字符。nchar、nvarchar和ntext三种类型用于存储Unicode字符，在Unicode字符串中，一个字符用两个字节来存储。字符型数据的范围，见表3-11。

表3-11　字符型数据

数据类型	说明	范围
char	固定大小字符串，多余部分用空格填充	1～8000
varchar	varchar(n)表示可变大小字符串，多余部分不用空格填充。使用varchar(max)指明列约束大小上限为最大存储2^{31}–1个字节(2GB)，相当于text类型	1～8000
nchar	固定长度的Unicode数据，多余部分用空格填充	1～4000
nvarchar	可变长度的Unicode字符，多余部分不用空格填充。nvarchar(max)相当于ntext类型	1～4000
text	存储长文本信息	2^{31}–1个字节
ntext	存储可变长度的长文本信息	2^{30}–1个字节

3．货币型数据类型

代表货币或货币值的数据类型。常用的有money和smallmoney数据类型，能精确到它们所代表的货币单位的万分之一。货币型数据类型的范围，见表3-12。

表3-12　货币类型数据

数据类型	范围	存储
money	–922 337 203 685 477.5808～922 337 203 685 477.5807	8字节
smallmoney	–214 748.3648～214 748.3647	4字节

4．日期和时间数据

日期和时间数据类型是用来存储日期和时间的数据，例如，“2020-1-1”“2020-2-20 20:20:20”等。常用的类型有datetime、smalldatetime、date、time、datetime2和datetimeoffset六种。

datetime和smalldatetime这两种类型都是日期和时间混合的类型。date用于专门存放日期数据。time用于专门存放时间数据。datetime2用于存放日期和时间的混合数据，但是提高了时间的精度。datetimeoffset用于存放日期、时间和时区的混合数据。日期和时间类型数据的范围，见表3-13。

表3-13　日期和时间类型数据

数据类型	说明	存储
time	格式hh:mm:ss[.nnnnnnn] 范围00:00:00.0000000～23:59:59.9999999 精确度为100纳秒	3～5字节
date	格式YYYY-MM-DD 范围0001-01-01～9999-12-31 精确度为1天	3字节
smalldatetime	格式YYYY-MM-DD hh:mm:ss 范围1900-01-01～2079-06-06 精确度为1分钟	4字节
datetime	格式YYYY-MM-DD hh:mm:ss[.nnn] 范围1753-01-01～9999-12-31 精确度为0.00333秒	8字节
datetime2	格式YYYY-MM-DD hh:mm:ss[.nnnnnnn] 范围0001-01-01 00:00:00.0000000～9999-12-31 23:59:59.9999999 精确度为100纳秒	6～8字节
datetimeoffset	0001-01-01 00:00:00.0000000～9999-12-31 23:59:59.9999999（以UTC时间表示）	8～10字节

5．二进制类型

二进制类型是以二进制字符的格式来存储字符串的，例如，“01110110”，也可以是一个二进制文件。该类型主要有三种binary、varbinary和image，其数据范围见表3-14。

表3-14　二进制数据范围

数据类型	范围	存储长度
binary[(n)]	1～8000个字节	固定长度n字节
varbinary[(n|max)]	n：1～8000个字节 max：1～2^{31}-1个字节	n：可变长度，输入数据的实际长度 max：输入数据的实际长度+2个字节
image	1～2^{31}-1个字节	可变长度，输入数据的实际长度

6. 约束

在创建表结构时也要对约束进行设置。列约束主要有以下几项：UNIQUE唯一性约束、PRIMARY KEY主键约束、FOREIGN KEY外键约束、CHECK检查约束、DEFAULT默认约束。

（1）主键约束（PRIMARY KEY）

主键约束是表中的一个或多个字段的值用于唯一地标识表中的某一条记录。在两个表的关系中，主关键字用来在一个表中引用来自于另一个表中的特定记录。主关键字是一种唯一关键字，是表定义的一部分。一个表的主键可以由多个关键字共同组成，并且主键的列不能包含空值。

（2）唯一约束（UNIQUE）

唯一约束确保表中的一列数据没有相同的值。与主键约束类似，唯一约束也强制唯一性，但唯一约束主要用于非主键的一列或者多列的组合，且一个表可以定义多个唯一约束。唯一约束允许该列上存在空值，主键约束则不允许出现空值。

（3）检查约束（CHECK）

CHECK约束用于限制列中的值的范围。CHECK约束通过逻辑表达式来判断数据的有效性，用来限制输入一列或多列的值的范围，在列中更新数据时，所要输入的内容必须满足CHECK约束的条件，否则将无法正确输入。写检查约束的表达式是本知识点的难点，需要综合使用函数、比较运算操作符和通配符等知识。比较运算操作符及其含义，见表3-15。通配符及其描述，见表3-16。函数的知识将会在后续内容详细介绍。

表3-15　比较运算操作符

序号	操作符	含义
1	=	等于
2	>（大于）	大于
3	<（小于）	小于
4	>=（大于或等于）	大于或等于
5	<=（小于或等于）	小于或等于
6	<>（不等于）	不等于

表3-16　通配符及其描述

序号	通配符	描述
1	%	替代一个或多个字符
2	_	仅替代一个字符（它是输入法半角状态下的“下画线”）
3	[charlist]	方括号字符列中的任何单一字符，例如，[135]表示数字“135”中的任意一个 [男女]表示只能是男或者女 [王刘陈张]表示姓“王刘陈张”中的任意一个 [1-9]表示连续数字1～9的简洁写法 [a-z]表示连续字母a～z的简洁写法 [a-z][1-9][1-9]表示3个字符，第1个为字母a～z中的任意一个，第2个和第3个为数字1～9中的任意一个
4	[^charlist]	不在方括号字符列中。例如，[^a]、[^a-z]、[^1-9a-z]

举例：

1）要求字段名中的输入项为4位数字：（字段名　LIKE　'[0-9][0-9][0-9][0-9]'）。

2）性别只能填写'男'和'女'：（字段名='男'　or　字段名='女'）。

3）规定密码长度不能小于6位数：（len([字段名])>(5)）。

4）要求成绩在0～100之间：（字段名>0　AND　字段名<100）。

5）检查邮件地址是否有效：（字段名　LIKE　'%@%'）。

（4）默认约束（DEFAULT）

若在表中定义了默认值约束，则用户在插入新的数据行时，如果该行没有指定数据，那么系统将默认值赋给该列，如果“默认值”字段中的项替换绑定的默认值（以不带圆括号的形式显示），则将提示解除对默认值的绑定，并将其替换为新的默认值。如果不设置默认值，则系统默认为NULL。

若要输入文本字符串，请用单引号（'）将值括起来；不要使用双引号（"），因为双引号已保留用于带引号的标识符。

若要输入数值默认值，请输入数值并且不要用引号将值括起来。

若要输入对象/函数，请输入对象/函数的名称并且不要用引号将名称括起来。

（5）外键约束（FOREIGN KEY）

如果公共关键字在一个关系中是主关键字，那么这个公共关键字被称为另一个关系的外键。由此可见，外键表示了两个关系之间的相关联系。以另一个关系的外键作主关键字的表被称为主表，具有此外键的表被称为主表的从表。外键又称作外关键字。

外键约束并不仅可以与另一表的主键约束相链接，它还可以定义为引用另一个表中唯一约束的列。如果在外键约束的列中输入非NULL值，则此值必须在被引用列中存在；否则，将返回违反外键约束的错误信息。

外键约束仅能引用位于同一服务器上的同一数据库中的表。外键约束可引用同一表中的其他列，此行为称为自引用。

◆　触类旁通

MySQL的数据类型主要包括以下5大类：

1）整数类型：BIT、BOOL、TINY INT、SMALL INT、MEDIUM INT、INT、BIG INT。

2）浮点数类型：FLOAT、DOUBLE、DECIMAL。

3）字符串类型：CHAR、VARCHAR、TINY TEXT、TEXT、MEDIUM TEXT、LONGTEXT、

TINY BLOB、BLOB、MEDIUM BLOB、LONG BLOB。

4）日期类型：DATE、DATETIME、TIMESTAMP、TIME、YEAR。

5）其他数据类型：BINARY、VARBINARY、ENUM、SET、GEOMETRY、POINT、MULTIPOINT、LINESTRING、MULTILINESTRING、POLYGON、GEOMETRYCOLLECTION等。

在MySQL中，可以使用CREATE TABLE语句创建表。其语法格式为：

```
CREATE TABLE<表名>([表定义选项])[表选项][分区选项];
```

其中，[表定义选项]的格式为：

```
<列名1><类型1>[,…]<列名n><类型n>
```

CREATE TABLE命令语法比较多，但大部分与标准的T-SQL语法一致，详细使用说明和示例可以在MySQL官方网站查找。

以下例子在RUNOOB数据库中创建数据表mySQLdb001。

```
mysql> CREATE TABLE IF NOT EXISTS mySQLdb001 (
      runoob_id INT INT  AUTO_INCREMENT,
      runoob_title VARCHAR(100) NOT NULL,
      runoob_author VARCHAR(40) NOT NULL,
      submission_date DATE,
     PRIMARY KEY ( runoob_id )
) ENGINE=InnoDB DEFAULT CHARSET=utf8;
```

实例说明：AUTO_INCREMENT定义列为自增的属性，一般用于主键，数值会自动加1。PRIMARY KEY关键字用于定义列为主键。也可以使用多列来定义主键，列间以逗号分隔。ENGINE设置存储引擎，CHARSET设置编码。

◆ 任务小结

本任务主要是使用两种方法创建数据表。使用SSMS创建数据表，在创建表前需要理解和掌握各数据类型的区别和含义。创建表结构主要是对表各字段进行属性设置和约束设置。本任务只是简单介绍属性设置的内容，后续任务将会对其他内容展开详细介绍。

掌握CREATE TABLE的语法，并使用T-SQL语句创建数据表，在创建数据表时需要灵活地设置五种约束：UNIQUE（唯一约束）、PRIMARY KEY（主键约束）、FOREIGN KEY（外键约束）、CHECK（检查约束）和DEFAULT（默认约束）。

任务3　修改和删除数据表

本任务主要完成3项内容。

1）对“学生成绩系统”dbStudentScore数据库中的数据表tbTeachingTasks进行修改。

① 增加一个班级代码字段ClassID，char类型，长度为6，不允许为空。

② 修改Semester字段由char类型变为smallint类型。

③ 删除TaskID字段的主键约束、TeacherID的外键约束。

④ 修改TeacherID字段的长度，由原来的6改为10。

⑤ 修改Semester字段的检查约束为只能为数字（1，2，3，4）。

⑥ 删除新增的字段ClassID。

2）对“学生成绩系统”dbStudentScore数据库中的tbScore表进行修改。

① 增加一个教师代码字段TeacherID，char类型，长度为10，不允许为空。

② 修改Remarks字段为char类型，长度由原来的4改为10。

③ 为TeacherID字段增加外键约束。

④ 删除Credit字段的检查约束。

⑤ 删除字段LogTeacherID。

3）删除“学生成绩系统”dbStudentScore数据库中的tbScore表。

◆ 任务分析

本任务主要是修改数据表和删除数据表，可以使用两种方法完成：使用SSMS图形界面方式和使用T-SQL语句方式。

使用ALTER TABLE语句可以修改数据表，使用DROP TABLE语句可以删除数据表。

◆ 知识准备

ALTER TABLE是修改数据表的语句，完整语法如下。

```
ALTER TABLE <表名>
[ADD <列定义> [ ,…n]  --添加列]
[DROP COLUMN <列定义> [ ,…n]  --删除列]
[ALTER <列定义> <列属性>  --修改列的定义]
[ADD CONSTRAINT 约束名  约束类型  具体的约束说明  --添加约束]
[DROP  CONSTRAINT  约束名  --删除约束]
```

DROP TABLE是删除数据表的语句，完整语法如下。

```
DROP TABLE   <表名>
```

◆ 任务实施

3-4 使用SSMS修改数据表

1. 使用SSMS对数据表tbTeachingTasks进行修改

1）在SSMS中登录，展开数据库dbStudentScore及其“表”节点。

2）选中表tbTeachingTasks，单击鼠标右键，在弹出的快捷菜单中选择“设计”命令，打开“表设计器”，如图3-16所示。

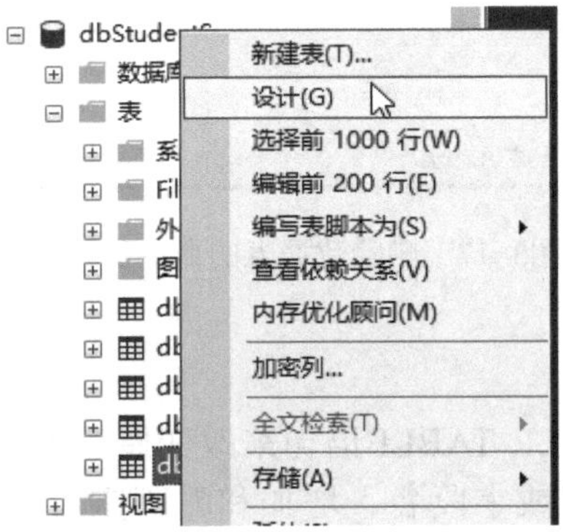

图3-16 选择“设计”命令

3）在这个界面可以完成字段的修改、删除和新增加，也可以对约束进行修改、删除和增加操作，具体的操作与创建数据表时的步骤类似。完成操作后，单击“保存”按钮，保存表的修改信息。

3-5 使用T-SQL修改和删除数据表

2. 使用T-SQL语句对tbScore表进行修改，执行如下代码

```
ALTER TABLE tbScore
ADD TeacherID char(10) not null
Go

ALTER TABLE tbScore
ALTER COLUMN Remarks char(10)
Go

ALTER TABLE tbScore
ADD CONSTRAINT fk_tbTeacher_TeacherID_tbScore_TeacherID FOREIGN KEY(TeacherID)
REFERENCES tbTeacher(TeacherID)
Go

ALTER TABLE tbScore
DROP CONSTRAINT ck_tbScore_Credit
Go

ALTER TABLE tbScore
DROP COLUMN LogTeacherID
```

3. 使用T-SQL语句对tbScore表进行删除

1）打开“新建查询”窗口，在里面书写代码。

```
DROP TABLE tbScore
```

2）代码写完后，单击工具栏的“执行”按钮，执行代码，完成项目的任务要求，如图3-17所示。

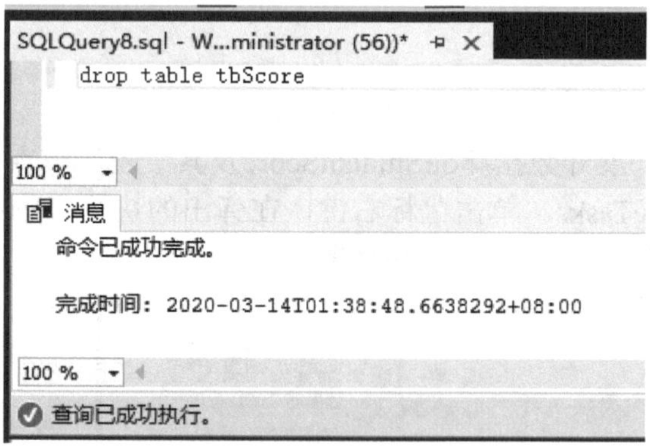

图3-17 删除数据表的命令执行界面

◆ 触类旁通

在MySQL中可以使用ALTER TABLE语句来改变原有表的结构。常用的修改表的操作有修改表名、修改字段数据类型或字段名、增加和删除字段、修改字段的排列位置、更改表的存储引擎和删除表的外键约束等。

常用的语法格式如下。

```
ALTER TABLE <表名> [修改选项]
```

修改选项的语法格式如下。

```
{ ADD COLUMN <列名> <类型>
| CHANGE COLUMN <旧列名> <新列名> <新列类型>
| ALTER COLUMN <列名> { SET DEFAULT <默认值> | DROP DEFAULT }
| MODIFY COLUMN <列名> <类型>
| DROP COLUMN <列名>
| RENAME TO <新表名> }
```

以下是一个示例。

```
mysql> #创建t1
mysql> CREATE TABLE t1 (a INTEGER,b CHAR(10));
mysql> #把表t1重新命名为t2
mysql> ALTER TABLE  t1  RENAME  t2;

mysql> #把列a从INTEGER更改为TINYINT NOT NULL（名称保持不变），并把列b从CHAR(10)更改
为CHAR(20)，同时把列b重新命名为列c：
mysql> ALTER TABLE  t2  MODIFY  a  TINYINT NOT NULL,  CHANGE b c CHAR(20);
```

◆ 任务小结

本任务主要是使用SSMS和T-SQL语句进行数据表的修改和删除，其中对数据表的修改又分为添加字段、修改字段、删除字段和修改约束等情形。

任务4 创建和管理索引

根据任务1设计的表结构，为数据库dbStudentScore中的数据表创建索引。

1）学生表tbStudent的学生姓名是一个热点访问字段，为了提高数据的查询效率，需要对StudentName创建一个聚集索引。

2）课程教学任务表tbTeachingTasks的教学任务ID、课程代码、老师代码和学生学号也是经常要查询的字段，并且也是多个表互相联系的字段，需要为课程教学任务表的TaskID、CourseID、TeacherID、StudentID创建非聚集索引。

3）成绩表的CourseID、StudentID、LogTeacherID是多个表互相联系的字段，为它们创建非聚集索引。

◆ 任务分析

本任务可以使用两种方法完成：

1）使用SSMS图形界面方式创建索引。

2）使用T-SQL语句创建索引。

◆ 知识准备

1. 什么是索引

索引是数据库搜索引擎用来加速数据检索的特殊查找表。简单地说，一个索引是一个

指向表中数据的指针。数据库中的索引与书本目录的索引方式非常相似。例如，在一本书中，利用索引可以快速查找所需的内容。

索引加快了SELECT查询和WHERE子句，但它降低了UPDATE和INSERT语句的数据输入速度。创建或删除索引不会对数据有影响。

2．索引的优缺点

使用索引的优缺点，见表3-17。

表3-17　使用索引的优缺点

优点	缺点
1．大大加快数据的检索速度 2．创建唯一性索引，保证数据库表中每行数据的唯一性 3．加速表和表之间的连接 4．在使用分组和排序子句进行数据检索时，可以显著减少查询中分组和排序的时间	1．索引需要占物理空间 2．当对表中的数据进行增加、删除和修改的时候，索引也要动态地维护，降低了数据的维护速度

3．索引的类型

根据数据库的功能，可以在数据库设计器中创建三种索引：唯一索引（UNIQUE）、聚集索引（CLUSTERED）、非聚集索引（NONCLUSTERED）。

（1）唯一索引

它是不允许其中任何两行具有相同索引值的索引。如果要建唯一索引的列有重复值，则必须先删除重复值。在数据库关系图中为表定义主键和唯一键时，将自动创建一个对应的唯一索引。

主键是一种约束，唯一索引是一种索引，两者在本质上是不同的。主键创建后一定包含一个唯一性索引，唯一性索引并不一定就是主键。唯一性索引列允许空值，而主键列不允许为空值。

（2）聚集索引

聚集索引根据数据行的键值在表或视图中排序和存储这些数据行。索引定义中包含聚集索引列，每个表只能有一个聚集索引，因为数据行本身只能按一个顺序存储。只有当表包含聚集索引时，表中的数据行才按排序顺序存储。

（3）非聚集索引

非聚集索引具有独立于数据行的结构。非聚集索引包含非聚集索引键值，并且每个键值项都有指向包含该键值的数据行的指针。

（4）聚集索引和非聚集索引的区别

在聚集索引中，表中行的物理顺序与键值的逻辑（索引）顺序相同。一个表只能包含一个聚集索引。如果某索引不是聚集索引，则表中行的物理顺序与键值的逻辑顺序不匹配。与非聚集索引相比，聚集索引通常提供更快的数据访问速度。聚集索引和非聚集索引的区别，如字典默认按拼音顺序排序以及可以按笔画顺序查询的区别一样，拼音相同的字存在一起，笔画相近的字却并不存在一起。

4．用T-SQL创建索引的语法

```
CREATE [ UNIQUE ] [ CLUSTERED | NONCLUSTERED ]  INDEX [index_name] ON <table_name> (
column_name [ ASC | DESC ] [ ,...n ] )
```

```
[ WITH <backward_compatible_index_option> [ ,...n ] ]
[ ON { filegroup_name | "default" } ]
```

说明：

index_name格式一般为：idx_{表名}_{索引列名}_{UNIQUE/NONUNIQUE}_{CLUSTER/NONCLUSTER}

UNIQUE：为表或视图创建唯一索引。

CLUSTERED：表示指定创建的索引为聚集索引。

NONCLUSTERED：表示指定创建的索引为非聚集索引。

以下是三种创建索引的情形：

```
-创建聚集索引
CREATE CLUSTERED INDEX IX_TestTable_TestCol1
ON TestTable (TestCol1);
-非创建聚集索引
CREATE NONCLUSTERED INDEX IX_myID
    ON dbSchool.tbPeople (myID);
--创建唯一索引
CREATE UNIQUE INDEX IX_produceName
    ON Production (produceName);
```

◆ 任务实施

1. 使用SSMS对数据表创建索引

3-6　使用SSMS创建索引

1）打开SSMS，展开数据库dbStudentScore的“表”节点。选中要创建索引的tbStudent表，单击鼠标右键，在弹出的快捷菜单中选择“设计”命令，打开“表设计器”。

2）选择任一字段单击鼠标右键，在弹出的快捷菜单中选择“索引/键”命令，打开“索引/键”对话框，将索引“名称”命名为IX_tbStudent_studentName，如图3-18所示。

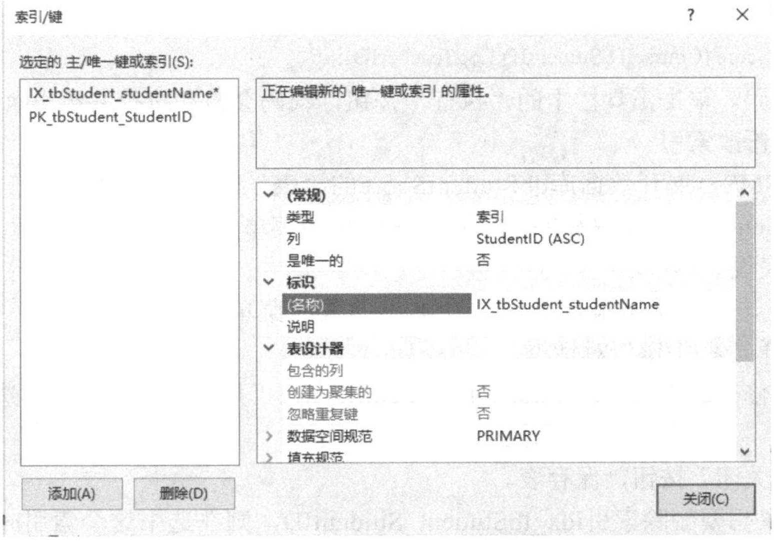

图3-18　“索引/键”对话框

3）单击“添加”按钮，在“选定的主/唯一键或索引”列表框中显示系统默认分配的新索引名称。单击“列”属性右侧按钮，打开“索引列”对话框。

4）在“列名”下拉列表框中选择“StudentName”，“排序顺序”默认选择“升序”，如图3-19所示。

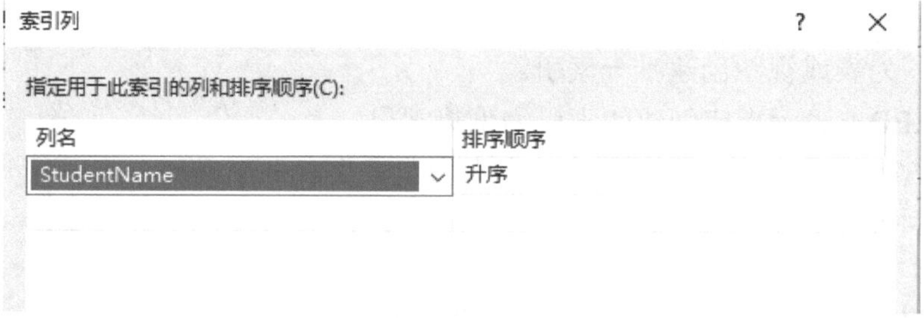

图3-19 “索引列”对话框

5）单击“确定”按钮，返回“索引/键”对话框。因为学生姓名有可能出现重复，在“是唯一性”属性中选择“否”。单击“关闭”按钮，然后保存表。

6）刷新数据库dbStudentScore，展开表tbStudent节点，展开“索引”选项卡，可以看到刚创建好的索引“IX_tbStudent_studentName”，如果想要查看详细信息，则可以在索引上单击鼠标右键，在弹出的快捷菜单中选择“属性”命令查看索引的详细信息。

3-7 使用T-SQL创建索引

2. 使用T-SQL语句对数据表创建索引

1）打开SSMS，单击“新建查询”按钮，就可以在命令界面中输入以下代码：

```
--创建课程教学任务表tbTeachingTasks的索引
CREATE  INDEX  idx_tbTeachingTasks
        ON tbTeachingTasks (TaskID,CourseID,TeacherID,StudentID);--把多个列名同时写下来，以逗号分隔
--创建成绩表tbScore的索引
CREATE  INDEX  idx_tbScore
        ON tbScore (CourseID,StudentID,LogTeacherID);
```

2）执行代码。单击工具栏中的“执行”按钮，代码会自动执行并给出执行报告。

3. 查看和修改索引

3-8 查看修改索引

1）打开SSMS，展开数据库dbStudentScore的“表”节点。选中要查看索引的tbStudent表，单击鼠标右键，在弹出的快捷菜单中选择“设计”命令，打开“表设计器”。

2）选择任一字段单击鼠标右键，在弹出的快捷菜单中选择“索引/键”命令，打开“索引/键”对话框。

3）选择要修改的索引idx_tbStudent_StudentID，在“是唯一的”属性中选择“是”，如图3-20所示。

4）单击“关闭”按钮，保存表。

注意：如果想要删除索引idx_tbStudent_StudentID，则在选中这个索引时单击“删除”按钮即可。

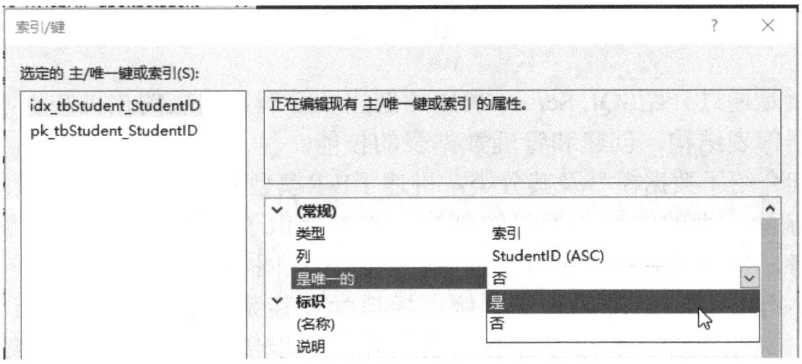

图3-20 修改索引属性

◆ 触类旁通

MySQL提供了3种创建索引的方法：

1．使用CREATE INDEX语句

可以使用专门用于创建索引的CREATE INDEX语句在一个已有的表上创建索引，但该语句不能创建主键。它的语法格式为。

```
CREATE<索引名>ON<表名>(<列名>[<长度>] [ASC|DESC])
```

其中<长度>是可选项。指定使用列前的length个字符来创建索引。使用列的一部分创建索引有利于减小索引文件的大小，节省索引列所占的空间。在某些情况下，只能对列的前缀进行索引。索引列的长度的最大上限为255个字节（MyISAM和InnoDB表的最大上限为1000个字节），如果索引列的长度超过了这个上限，则只能用列的前缀进行索引。另外，BLOB或TEXT类型的列也必须使用前缀索引。

2．使用CREATE TABLE语句

索引也可以在创建表（CREATE TABLE）的同时创建。在CREATE TABLE语句中添加以下语句。它的语法格式为。

```
CONSTRAINT PRIMARY KEY [索引类型] (<列名>,…)
```

在CREATE TABLE语句中添加此语句，表示在创建新表的同时创建该表的主键。

3．使用ALTER TABLE语句

CREATE INDEX语句可以在一个新表上创建索引，ALTER TABLE语句也可以在一个已有的表上创建索引。在使用ALTER TABLE语句修改表的同时，可以向已有的表添加索引。具体的做法是在ALTER TABLE语句中添加以下语句的某一项或几项。

```
ALTER TABLE  mytable01
ADD INDEX [<索引名>] [<索引类型>] (<列名>,…)
```

以下是在表t2中的列d和列a中添加索引，索引名没有指定，而是随机生成。

```
mysql> ALTER TABLE t2  ADD INDEX (d), ADD INDEX (a);
```

◆ 任务小结

本任务使用SSMS和T-SQL语句两种方法创建索引及查看修改索引，理解唯一索引（UNIQUE）、聚集索引（CLUSTERED）和非聚集索引（NONCLUSTERED）的含义和区别，并在数据库开发业务中选用合适的索引类型。

项目小结

本项目主要是通过介绍SQL Server 2019的创建和管理数据表的相关知识，培养和训练读者掌握设计数据库表结构、创建和管理数据表的技能。

本项目详细介绍了数据模型及其分类，讲述了E-R模型的绘制，表结构的设计，数据表的创建、修改和删除，表的约束和索引的创建。本书提供了各类例题供读者参考，也提供了习题供读者思考，最后还有拓展训练让读者在实践中巩固学习到的知识。

本项目引入学校成绩管理的真实案例，模拟学校某系统的真实表格设计。读者可以从数据模型设计、表格创建、约束创建和索引创建，一步步搭建起数据库系统最重要的单元数据表。本项目对综合能力要求比较高，可以小组合作完成。创建和管理数据库表的思维导图，如图3-21所示。

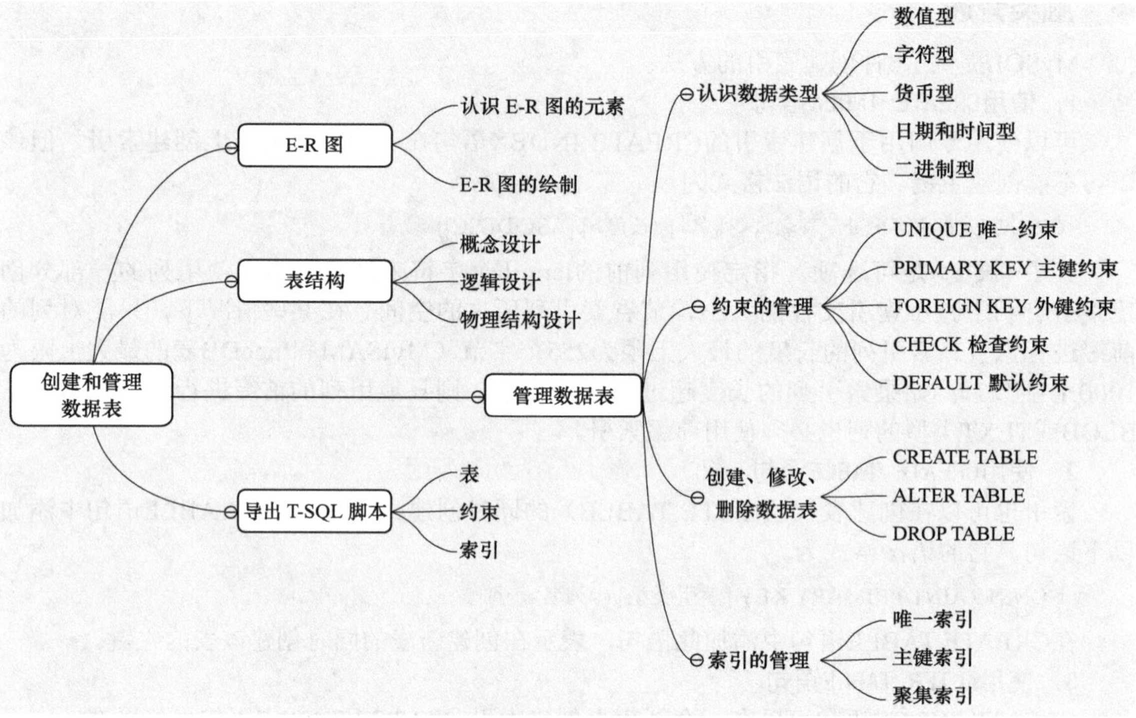

图3-21　创建和管理数据表的思维导图

拓展任务

◆ 任务描述

在开发新闻管理系统中，现已完成数据库dbNews的创建。数据库工程师需要通过分析该系统的概念结构、逻辑结构和物理结构设计出数据库表结构，并根据数据库表结构创建和管理数据表、完整性约束及索引。

新闻管理系统数据库实体描述如下：

网站管理员：网站的管理者，具有管理员账号、姓名、密码属性。

普通用户：网站的访问者，具有账号、姓名、性别、密码、电话、邮件、QQ号码、用户创建时间属性。

新闻网站栏目：对新闻进行分类存放，可以包含子栏目。

新闻：网站展示的实体内容，具有所属网站栏目、标题、内容、访问量、是否推荐、封面图标、摘要、出处、编辑姓名、录入员账号、发布时间、新闻录入的时间属性，并且可以包含多个新闻附件。新闻附件用于存放各种多媒体文件，包含附件名和存放URL属性。

留言：用户可以在BBS上进行留言，网站可以显示留言标题、留言内容、留言时间和留言用户信息。

如果你是数据库工程师，你将如何设计并完成数据表的创建。

3-9 拓展任务1

◆ 思路提示

1）根据数据库实体描述分析绘制E-R图。

2）一位数据库工程师对新闻管理系统的各个数据表设计了相应的表结构，根据表结构的描述，使用T-SQL语句创建各个数据表，写出相应的T-SQL语句。tbAdmin网站管理员表的表结构、tbNews新闻表的表结构、tbFiles新闻附件表的表结构、tbClass新闻网站栏目表的表结构、tbBBS用户留言表的表结构和tbUser普通用户表的表结构，见表3-18～表3-23。

3-10 拓展任务2

表3-18 tbAdmin网站管理员表的表结构

序号	字段名	字段说明	类型	允许空	备注
1	adminID	ID号	int		标识列，主键
2	adminCode	管理员账号	nvarchar(40)		
3	adminName	管理员姓名	nvarchar(40)		
4	adminPaswworod	管理员密码	nvarchar(40)		

表3-19 tbNews新闻表的表结构

序号	字段名	字段说明	类型	允许空	备注
1	newsID	新闻ID，手工录入，不自动生成	int		主键
2	classCode	网站栏目子代码	nvarchar(20)		外键
3	NewsTitle	新闻标题	nvarchar(200)		
4	NewsTime	新闻发布时间	date		
5	NewsContent	新闻内容	nvarchar(max)		
6	NewsVisitTotal	新闻访问量，默认为0	int	√	默认为0
7	NewsIsTop	新闻是否推荐，false表示不推荐，true表示推荐	bit	√	默认为0
8	NewsSmallPictureUrl	新闻封面小图URL	nvarchar(100)	√	
9	NewsSummary	新闻摘要	nvarchar(400)	√	
10	NewsForm	新闻出处	nvarchar(40)	√	
11	NewsEditor	新闻编辑姓名	nvarchar(40)	√	
12	logUser	新闻录入员账号	nvarchar(40)		外键
13	logTime	新闻录入的系统时间，默认值getdate()	date		默认为getdate()

表3-20 tbFiles新闻附件表的表结构

序号	字段名	字段说明	类型	允许空	备注
1	filesID	ID号	int		标识列，主键
2	newsID	新闻ID	int		外键
3	fileUrl	新闻附件URL	nvarchar(200)		
4	filename	32位唯一哈希代码	nvarchar(100)		

表3-21 tbClass新闻网站栏目表的表结构

序号	字段名	字段说明	类型	允许空	备注
1	classID	ID值	int		标识列，主键
2	classCode	网站栏目子代码	nvarchar(20)		唯一键
3	className	网站栏目名称	nvarchar(40)		
4	classParentCode	网站栏目父代码。指定“A”为第一层栏目	nvarchar(20)		默认为A
5	classURL	网站栏目的URL	nvarchar(100)	√	

表3-22 tbBBS用户留言表的表结构

序号	字段名	字段说明	类型	允许空	备注
1	bbsID		int		标识列，主键
2	bbsTitle	留言标题	nvarchar(100)	√	
3	bbsContent	留言内容	nvarchar(1000)	√	
4	bbsLogTime	留言时间，默认取系统时间getdate()	date	√	默认为getdate()
5	userCode	用户账号	nvarchar(40)		外键

表3-23 tbUser普通用户表的表结构

序号	字段名	字段说明	类型	允许空	备注
1	userID		int		标识列，主键
2	userCode	用户账号	nvarchar(40)		唯一键
3	userName	用户姓名	nvarchar(40)		
4	userSex	性别，只能为“男”或者“女”	nvarchar(4)		
5	userPassword	用户密码	nvarchar(40)		
6	userTel	用户电话	nvarchar(40)	√	
7	userMail	用户邮件	nvarchar(100)	√	
8	userQQ	用户QQ号码	nvarchar(40)	√	
9	userCreateTime	用户创建时间，默认值为系统时间getdate()	date		默认为getdate()

练习题

一、选择题

1．SQL Server 2019是一个（　　）的数据库系统。

A．网状型　　B．层次型
C．关系型　　D．以上都不是

2．构造E-R模型的步骤是（　　）。

①确定实体；②除去重复实体；③列出每个实体的属性；④标记主码；⑤定义联系；⑥检查每个实体类型；⑦描述联系的类型；⑧除去冗余关系。

A．①③②④⑥⑤⑦⑧　　B．①②③④⑤⑥⑦⑧
C．①②④③⑥⑤⑦⑧　　D．①④③②⑤⑥⑧⑦

3．储蓄所有多个储户，储户能够在多个储蓄所存取款，储蓄所与储户之间是（　　）。

A．一对一的联系　　B．一对多的联系
C．多对一的联系　　D．多对多的联系

4．如果对于实体集A中的每一个实体，实体集B中可有多个实体与之联系；反之，对于实体集B中的每一个实体，实体集A中也可有多个实体与之联系，则称实体集A与B具有（　　）。

A．1:1联系　　B．1:N联系
C．M:N联系　　D．多种联系

5．列值为空值（NULL），则说明这一列（　　）。

A．数值为0　　B．数值为空格
C．数值是未知的　　D．不存在

6．以下表示可变长度字符串的数据类型是（　　）。

A．text　　B．char　　C．varchar　　D．emum

7．SQL Server 2019的字符型系统数据类型主要包括（　　）。

A．int money char　　B．char varchar text
C．datetime binary int　　D．char varchar int

8．如果数据表中的某列值是从0～255的整型数据，最好使用（　　）数据类型。

A．int　　B．tinyint　　C．bigint　　D．decimal

9．电话号码应该采用什么样的格式来存储？（　　）

A．字符　　B．整数　　C．浮点数　　D．bit

10．主键的特性（　　）。

A．不允许空值　　B．只允许一个
C．可以多个关键字共同组成　　D．以上都是

11．如果要在一张管理职工工资的表中限制工资的输入范围，应使用（　　）约束。

A．PRIMARY KEY　　B．FOREIGN KEY
C．UNIQUE　　D．CHECK

12．不允许在数据表中出现重复记录的约束是通过（　　）实现。

A. DEFAULT　　B. UNIQUE

C. PRIMARY KEY　　D. PRIMARY KEY或UNIQUE

13. 在某数据库中的一个学生表，表中有一个字段“学号”能够唯一地区分每一个记录。数据库中还有一个成绩表，表中也有一个“学号”字段，但不能唯一区分每条记录，此处的“学号”字段称为成绩表的（　　）。

A. 主键　　B. 外键　　C. 唯一键　　D. 默认键

14. 关于ALTER TABLE语句描述错误的是（　　）。

A. 可以添加字段　　B. 可以修改字段名称

C. 可以删除字段　　D. 可以修改字段数据类型

15. 从表doctor中删除一列telcode的命令是（　　）。

A. ALTER TABLE doctor REMOVE COLUMN telcode

B. ALTER TABLE doctor DROP COLUMN telcode

C. DROP COLUMN telcode FROM doctor

D. REMOVE COLUMN telcode FROM doctor

二、简答题

1. 简述int、smallint、tinyint、bigint和bit这几种类型有什么不同？

2. 如何为属性字段设置默认值？如何设置自增长ID？

3. 简述默认约束和检查约束的区别。

4. 简述外键和主键的区别与联系。

5. 简述使用索引和不使用索引的理由。

三、综合题

1. 绘制工厂物资管理系统的E-R图。假设某工厂物资管理系统涉及如下实体和关系：

1）仓库：仓库号、面积。

2）货物：货号、名称。

3）职工：职工号、姓名、年龄、职称。

4）各实体之间具有如下所述联系：一个仓库可以存放多种货物，一种货物可以存放在多个仓库中，即仓库与货物之间存在“存货”联系；一个仓库有多个职工当保管员，每一个职工只能在一个仓库工作，即仓库与职工之间存在“工作”联系。

用E-R图表示该工厂物资管理的概念模型。

2. 现有关系数据库：其中包含学生和班主任两个实体，并且包含以下属性集，设计这两个实体的表结构并说明外键关系。

1）学生：编号，姓名，性别，年龄，该学生的班主任。

2）班主任：编号，姓名，性别，年龄。

3. 现有关系数据库如下：

1）数据库名：宿舍管理数据库。

2）住宿生信息表（学号，姓名，性别，年龄，民族，身份证号，宿舍号），其中要求创建主键。

3）宿舍表（宿舍号，宿舍电话），其中要求创建主键、外键，非空（姓名，年龄，民族）、唯一（身份证号）、检查（性别），宿舍电话为7位电话号码。

请使用SQL语句创建数据库表。

4．按要求写出相应的T-SQL语句。

1）对student数据库的stu_info学生信息表中的学号stu_id列建立一个名为idx_stu_id的索引。

2）对hospital数据库的doctor医生信息表中的编号doctor_id列建立一个名为idx_doctor_id的索引。

3）对company数据库的employee员工信息表中的工号employee_id列建立一个名为idx_employee_id的索引。

项目4 维护数据库

项目概述

在“学生成绩系统”软件产品研发项目中，项目小组接到项目研发任务后，经过需求分析完成了该数据库和数据表的创建。然而，在用户使用数据库的过程中，计算机硬件故障、系统错误、病毒、误操作等不可避免的因素，都可能导致数据库的数据受到破坏或者损失。因此，接下来数据库工程师需要对“学生成绩系统”的数据库进行维护，完成对数据的导入、导出工作，完成数据库的备份和还原工作，保证数据的安全完整。

项目分析

数据库维护包括数据库分离和附加、导入和导出、备份和恢复，还有制定数据库维护计划，每种操作的实现都有两种方法：图形界面、T-SQL语句。需要记住相关的操作步骤和语法结构，并会灵活运用。

知识与能力目标

1）能够正确使用图形界面及T-SQL语句完成数据库的分离和附加。
2）能够正确使用图形界面及T-SQL语句完成数据库的导入和导出。
3）能够正确使用图形界面及T-SQL语句完成数据库的备份和恢复。
4）能合理制定数据库维护计划。

任务1 导入和导出数据

“学生成绩系统”数据库和数据表已经创建完成，根据该校院系、专业、教师、班级、学生、课程、课程教学任务安排和成绩信息等，数据库管理员需要将对应的Excel表格数据导入dbStudentScore数据库中。

把dbStudentScore数据库中的所有数据导入新数据库dbStudentScorebackup中，以实现数据库的快速复制，“dbStudentScorebackup”数据库在导入或导出数据的过程中创建。程序员可以在dbStudentScorebackup进行数据的测试，不会损坏原数据库的真实数据。

把dbStudentScore数据库中的tbStudent表导出为文本文件“学生表.txt”，提供给程序员作数据测试用。

◆ 任务分析

把Excel数据导入SQL Server中：所有数据表中的数据可以存放到一个总Excel表中，Excel表中工作表数据量较大且表字段一致，不适合使用T-SQL语句进行添加，适合使用SSIS提供的导入和导出功能来完成。

完成后进行SQL Server导出到SQL Server中的操作。进行SQL Server导出到平面文件的操作，可以先在硬盘上创建一个空白的文本文件“学生表.txt”，再执行导出操作。

◆ 任务实施

1. Excel数据导入SQL Server

4-1　Excel 数据导入到 SQL Server

1）在SSMS的“对象资源管理器”中，选择dbStudentScore数据库，单击鼠标右键在弹出的快捷菜单中选择“任务”→“导入数据”命令，打开“SQL Server导入和导出向导”窗口，单击Next按钮，打开“选择数据源”窗口。

2）在“选择数据源”窗口中“数据源”选择“Microsoft Excel”，“Excel文件路径”可以单击“浏览”按钮找到对应的数据表格，然后单击Next按钮，如图4-1所示。

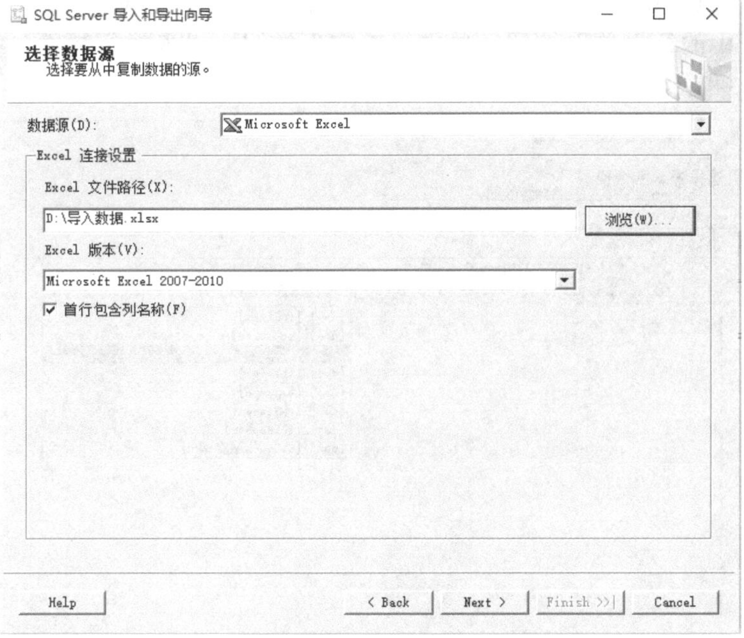

图4-1　选择数据源

3）在“选择目标”窗口中，“目标”选择“SQL Server Native Client 11.0”，“服务器名称”选择“USER-20191209SY\ZHLG”，“身份验证”选择“使用Windows身份验证”，单击Next按钮，如图4-2所示。“服务器名称”在各个计算机中可能不同。

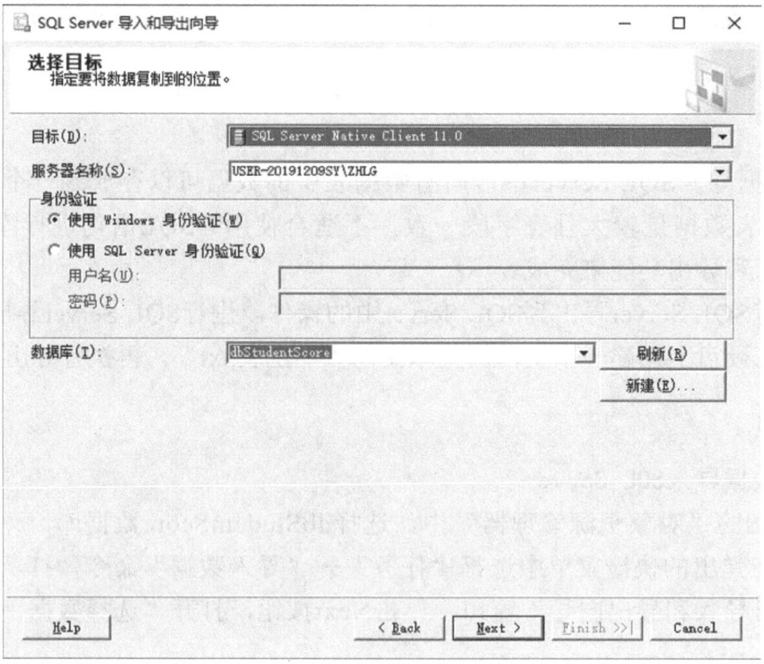

图4-2　选择目标

4）在“选择源表和源视图”窗口中，在“表和视图”中选择tbDepartment，右侧“目标”中选择tbDepartment表，单击“编辑映射”按钮，进入“列映射”窗口，在此窗口中选择“删除目标表中的行”单选按钮，单击“确定”按钮，进入执行界面。完成院系表的数据导入，如图4-3和图4-4所示。

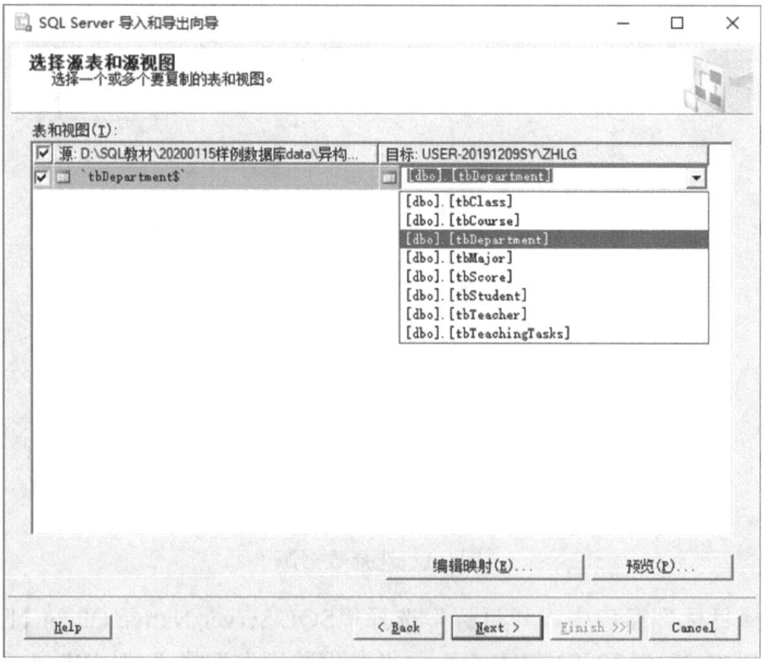

图4-3　选择源表和源视图

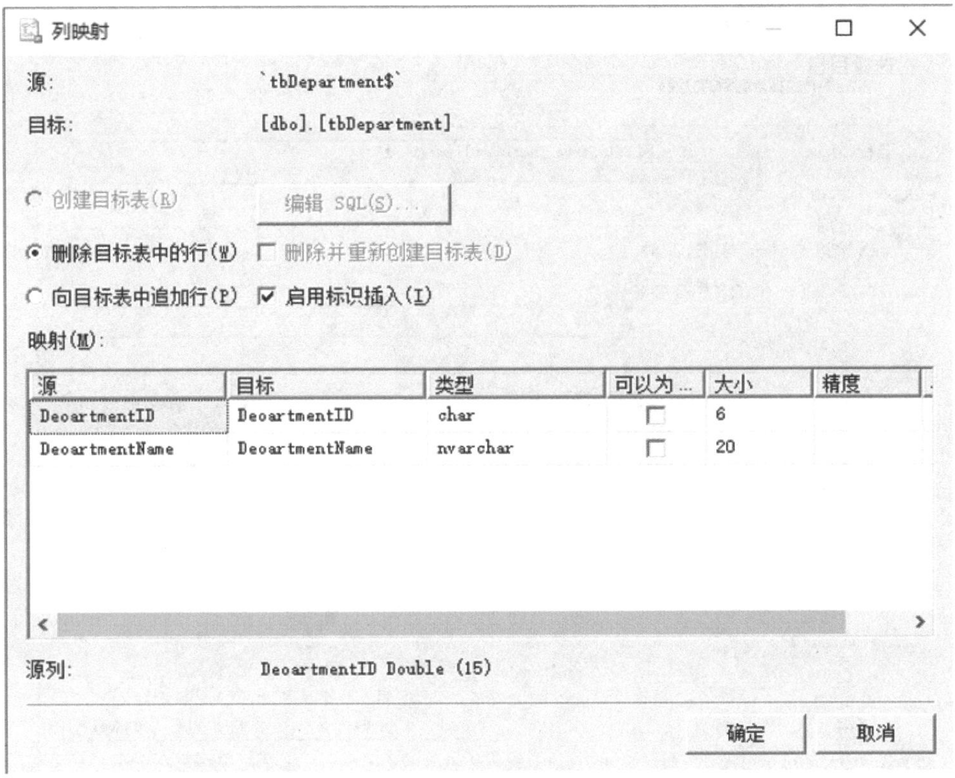

图4-4　列映射

5）其他数据表的导入操作，重复上面的步骤。

2. SQL Server导出到SQL Server

1）选择dbStudentScore数据库，单击鼠标右键，在弹出的快捷菜单中选择“任务”→“导出数据”命令，打开“SQL Server导入和导出向导”窗口。

4-2　SQL Server导出到 SQL Server

2）在“选择数据源”窗口中的“数据源”选择“SQL Server Native Client 11.0”，“数据库”选择dbStudentScore。

3）在“选择目标”窗口中的“目标”选择“SQL Server Native Client 11.0”，并单击“新建”按钮，创建一个数据库dbStudentScorebackup，如图4-5和图4-6所示。

4）在“选择源表和源视图”窗口中勾选所有表，依次单击Next按钮，直至完成操作。

3. SQL Server导出到平面文件

1）在C盘创建“学生表.txt”。按照上面的步骤操作选择数据源为“SQL Server Native Client 11.0”。

2）在“选择目标”窗口中的“目标”选择“Flat File Destination”，即平面文件，再指定文件的路径，如图4-7所示。

4-3　SQL Server导出到平面文件

3）在“选择源表和源视图”窗口中勾选tbStudent表，在“配置平面文件目标”窗口中对“行分隔符”选择为“{CR}{LF}”，“列分隔符”选择为“逗号{，}”，如图4-8所示。

4）然后依次单击Next按钮，直至完成操作。

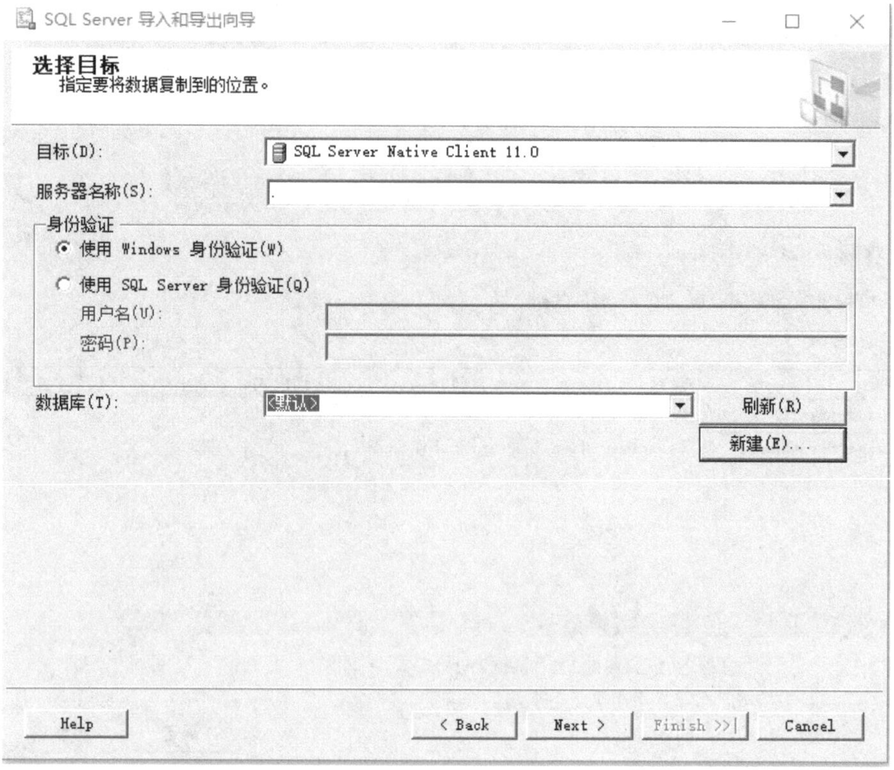

图4-5　选择目标

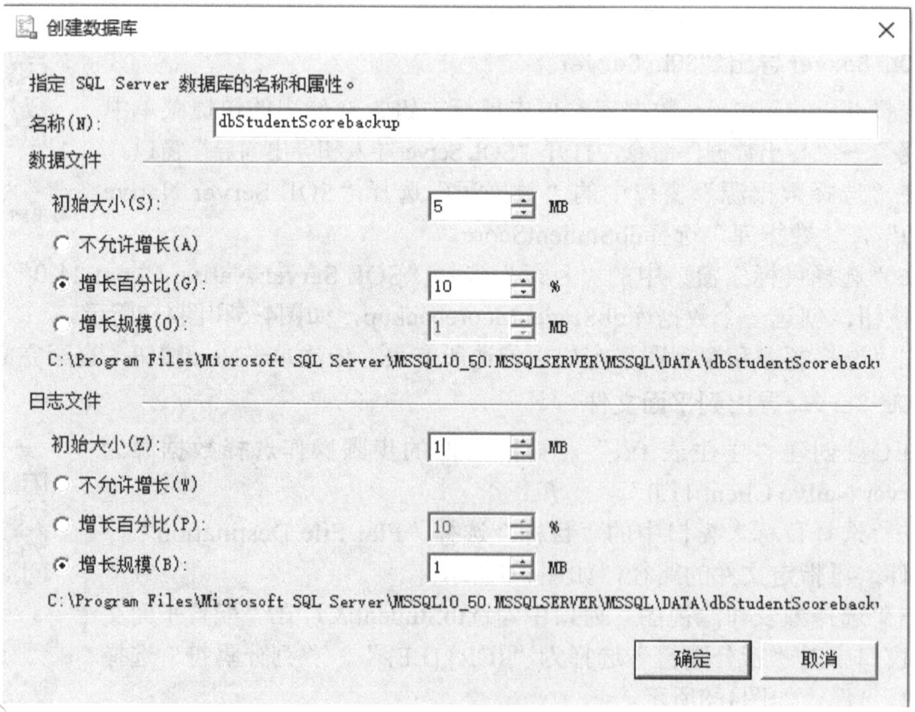

图4-6　创建数据库

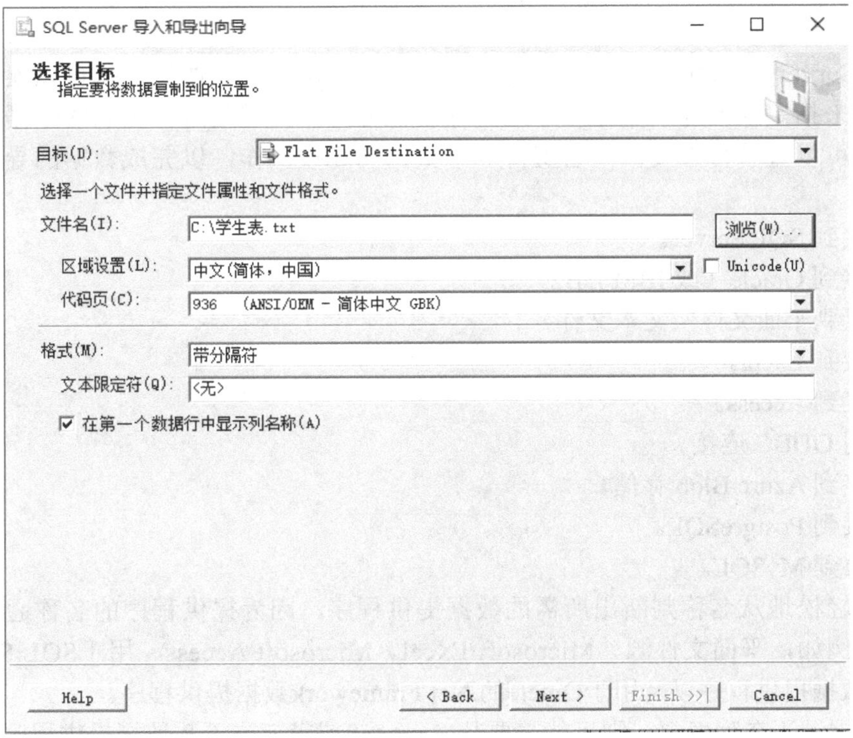

图4-7　选择目标

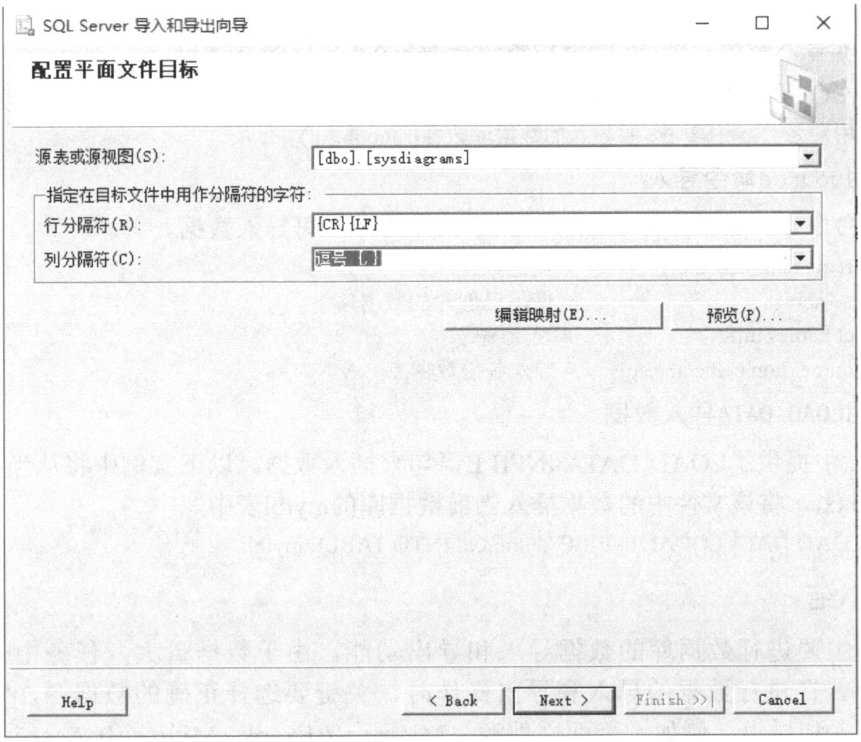

图4-8　配置平面文件目标

◆ 知识补充

“SQL Server 导入和导出向导”会显示“选择数据源”。通过选择可以连接到源的数据提供程序来指定数据源。在进行导入和导出任务时，关键是选择正确的数据源。关于它的详细介绍可以查看官方文档。它支持以下数据的连接操作，以完成数据的导入或者导出操作。

1）连接到 SQL Server。

2）连接到 Oracle（或 IBM DB2）。

3）连接到平面文件（文本文件）。

4）连接到 Excel。

5）连接到 Access。

6）使用 ODBC 连接。

7）连接到 Azure Blob 存储。

8）连接到 PostgreSQL。

9）连接到 MySQL。

通常可轻松地从名称判断出所需的数据提供程序，因为提供程序的名称通常包含数据源的名称，例如，平面文件源、Microsoft Excel、Microsoft Access、用于SQL Server的.Net Framework数据提供程序以及用于Oracle的.Net Framework数据提供程序。

如果数据源不在列表中，则可能需要从Microsoft或第三方下载数据提供程序。

◆ 触类旁通

1. MySQL导入数据。MySQL的备份数据经常以SQL文件格式保存

使用MySQL命令导入数据的语法格式为：

```
mysql -u用户名    -p密码    < 要导入的数据库数据(runoob.sql)
```

2. 使用source命令导入

source 命令导入数据库需要先登录到数据库终端，再导入数据。

```
mysql> create database abc;          # 创建数据库
mysql> use abc;                      # 使用已创建的数据库
mysql> set names utf8;               # 设置编码
mysql> source /home/abc/abc.sql      # 导入备份数据库
```

3. 使用LOAD DATA导入数据

MySQL 中提供了LOAD DATA INFILE语句来插入数据。以下实例中将从当前目录中读取文件dump.txt，将该文件中的数据插入当前数据库的mytbl表中。

```
mysql> LOAD DATA LOCAL INFILE 'dump.txt' INTO TABLE mytbl;
```

◆ 任务小结

本任务主要进行数据库的数据导入和导出功能，由于数据量大，任务中采用图形界面方式进行。在进行数据的导入和导出操作时，关键要选择正确的数据源，它支持多种数据源的导入和导出，例如，平面文件源、Microsoft Excel、Microsoft Access、Oracle、PostgreSQL、MySQL、PostgreSQL和SQL Server。

任务2 分离和附加数据库

“学生成绩系统”研发初期，数据库搭建在开发公司的程序员自己的计算机(CompanyServer)中，现在学校已经安装好数据库服务器（SchoolDataServer），要求把开发公司计算机中的数据库文件部署到学校数据库服务器中。

◆ 任务分析

本任务主要是数据文件的附加和分离操作。分别使用SQL Server管理平台、T-SQL语句可以实现分离和附加dbStudentScore数据库。

在计算机CompanyServer中分离数据库，然后把分离出来的数据文件用U盘存储，带到学校的数据中心机房中，在服务器SchoolDataServer进行数据库的附加操作，即可完成。有以下两种实现方法。

1）使用SSMS图形界面方式分离和附加数据库。

2）使用T-SQL语句分离和附加数据库。

◆ 知识准备

1. 分离数据库

分离数据库就是将某个数据库从SQL Server数据库列表中删除，使其不再被SQL Server管理和使用，但该数据库的文件和对应的日志文件完好无损。分离成功后，就可以把该数据库文件和对应的日志文件复制到其他硬盘中作为备份保存。

使用sp_detach_db分离用户数据库的语法格式如下。

```
sp_detach_db [ @dbname= ]'database_name'
[ , [ @skipchecks= ] 'skipchecks' ]
[ , [ @keepfulltextindexfile = ] 'KeepFulltextIndexFile' ]
```

参数说明：

database_name是要分离的数据库的名称。

skipchecks指定是否要跳过或运行更新统计信息。若要跳过更新统计信息，请指定true。若要显式运行UPDATE STATISTICS，请指定false。

KeepFulltextIndexFile指定在数据库分离操作过程中不会删除与所分离的数据库关联的全文索引文件。KeepFulltextIndexFile默认值为true。应用举例如下。

```
exec sp_detach_db 'dbShop1', 'true';
exec sp_detach_db @dbname='dbshop2' , @keepfulltextindexfile='true';
```

2. 附加数据库

附加数据库就是将一个备份磁盘中的数据库文件（.MDF）和对应的日志文件（.LDF）复制到需要的计算机中，并将其添加到某个SQL Server数据库服务器中，由该服务器来管理和使用这个数据库。

（1）使用 sp_attach_db附加用户数据库

```
sp_attach_db [ @dbname= ] 'dbname'
[ @filename1= ] 'filename_n' [ ,...16 ]
```

参数说明：

dbname_是要附加到服务器的数据库的名称。

filename_n是数据库文件的物理名称，包括路径。filename_n的类型为nvarchar（260），默认值为 NULL。最多可以指定16个文件名。参数名称从filename1开始，并递增到filename16。文件名列表至少必须包括主文件。主文件中包含指向数据库中其他文件的系统表。该列表还必须包括在数据库分离之后移动的所有文件。应用举例如下。

```
Exec sp_attach_db  @dbname = 'db01',
     @ filename1 =N'C:\MSSQL\Data\db01_Data.mdf';
     @ filename2 =N'C:\MSSQL\Data\db02_Data.ndf';
     @ filename3 =N'C:\MSSQL\Data\db03_Data.ldf'
```

（2）使用 sp_attach_single_file_db附加用户数据库

```
sp_attach_single_file_db [ @dbname= ] 'dbname'
     , [ @physname= ] 'physical_name'
```

它将只有一个数据文件的数据库附加到当前服务器中，参数physical_name是数据库文件的物理路径名称。应用举例如下。

```
Exec sp_attach_single_file_db @dbname = 'db01',
     @physname =N'C:\MSSQL\Data\db01_Data.mdf';
```

（3）使用带FOR ATTACH子句的CREATE DATABASE语句附加用户数据库

应用举例如下。

```
CREATE DATABASE mydb1
     ON (FILENAME = 'C:\MySQLServer\mydb1_Data.mdf'),
     (FILENAME = 'C:\MySQLServer\ mydb1_Log.ldf')
     FOR ATTACH;
```

◆ 任务实施

1．分离dbStudentScore数据库

4-4 分离和附加数据库

1）在公司计算机CompanyServer中启动SSMS，在“对象资源管理器”中展开“数据库”节点。首先查询到dbStudentScore数据库的保存路径为“C:\SchoolData”，然后选中要分离的dbStudentScore数据库单击鼠标右键，在弹出的快捷菜单中选择“任务”→“分离”命令，打开“分离数据库”窗口，如图4-9所示。

2）在“分离数据库”窗口中，“删除连接”表示是否断开与指定数据库的连接；“更新统计信息”表示在分离数据库之前是否更新过时的优化统计信息，单击“确定”按钮完成操作。

3）也可以使用T-SQL语句分离dbStudentScore数据库，代码如下。

```
Exec sp_detach_db  dbStudentScore
go
```

4）打开路径“C:\SchoolData”，把dbStudentScore数据库的全部数据文件存储到U盘中。

图4-9 “分离数据库”窗口

2. 附加dbStudentScore数据库

1）在学校数据中心机房的服务器SchoolDataServer中，创建文件夹“D:\SchoolData”，并把U盘中的相应数据文件复制过来。

2）启动SSMS，在数据库上单击鼠标右键，在弹出的快捷菜单中选择“附加”→“附加数据库”命令，打开“附加数据库”窗口，单击“添加”按钮，弹出“定位数据库文件”对话框，在该对话框中选择要附加数据库的位置，如图4-10所示。在附加时，也可以重新指定数据库的名称，单击“确定”按钮即可完成。

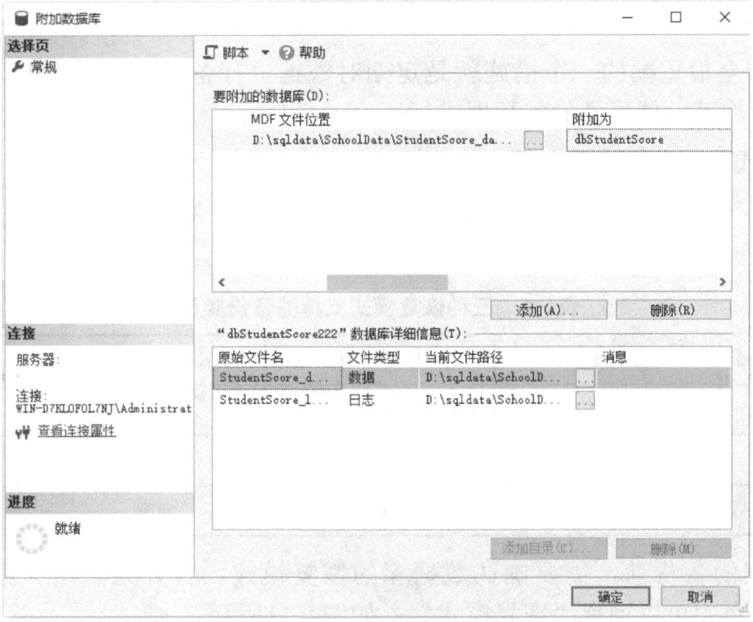

图4-10 “附加数据库”窗口

3）也可以使用T-SQL语句附加dbStudentScore数据库，代码如下：

```
exec sp_attach_db  dbStudentScore ,
filename1='D:\SchoolData\StudentScore_data.mdf',
filename2='D:\SchoolData\StudentScore_log.ldf'
go
```

◆ 任务小结

本任务通过SSMS和T-SQL语句两种方式分离和附加数据库，重点是理解和记忆各个操作步骤。

任务3　备份数据库

学校数据中心机房的服务器SchoolDataServer已经部署好数据库，并进行在线运行。由于成绩数据业务是教学工作的一项重要工作。学校的上班时间为早上8:00，老师们会在这个时间后录入当天的成绩数据。在学期末成绩录入阶段，要求数据库管理员每天早上要对dbStudentScore进行备份，以保存数据文件。

◆ 任务分析

数据库的备份可以手动进行，也可以自动按计划任务进行。因为学校的上班时间为早上8:00，数据库管理员可以在早上7:00左右对数据库dbStudentScore进行手动备份。它可以使用SSMS方式进行，它的任务可划分为如下两步。

1）创建一个名称为dbSSbacku的备份设备，物理名称为“D:\SchoolData\dbSSbackup.bak”。

2）对该数据库进行完整备份、差异备份和事务日志备份。

◆ 知识准备

保证数据安全最重要的一个措施就是定期对数据进行备份，如果数据库中的数据丢失或者出现错误，就可以使用备份的数据进行还原。

1．备份方式与恢复模式的关系

备份的方式与恢复模式有很重要的关联，SQL Server 恢复模式和备份方式之间的简单关系，见表4-1。

表4-1　三种恢复模式支持的备份类型

恢复模式	完整备份	差异备份	事务日志备份	文件和文件组备份
简单模式	必须	可选	不允许	不允许
完整模式	必须	可选	必须	可选
大容量日志	必须	可选	必须	可选

在进行数据的备份前，需要确认数据库的恢复模式。打开某一个“数据库属性”窗口，在“选项”页中可以调整“恢复模式”，如图4-11所示。

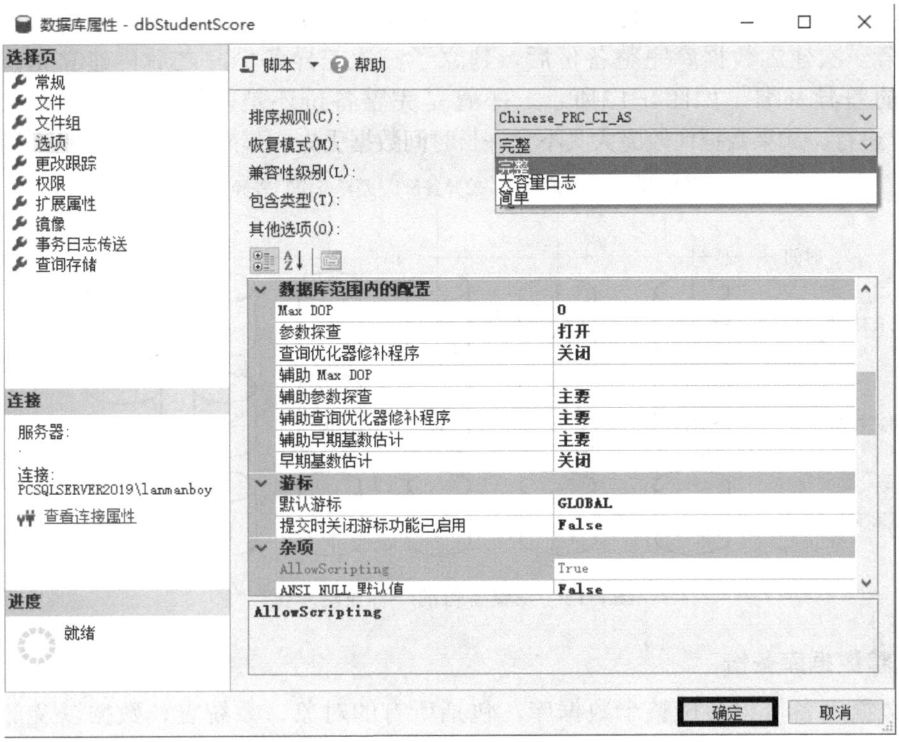

图4-11　调整数据库“恢复模式”

2. 备份策略的选择

备份和还原数据必须根据特定的环境进行自定义，并且必须使用可用资源。因此，要可靠地使用备份和还原进行恢复，需要制定备份和还原策略。设计完善的备份和还原策略可以平衡业务需求，以实现最大的数据可用性和最小的数据丢失，同时考虑维护和存储备份的成本。备份策略定义备份的类型和频率、备份所需硬件的特性和速度、备份的测试方法以及备份介质的存储位置和方法（包括安全注意事项）。

在简单模式下是不能做日志备份的，发生灾难后，数据库最后一次备份之后做的数据修改将是全部丢失的，在生产环境下数据又很重要，所以一般不建议使用这种模式。例如，对一个数据库有5次完整数据备份，在t5之后发生灾难，t6的数据就会全部丢失，如图4-12所示。

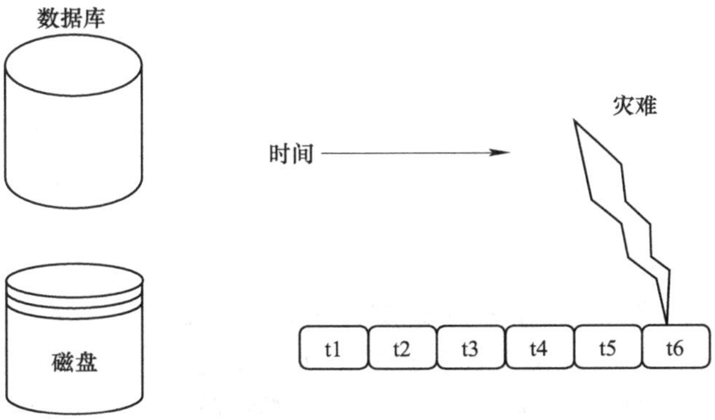

图4-12　简单备份的一种策略示例

数据库越来越大，完整备份的时间会越来越长。为了减少丢失风险，引入差异备份。例如，在第一次建立数据库完整备份后，建立了三次差异备份，之后再建立完整备份，从而建立新的差异基准，如图4-13所示。不管是完整备份还是差异备份，一般在空闲时间（如晚间）进行。如果数据比较庞大又不允许长时间数据丢失，那简单恢复模式是不能满足的。

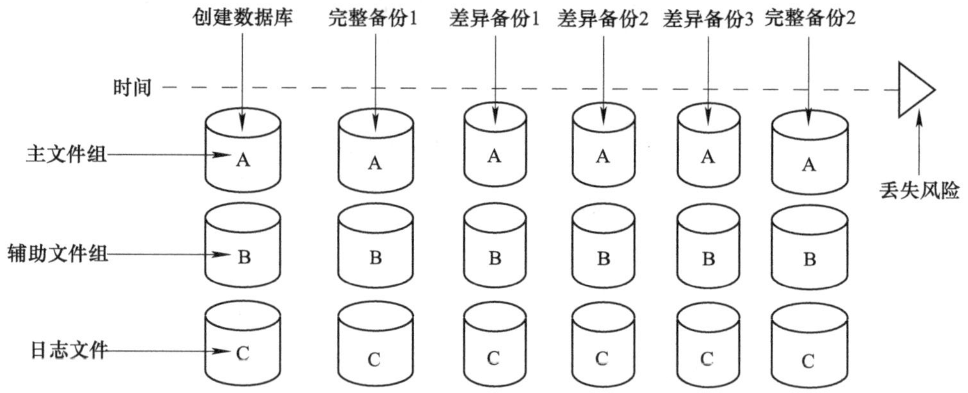

图4-13　完整备份的一种策略示例

3．完整数据库备份

完整数据库备份将备份整个数据库，包括所有的对象、系统表、数据以及部分事务日志，但此种备份类型速度较慢，占用大量磁盘空间。

4．差异备份

差异备份可以缩短备份和恢复的时间，适合需要频繁修改的数据库。但注意只有当已经执行了完整数据库备份后才能执行差异备份。

5．事务日志备份

创建第一个日志备份之前，必须先创建完整备份，事务日志备份所有数据库修改的记录。事务日志可以在意外发生时将事务日志记录中所有已经提交的事务全部恢复，使用这种方式可以将数据库恢复到事务日志备份时的状态，从而使数据损失降低到最少。

6．文件和文件组备份

对于大型数据，每次执行完整备份需要消耗大量时间，这时就可以使用文件和文件组备份。

7．备份设备

在数据库备份时，首先要创建用来备份的备份设备，备份设备可以是硬盘、磁带或逻辑备份设备。备份设备创建后，才能将需要备份的数据备份到备份设备中。

1）硬盘备份设备。硬盘备份设备是以硬盘或其他磁盘类设备为存储介质的特定格式的硬盘文件，按一般操作系统文件进行管理，硬盘备份设备的扩展名是.bak。

2）磁带备份设备。磁带是计算机系统支持的外存储器，设备的使用方法与磁盘设备相同，使用此种设备进行备份时，磁带设备必须物理连接到运行SQL Server实例的计算机上。

3）逻辑备份设备。逻辑备份设备是指向特定物理备份设备的可选用户定义名称。通过逻辑备份设备可以在引用相应的物理备份设备时使用间接寻址。

◆ 任务实施

4-5 数据库的备份

1）在SSMS的“对象资源管理器”窗口中，选择“服务器对象”→“新建”→“备份设备”命令，打开“备份设备”窗口，在“设备名称”中输入dbSSbackup，并设定“文件”存放路径为“D:\SchoolData\dbSSbackup.bak”，如图4-14所示。

图4-14 “备份设备”窗口

2）在SSMS的“对象资源管理器”窗口中，选择要进行备份的dbStudentScore数据库，单击鼠标右键，在弹出的快捷菜单中选择“任务”→“备份”命令，打开“备份数据库”窗口，“源”中“数据库”选择dbStudentScore，在“备份类型”中选择“完整”模式。“目标”中“备份到”选择“磁盘”，再单击“添加”按钮，打开“选择备份目标”对话框，“备份设备”选择dbSSbackup，单击“确定”按钮，如图4-15和图4-16所示。

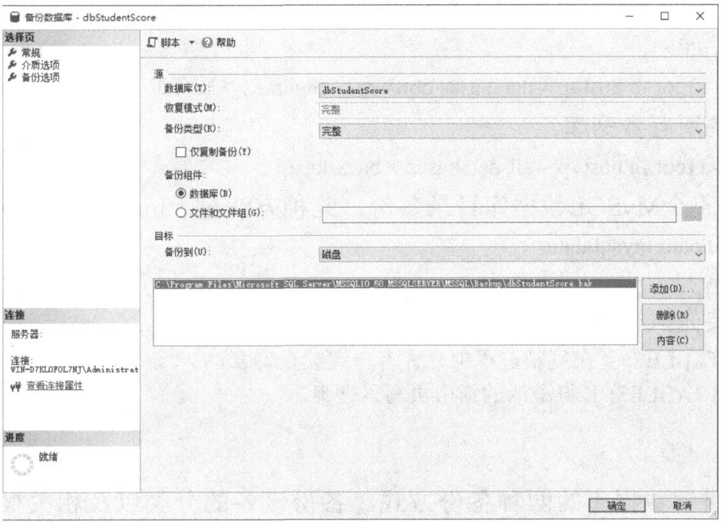

图4-15 “备份数据库”窗口

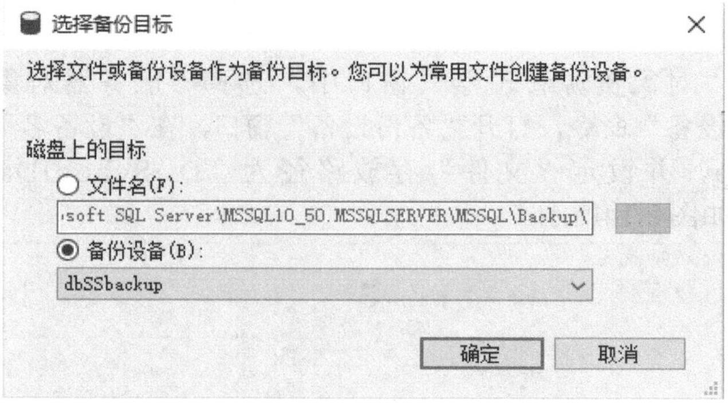

图4-16 “选择备份目标”对话框

3）返回到“备份数据库”窗口，选择目标中的dbSSbackup，单击“确定”按钮，系统开始进行备份任务，完成后显示“对数据库dbStudentScore的备份已成功完成”的提示。

4）重复步骤2），在“备份类型”中选择“差异”模式，在“选择备份目标”对话框中，“备份设备”选择dbSSbackup，单击“确定”按钮，完成该数据库的差异备份。

5）重复步骤4），在“备份类型”中选择“事务日志”模式，在“选择备份目标”对话框中，“备份设备”选择dbSSbackup，单击“确定”按钮，完成该数据库的事务日志备份。

注意：以上案例仅是演示备份的操作流程。在实际业务中通常在特定的时间进行人工备份或者计划任务进行自动备份。

◆ 触类旁通

对于MySQL数据库的备份有多种方法可以执行。

1）使用mysqldump工具备份MySQL数据库。

备份整个数据库。

```
$> mysqldump -u root -h host -p dbname > backdb.sql
```

备份数据库中的某个表。

```
$> mysqldump -u root -h host -p dbname tbname1, tbname2 > backdb.sql
```

备份多个数据库。

```
$> mysqldump -u root -h host -p --databases dbname1, dbname2 > backdb.sql
```

备份系统中的所有数据库。

```
$> mysqldump -u root -h host -p --all-databases > backdb.sql
```

2）直接复制整个MySQL数据库目录备份，此种方法对于InnoDB存储引擎不适用。

```
windowns: installpath/mysql/data
linux: /var/lib/mysql
```

在复制前需要先执行如下命令。

```
mysql> LOCK TABLES; # 在复制过程中允许客户继续查询表，
mysql > FLUSH TABLES; # 将激活的索引页写入硬盘。
```

◆ 任务小结

本任务主要讲解数据库的四种备份方式，备份设备的分类以及相关概念。备份的方式与恢复模式有很重要的关联，在进行数据备份前需要确认数据库的恢复模式。简单恢复模式、完整恢复模式和大容量日志恢复模式这三种恢复模式对完整备份、差异备份、事务日志备份、文件和文件组备份的要求不同。

任务4　还原数据库

某个星期一上午10:00左右，由于学校中心机房停电故障，致使学校的一些应用系统出现运行故障。老师反映上午10:00前录入的成绩中存在一小部分学生的成绩数据丢失的现象。数据库管理员要对学生成绩系统的dbStudentScore数据库进行数据库还原。

◆ 任务分析

当天早上7:00左右进行了一次数据备份，上午10:00左右出现故障，数据库管理员可以把最近一次的数据进行还原，以还原到当天早上7:00前的数据状态，然后让今天上午已经录入成绩的老师重新检查已录成绩或者再录一次成绩。

1）备份设备名称为dbSSbackup，物理名称为“D:\SchoolData\dbSSbackup.bak”。

2）先进行尾日志备份，再分别进行完整备份还原、差异备份还原、事务日志备份还原。

◆ 知识准备

还原是指数据库的数据遭到破坏或者丢失后，用户利用备份文件对数据库的数据进行恢复的过程，还原后的数据库状态和完成备份操作时的数据库状态一致。还原数据库的方式包括完整备份还原、差异备份还原、事务日志备份还原、文件和文件组备份还原。

1．完整备份还原

完整备份是差异备份和事务日志备份的基础，同样在还原时，第一步要先做完整备份还原，完整备份还原将还原完整备份文件。

2．差异备份还原

完整备份还原之后，可执行差异备份还原，当有多个差异备份时，只要选择指定日期的差异备份文件即可，不需要逐个还原在此期间的差异备份。当数据库文件很大、数据量很大、备份和还原需要花费不少时间的时候，数据库的差异备份自然就成为考虑的备份方案之一。差异备份还原与完整备份还原的方法基本一样，只是在还原差异备份时必须先还原完整备份再还原差异备份。完整备份与差异备份如果在同一个备份设备中应使用file参数指定备份集，无论备份集是否在同一个备份设备中，除了最后一个还原操作，其他所有还原操作必须加上NORECOVERY或STANDBY参数。

3．事务日志备份还原

使用事务日志还原可以将数据库恢复到指定的时间点。还原事务日志备份之前，先还原在其之前的完整备份。

4．尾日志的备份和还原

对于大多数情况，在完整恢复模式或大容量日志恢复模式下，SQL Server 2019版本要求备份日志结尾以捕获尚未备份的日志记录。还原操作之前对日志尾部执行的日志备份称为“结尾日志备份”。

通常要求在开始还原数据库前执行结尾日志备份，结尾日志备份可以防止工作丢失并确保日志链的完整性。将数据库恢复到故障点时，结尾日志备份是恢复计划中的最后一个相关备份，如果无法备份日志尾部，则只能将数据库恢复为故障前创建的最后一个备份。

5．文件和文件组备份还原

该还原方式不经常使用，只有当数据库中的文件或文件组损坏时才使用。

4-6 数据库的还原

◆ 任务实施

1）在SSMS的“对象资源管理器”窗口中，在“数据库”上单击鼠标右键，在弹出的快捷菜单中选择“还原数据库”命令。在“还原数据库”窗口中切换到“选项”页，勾选“结尾日志备份”中的2个复选框，如图4-17所示。

图4-17 “还原数据库”窗口

2）切换到“常规”页中，选择相应的“源”和“目标”，可以看到在“要还原的备份集”中的各个历史备份记录，包括完整备份、差异备份和事务日志备份。选中最近时间完整备份数据，然后选择此完整备份时间后的所有差异备份和事务日志备份，单击“确定”按钮完成数据库还原，如图4-18所示。

图4-18 选择还原的备份集

◆ 任务小结

本任务主要简述了五种还原方式，并对数据库进行还原任务实践。在开始还原数据库前执行结尾日志备份，结尾日志备份可以防止工作丢失并确保日志链的完整性。在数据库的备份和还原业务中，要掌握尾日志的备份方法。

任务5 创建数据库的自动备份维护计划

数据库管理员发现手工备份不适合工作的需求，要为dbStudentScore数据库建立自动备份的维护计划，要求只保留90天的备份数据，到截止时间后会自动删除过期的备份数据。

◆ 任务分析

数据库备份非常重要，并且有些数据的备份非常频繁，可能需要花费大量时间。因此，使用SQL Server 2019可建立自动备份维护计划，减少数据库管理员的负担。本任务使用SSMS创建自动备份维护计划。备份方式举例，见表4-2。

表4-2 备份方式举例

序号	备份方式	说明
1	完整备份	每月的第一天，凌晨1:00
2	差异备份	每周星期日，凌晨1:10
3	日志备份	星期一～星期五每天的8:00～22:00每隔2小时备份一次

备份文件存储在“D:\sqldata\School\BackupData”路径下。

◆ 任务实施

4-7 数据库备份计划

1）在SSMS的“对象资源管理器”窗口中，在“SQL Server代理（已禁用代理XP）”节点上单击鼠标右键，在弹出的快捷菜单中选择“启动”命令，把代理服务启动，如图4-19所示。

2）在SSMS的“对象资源管理器”窗口中，依次打开服务器节点下的“管理”→“维护计划”。在“维护计划”上单击鼠标右键，在弹出的快捷菜单中选择“维护计划向导”命令。打开“选择计划属性”窗口，在“名称”文本框中输入维护计划的名称“dbStudentScore自动备份任务”，并选择“每项任务单独计划”单选按钮，如图4-20所示。

图4-19　启动代理服务

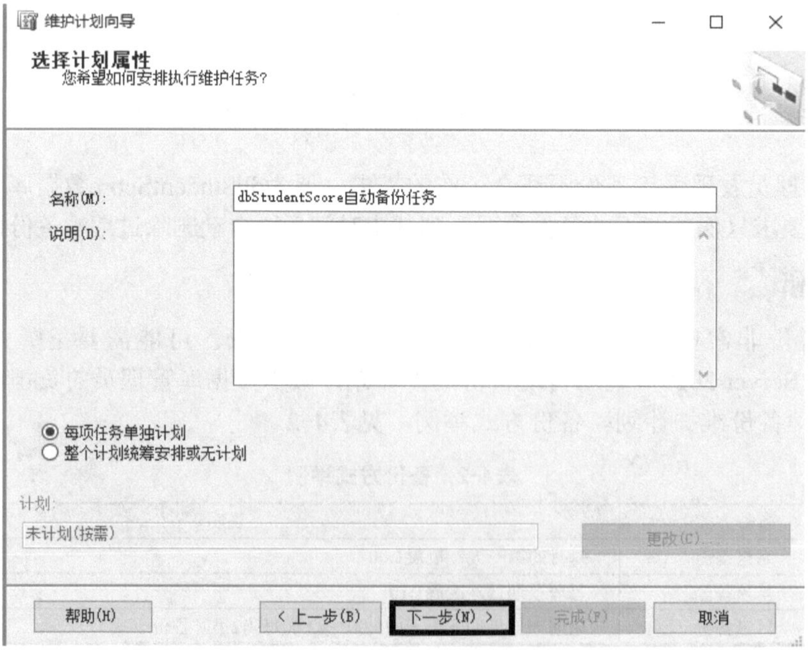

图4-20　输入维护计划的名称

3）在“选择维护任务”窗口中可以选择多种维护任务。本任务中选择“备份数据库（完整）”“备份数据库（差异）”和“备份数据库（事务日志）”3个复选框，如图4-21所示。

4）单击“下一步”按钮，打开“选择维护任务顺序”窗口，多个任务可以通过单击“上移”“下移”两个按钮设置维护任务的顺序，通常是完整备份后才进行其他模式的备份，如图4-22所示。

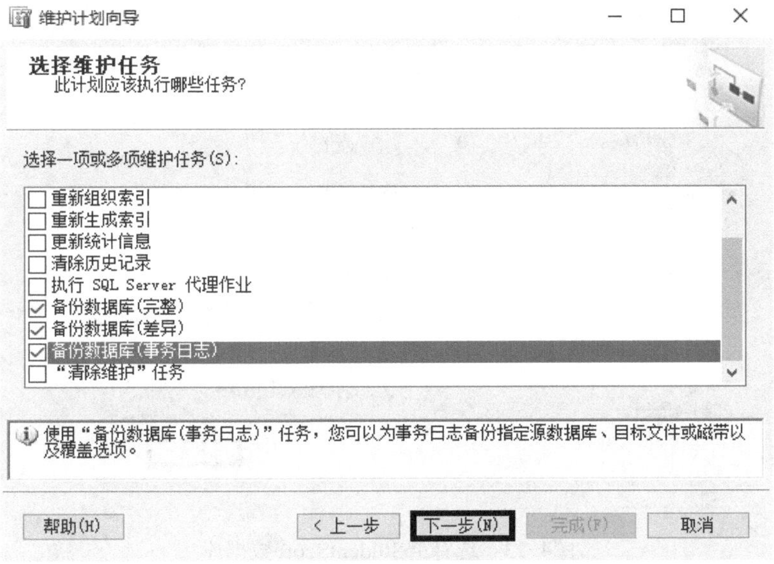

图4-21　选择维护任务

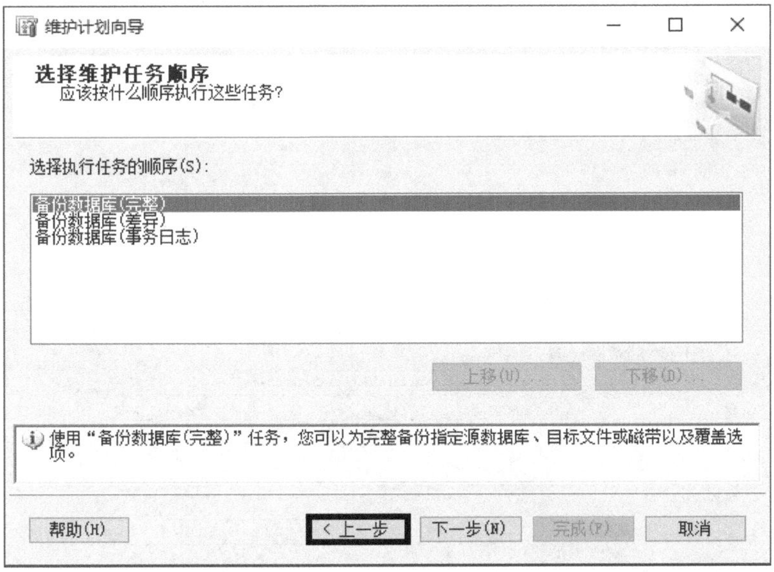

图4-22　选择维护任务顺序

5）在“定义“备份数据库（完整）”任务”的窗口中，在“常规”选项页的“数据库”下拉列表选择dbStudentScore数据库，在“目标”选项页中指定“文件夹”为“D:\sqldata\School\BackupData”，如图4-23和图4-24所示。

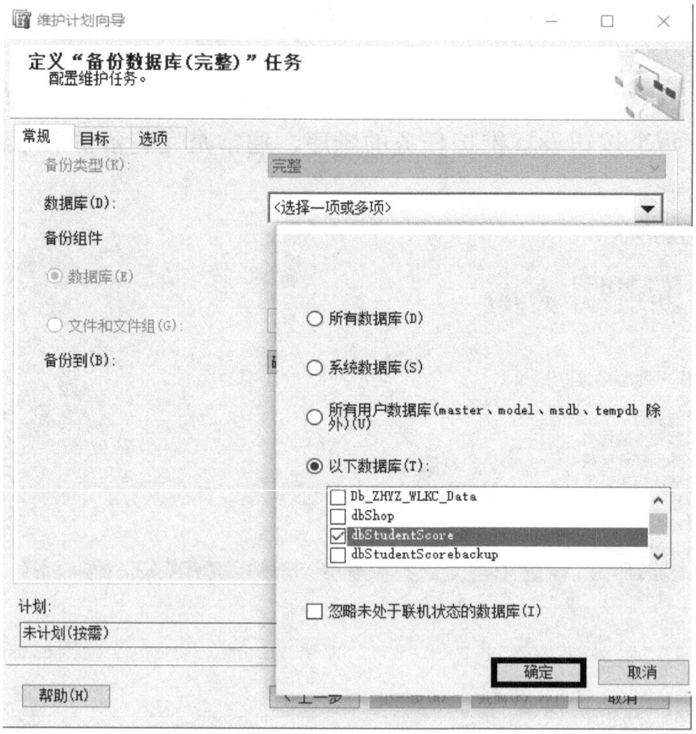

图4-23　选择dbStudentScore数据库

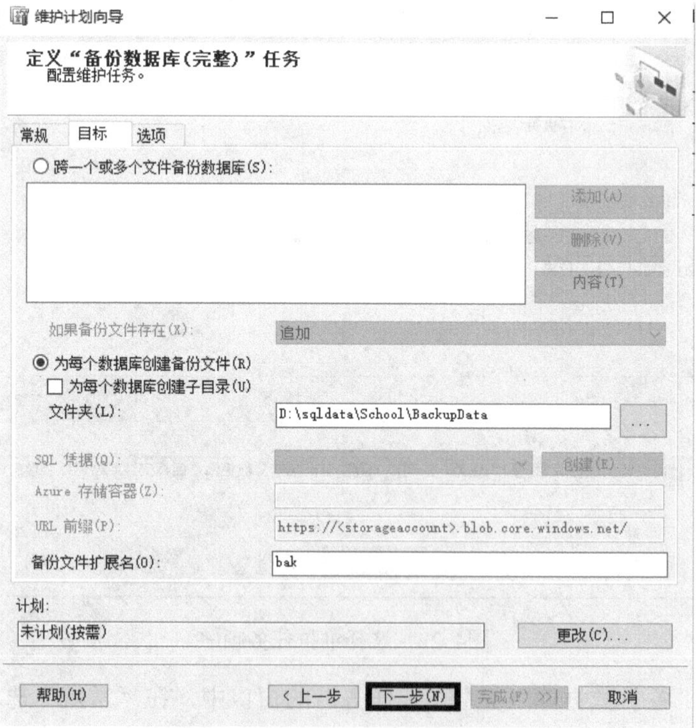

图4-24　指定文件夹

6）在“选项”页中，指定“备份集过期时间”为“晚于”90天，如图4-25所示。

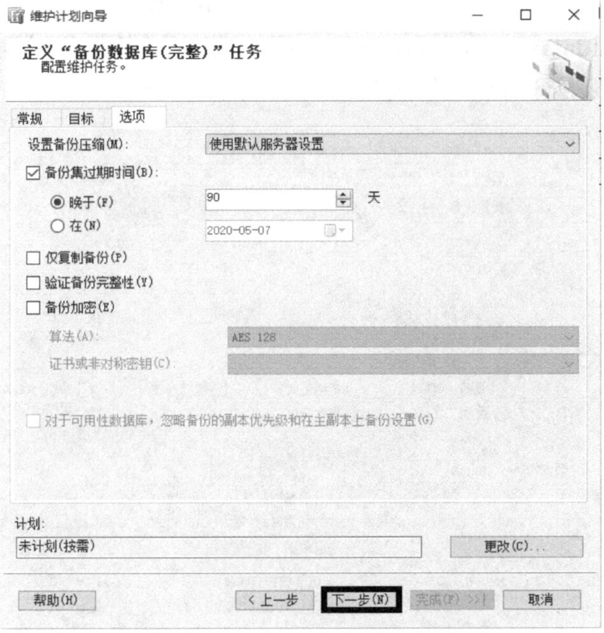

图4-25　指定“备份集过期时间”

7）在“选项”页中，单击“更改”计划时间按钮，指定计划时间为每月的第一天凌晨1:00，如图4-26所示。单击“确定”按钮后进入下一步的操作。

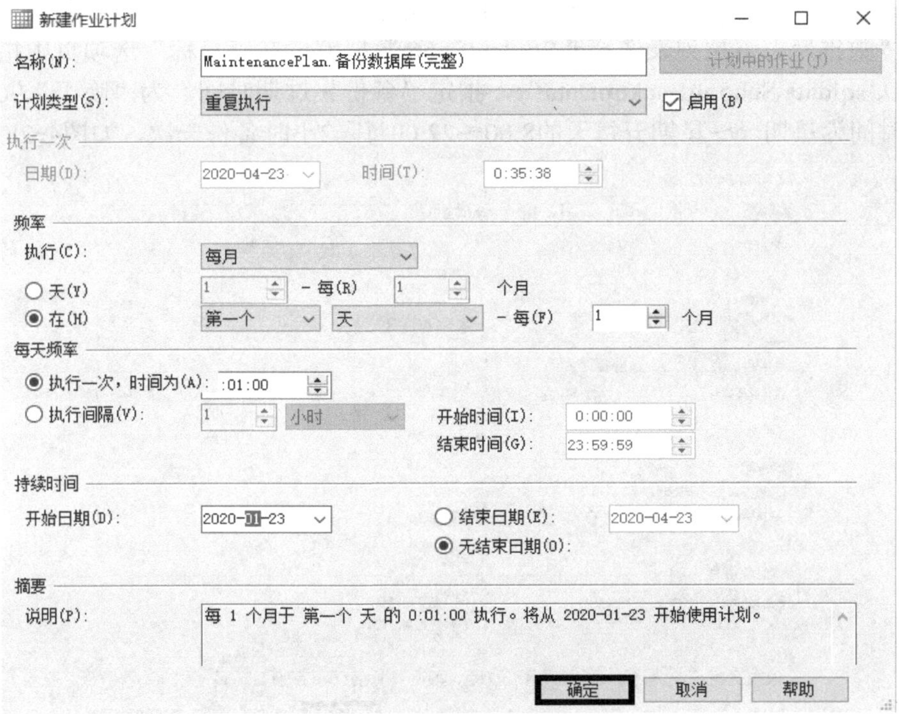

图4-26　指定完整备份的计划时间

8）在“定义‘备份数据库（差异）’任务”的窗口中，与上面的步骤类似，在“常规”选项页的“数据库”下拉列表选择dbStudentScore数据库，在“目标”选项页中指定“文件夹”为“D:\sqldata\School\BackupData”，指定“备份集过期时间”为“晚于”90天，然后指定计划时间为每周星期日凌晨1:10，如图4-27所示。

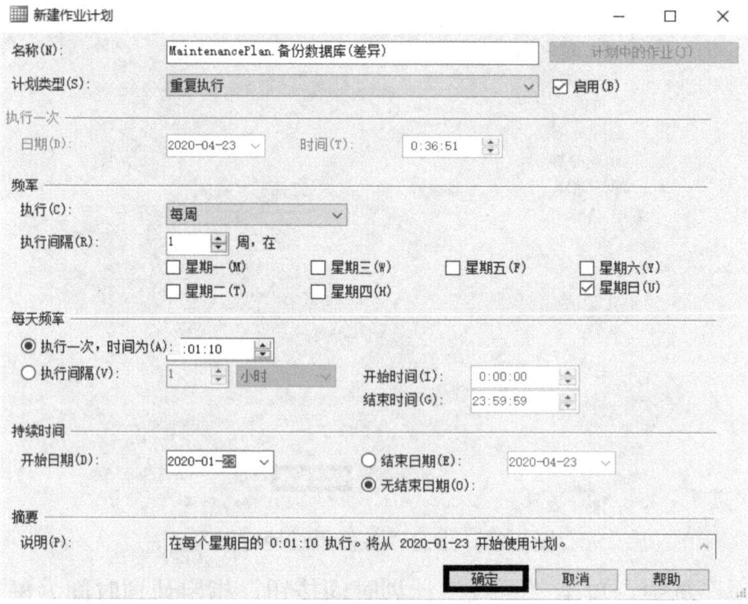

图4-27　指定差异备份的计划时间

9）在“定义‘备份数据库（日志）’任务”的窗口中，与上面的步骤类似，在“常规”选项页的“数据库”下拉列表选择dbStudentScore数据库，在“目标”选项页中指定“文件夹”为“D:\sqldata\School\BackupData”，指定“备份集过期时间”为“晚于”90天，然后指定计划时间为星期一～星期五每天的8:00～22:00每隔2小时备份一次，如图4-28所示。

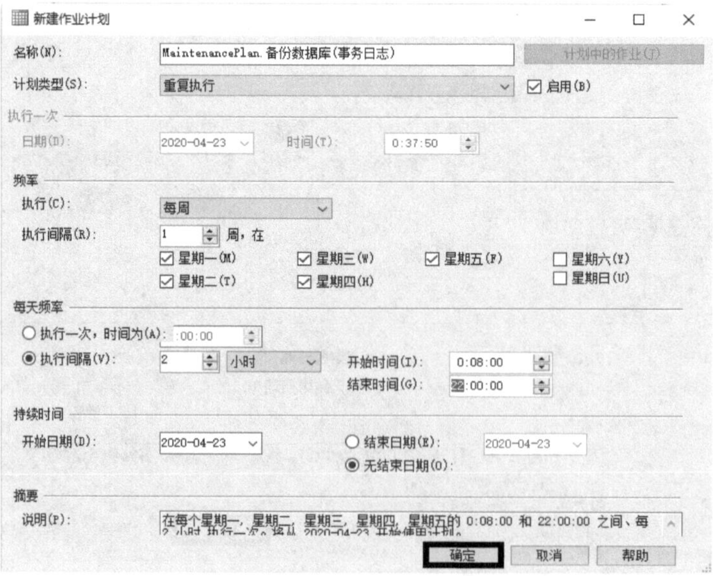

图4-28　指定日志备份的计划时间

10）单击“下一步”按钮，打开“选择报告选项”窗口，该窗口里选择如何管理维护计划报告，可以写入文本文件，勾选“将报告写入文本文件”复选框后单击“浏览”按钮选择要保存的位置，如图4-29所示。

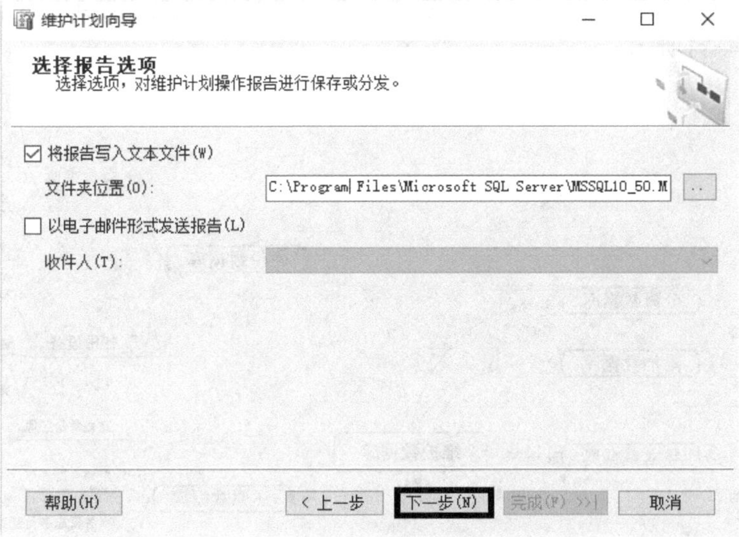

图4-29 选择报告选项

11）单击“下一步”按钮，打开该向导窗口，单击“完成”按钮，弹出维护计划向导进度，单击“关闭”按钮，完成维护计划任务的创建。刷新“维护计划”后可以看到“dbStudentScore自动备份任务”已经创建成功，修改它，可以自动打开如图4-30所示的界面。

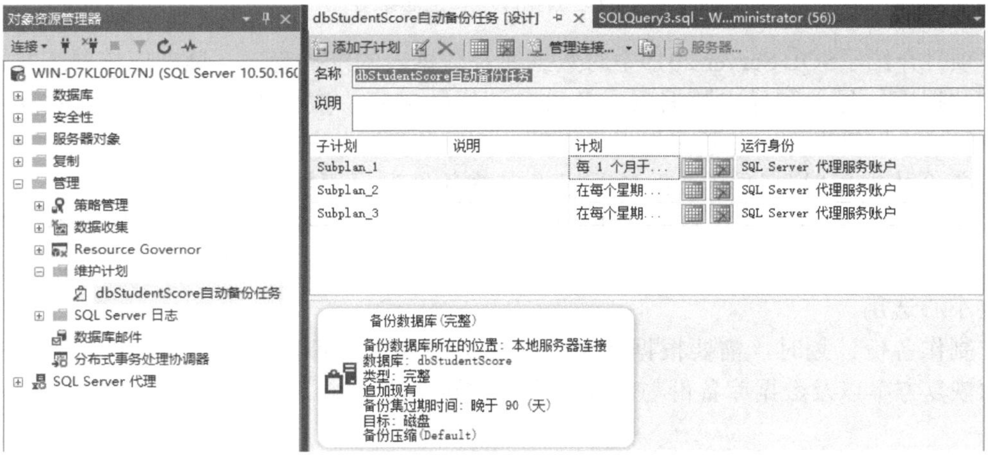

图4-30 修改维护计划界面

◆ 任务小结

本任务主要讲解创建数据库的自动备份维护计划，操作简单，学习者容易掌握。对于维护计划任务的时间安排，可以对每个任务实施不同的时间计划，这样可以进行复杂计划任务的设置。

项目小结

本项目主要讲解维护数据库的常用方法，并对每种方法做了详细说明，需要读者掌握的知识点，如图4-31所示。

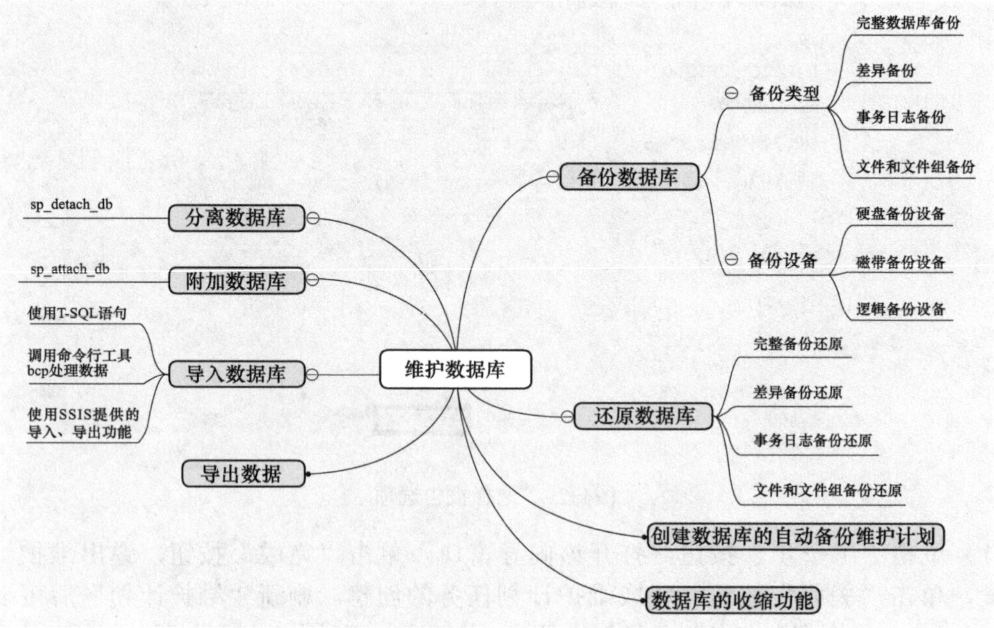

图4-31　数据库维护的思维导图

本项目介绍了SQL Server 2019中对数据库及数据表的维护管理。读者应该熟练掌握分离和附加数据库、导入和导出数据表、备份和还原数据库、数据库的收缩、创建数据库的自动备份维护计划等操作，并掌握根据需求解决实际问题的方法。

在备份数据库时，通常需要先进行“完整备份”后再执行“差异备份”和“日志备份”。如果是在“简单恢复模式”下，只能进行“完整备份”，不能进行“差异备份”和“日志备份”。在数据库的维护和管理业务中，要求数据库管理员对“简单恢复模式”要小心选用。

在制作备份计划时，需要根据业务的需求选择合适的备份方法，制订切实可行的备份计划和恢复方案以及数据库备份与恢复的具体实施办法。

拓展任务

◆ 任务描述

数据库管理员根据需求进行分析后，创建完了新闻网站系统数据库dbNews，接下来需要管理员对该数据库进行维护管理。假如你是该数据库管理员，请完成该数据库的维护工作。

主要任务分解如下。

1）使用T-SQL语句完成dbNews数据库的分离和附加。

2）将素材中“dbnews-data.xls”中的数据导入到dbNews数据库对应的表中。

3）通过SSMS图形界面将dbNews数据库进行完整备份、差异备份和事务日志备份，并完成还原工作，备份设备为disk_two。

① 制作备份方案表。请设计一个备份策略并填写在下表中，填表时不一定全部行都填写满，根据各自的情况有理有据说明原因即可。新闻系统数据库备份方案表，见表4-3。

表4-3 新闻系统数据库备份方案表

序号	备份方式	时间和原因说明

② 依照以上备份方案，在SQL Server中创建自动备份计划。

◆ 思路提示

4-8 拓展任务 1　　4-9 拓展任务 2　　4-10 拓展任务 3

此任务步骤简单易懂，可参考本项目中的步骤，也可以观看操作视频。

练习题

一、选择题

1．（　　）不是SQL Server 2019的备份模式。

A．数据库完整备份　　B．差异备份

C．事务日志备份　　D．主键备份

2．在进行差异备份之前，必须进行（　　）备份。

A．数据库完整备份　　B．差异备份

C．事务日志备份　　D．文件和文件组备份

3．数据库的恢复模式不包括（　　）。

A．完整模式　　B．简单模式

C．大容量日志模式　　D．文件和文件组模式

4．能将数据库恢复到某个时间点的备份类型是（　　）。

A．完整备份还原　　B．差异备份还原

C．事务日志备份还原　　D．文件和文件组备份还原

5．差异备份需要使用（　　）选项。

A．WITH INIT　　B．WITH NOINIT

C．NORECOVERY　　D．WITH DIFFERENTIAL

二、填空题

1．SQL Server 2019的备份设备包括________、________、________。

2．备份是指将数据库的一些必要文件进行________________的过程。

3．差异备份只备份数据库所包含数据与________________的差异。

4．备份事务日志需要执行________________语句。

5．用户可以通过系统存储过程________________创建备份设备。

6．还原数据库是________________的过程。

7．完整备份还原的语法格式________________。

三、操作题

完成以下操作：

1）对dbStudentScore数据库通过导出到SQL Server的操作创建新数据库dbStudentScoreInputAndOut。

2）在数据库dbStudentScoreInputAndOut中，对数据所有用户表中的数据全部删除，以清空数据表。

3）导入文本数据实训。把素材tbMajor.csv对应的数据全部导入数据库dbStudentScoreInputAndOut中的表tbMajor中。

4）导出数据到Excel中。先创建一个Excel文件“导出Excel格式数据.xlsx”，再把数据库dbStudentScoreInputAndOut中的tbMajor数据表导出到该Excel文件中。

5）完成数据库dbStudentScoreInputAndOut的备份操作：完整备份dbStudentScore数据库到硬盘设备mydisk1中，文件为“mydisk1.bak”；差异备份dbStudentScore数据库到硬盘设备mydisk1中；事务日志备份dbStudentScore数据库到硬盘设备mydisk1中。

6）完成数据库dbStudentScoreInputAndOut的还原操作：从备份设备mydisk1中，完整备份还原、差异备份还原、事务日志备份还原数据库。

项目5 操作数据

项目概述

在“学生成绩系统”中已经创建完数据表，进入了代码编写阶段。项目的编程工作不仅是程序员的任务，也需要数据库工程师紧密配合才能更好地完成。程序员需要掌握一定的SQL代码查询知识或者需要数据库工程师配合一起进行代码编写工作。

项目分析

在程序开发过程中对数据的操作主要是增、删、改、查。本项目要求数据库工程师掌握使用SSMS界面和 T-SQL语句插入数据、删除数据、修改数据和查询数据的能力，特别是多表查询和高级查询的能力，即INSERT、DELETE、UPDATE和SELECT。

知识与能力目标

1）理解INSERT、DELETE、UPDATE和SELECT的语法。

2）掌握使用INSERT语句插入单行数据、多行数据的方法。

3）掌握使用DELETE和UPDATE进行数据删除和修改的方法。

4）能结合参考脚本进行数据的插入、修改和删除操作。

5）能对数据进行简单查询，例如，TOP、DISTINCT、WHERE子句、ORDER BY排序，GROUP BY分组，HAVING子句等。

6）能结合函数完成数据的查询。

7）能对数据进行多表连接查询：左连接、右连接、内连接等。

8）能对数据进行嵌套子查询：使用比较运算符、SOME、ANY、ALL、IN和EXISTS等。

9）能对数据进行合并查询：使用UNION和UNION ALL进行查询。

任务1 插 入 数 据

本任务主要完成以下操作。

1）在数据库dbStudentScore中，把以下数据插入tbStudent学生表中。学生数据，见表5-1。

表5-1 学生数据

学号	姓名	性别	团员	身份证号	籍贯	班级代码
S100500001	韩平	男	否	19980218	山西省运城市垣曲县	C00019
S100500002	戚根旺	男	否		辽宁省朝阳市建平县	C00031
S100500003	李文倩	女	否	19710718		C00060
S100500004	吕玉凤	女生		19880918	江苏省苏州市常熟市	C00075
S100500005	何国明	男	是	19810901	福建省厦门市同安区	
S100500008	陈哲瀚	男	是	19900721	山东省泰安市新泰市	C00066
S100500009	秦鑫月	女	是	19721121	西藏自治区山南市琼结县	C00069
S100500006	孔运祥	男	是	19750802	福建省泉州市晋江市	C00071
S100500007	施贞	女	否	19651118	江西省宜春市铜鼓县	C00052

2）在数据库dbStudentScore中，原数据表中的业务数据非常重要，进行一些业务的演示和推算时通常使用“备份数据”进行，这样不会对原数据表的数据造成影响。业务要求如下。

① 先创建一个与tbClass班级表结构相同的表，命名为tbClassCopy，然后把tbClass中的全部数据复制到tbClassCopy中。

② 把tbStudent学生表的数据快速备份到一个新表tbStudentCopy中。

③ 把tbTeacher教师表中的“姓名、性别 、电话号码、职称” 这四个字段的全部数据快速备份到一个新表tbTeacherCopy中。

◆ 任务分析

本任务的数据基于配套素材“项目5初始状态数据库dbStudentScore”，先附加此文件夹的数据库，才能完成以下内容。

首先要分析数据。

1）分析学生表tbStudent的表结构，如图5-1所示。学号为StudentID，姓名为StudentName，性别为Sex，是否团员为LeagueMember，身份证号为IDNumber，籍贯为NativePlace，班级代码为ClassID。

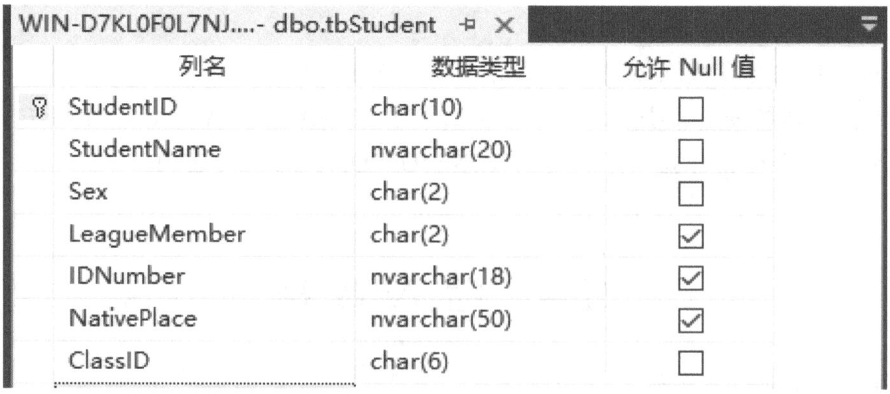

图5-1 tbStudent的表结构

2）“吕玉凤”性别为“女生”，违反了只能输入“男”和“女”的CHECK约束，此数据不符合要求。性别和班级代码字段不允许为NULL，因此，“何国明”学生的信息不符合要求。身份证号和籍贯允许为NULL，“戚根旺”和“李文倩”的信息符合要求。

接下来使用INSERT子句插入数据。

1）对于tbClassCopy表，先创建表结构再复制数据。把tbClass表中的所有数据通过“INSERT INTO SELECT”语句批量“复制”过去。

2）对于tbStudentCopy表，可以通过SELECT INTO FROM语句批量复制到一个新表tbStudentCopy。

3）对于tbTeacherCopy表，可以通过SELECT INTO FROM语句把姓名、性别、电话号码、职称这四个字段的数据批量复制到一个新表tbTeacherCopy中。

◆ 知识准备

1. INSERT的语法

```
INSERT [ INTO ] <表名> [字段列表] VALUES (值1，值 2，值 3，……)
```

2. INSERT INTO SELECT语句

```
INSERT INTO old_table (field1,field2,...)  SELECT  value1,value2,... FROM Table1
--或者:
INSERT INTO  old_table  SELECT  *  FROM Table1
```

注意：要求目标表old_table必须存在，并且字段field1，field2...也必须存在，注意语法的书写，不要加values关键字。

3. SELECT INTO FROM语句

```
SELECT value1, value2 INTO new_table  FROM  old_table
```

注意：

1）要求目标表new_table不存在，因为它会自动创建表new_table，并将old_table中的指定字段数据复制到new_table中。

2）new_table的格式通过对选择列表中的表达式进行取值来确定。new_table中的列按照选择列表指定的顺序创建。new_table与old_table对应的列具有相同的字段名称、数据类型和值，但old_table列的IDENTITY属性不会被复制到new_table中。

◆ 任务实施

（1）插入数据

1）使用SSMS图形界面输入单行数据。对tbStudent单击鼠标右键，在弹出的快捷菜单中选择“编辑前200行”命令，然后在最后一行数据中，把学生相关的数据录入，录入完毕后按<Enter>键确认，即可完成，如图5-2所示。

5-1　插入数据

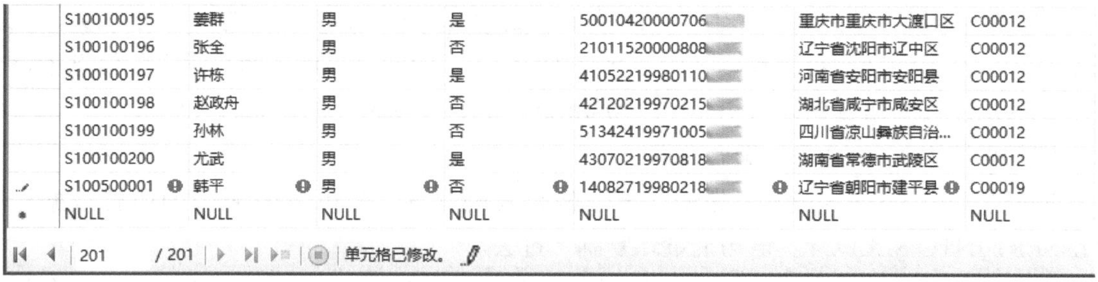

	S100100195	姜群	男	是	50010420000706	重庆市重庆市大渡口区	C00012
	S100100196	张全	男	否	21011520000808	辽宁省沈阳市辽中区	C00012
	S100100197	许栋	男	是	41052219980110	河南省安阳市安阳县	C00012
	S100100198	赵政舟	男	否	42120219970215	湖北省咸宁市咸安区	C00012
	S100100199	孙林	男	否	51342419971005	四川省凉山彝族自治...	C00012
	S100100200	尤武	男	是	43070219970818	湖南省常德市武陵区	C00012
	S100500001	韩平	男	否	14082719980218	辽宁省朝阳市建平县	C00019
*	NULL	NULL	NULL	NULL	NULL	NULL	NULL

201 / 201 单元格已修改。

图5-2　对tbStudent直接输入一行数据

2）使用T-SQL语句插入一行数据。把“李文倩”学生的数据插入数据表中，要掌握多种书写方法，以应对不同的业务需求，代码如下。

```
--方法1：每个字段都列出来，籍贯用“空白单引号”表示
INSERT tbStudent
(StudentID,StudentName,Sex,LeagueMember,IDNumber,NativePlace,ClassID)
VALUES
('S100500003','李文倩','女','否','230203197107188424','','C00060')
--方法2：每个字段都列出来，籍贯用NULL表示
INSERT tbStudent
(StudentID,StudentName,Sex,LeagueMember,IDNumber,NativePlace,ClassID)
VALUES
('S100500003','李文倩','女','否','230203197107188424',NULL, 'C00060')
--方法3：除了籍贯字段外，每个字段都列出来
INSERT tbStudent
(StudentID,StudentName,Sex,LeagueMember,IDNumber,ClassID)
VALUES
('S100500003','李文倩','女','否','230203197107188424', 'C00060')
--方法4：字段的顺序打乱，都列出来，不省略字段
INSERT tbStudent
(LeagueMember,IDNumber,NativePlace,ClassID,StudentID,StudentName,Sex)
VALUES
('女','否','230203197107188424','', 'C00060','S100500003','李文倩')
```

3）使用T-SQL语句插入多行数据，可以把VALUES后面的值用括号组织以实现同时插入多行数据。把“孔运祥”和“施贞”2位学生的数据插入数据表中，代码如下。

```
INSERT tbStudent
(StudentID,StudentName,Sex,LeagueMember,IDNumber,NativePlace,ClassID)
VALUES
('S100500006','孔运祥','男','是','35058219750802477X','福建省泉州市晋江市',
'C00071'), --这是第1行，第1行和第2行之间使用半角逗号相连
('S100500007','施贞','女','否','360926196511186401','江西省宜春市铜鼓县',
'C00052') --这是第2行，因为后面没有数据了，逗号省略
```

（2）INSERT INTO SELECT的应用

5-2　使用SELECT子句插入数据

1）创建表结构。要创建一个与tbClass表相同的表，可以利用tbClass表自动生成脚本的方法自动生成相应代码，如图5-3所示，对tbClass自动生成CREATE脚本。

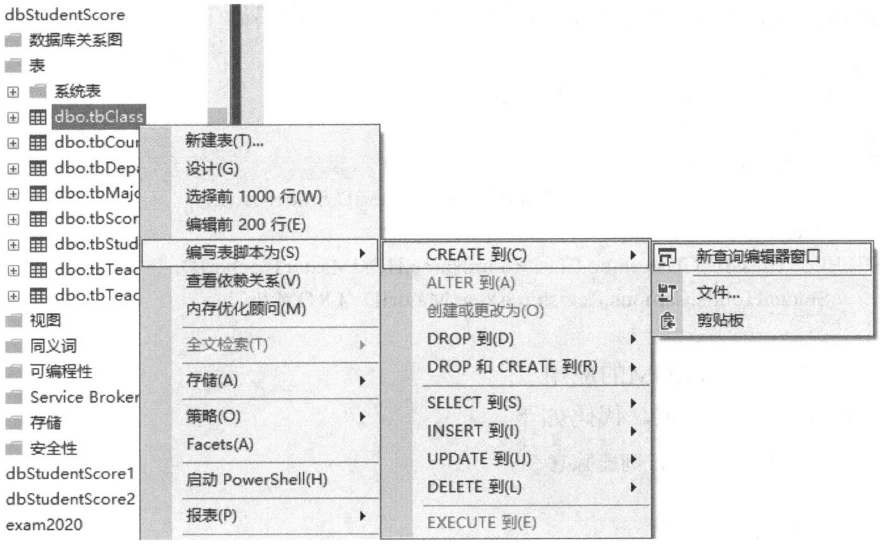

图5-3 对tbClass自动生成CREATE脚本

然后把代码中的tbClass全部替换为tbClassCopy，再执行即可创建表结构。

整理后脚本如下。

```
USE [dbStudentScore]
GO
CREATE TABLE [dbo].[tbClassCopy](
	[ClassID] [char](6) NOT NULL,
	[ClassName] [nvarchar](20) NOT NULL,
	[ClassRoomName] [nvarchar](20) NOT NULL,
	[HeadMasterTeacherID] [char](6) NULL,
	[StudentTotals] [int] NOT NULL,
	[Campus] [nvarchar](20) NOT NULL,
	[RegisteredYear] [int] NOT NULL,
	[MajorID] [char](6) NOT NULL,
 CONSTRAINT [PK_tbClassCopy_ClassID] PRIMARY KEY CLUSTERED ( [ClassID] ASC) ,
 CONSTRAINT [UQ_tbClassCopy_ClassName] UNIQUE NONCLUSTERED ( [ClassName] ASC)
) ON [PRIMARY]
GO
ALTER TABLE [dbo].[tbClassCopy] ADD  CONSTRAINT
	[DF_tbClassCopy_StudentTotals]  DEFAULT ((0)) FOR [StudentTotals]
GO
ALTER TABLE [dbo].[tbClassCopy]  WITH CHECK ADD  CONSTRAINT
	   [FK_tbClassCopy_tbMajor_MajorID]  FOREIGN KEY ([MajorID])
	 REFERENCES [dbo].[tbMajor] ([MajorID])
GO
ALTER TABLE [dbo].[tbClassCopy]  WITH CHECK ADD  CONSTRAINT
	 [FK_tbClassCopy_tbTeacher_HeadMasterTeacherID]  FOREIGN  KEY
	   ([HeadMasterTeacherID])  REFERENCES [dbo].[tbTeacher] ([TeacherID])
GO
```

2）通过INSERT INTO SELECT语句批量“复制”，代码如下。

```
--第1种写法，省略字段
INSERT INTO  tbClassCopy SELECT * FROM tbClass
--第2种写法，不省略字段
INSERT INTO  tbClassCopy
( ClassID,ClassName,ClassRoomName,HeadMasterTeacherID,StudentTotals,
Campus,RegisteredYear,MajorID)
        SELECT  ClassID,ClassName,ClassRoomName,HeadMasterTeacherID,
                StudentTotals,Campus,RegisteredYear,MajorID   FROM tbClass
GO
```

（3）SELECT INTO FROM的应用

1）对于tbStudentCopy表，代码如下。

```
--如果表tbStudentCopy存在，则删除它
DROP TABLE tbStudentCopy
--方法1：使用*代替全部字段
SELECT  *  INTO   tbStudentCopy   FROM   tbStudent
--方法2：把所有字段依次列出
SELECT StudentID,StudentName,Sex,LeagueMember,IDNumber,NativePlace,ClassID
     INTO tbStudentCopy FROM tbStudent
```

2）对于tbTeacherCopy表，代码如下。

```
--如果表tbTeacherCopy存在，则删除它
DROP TABLE tbTeacherCopy
--把“姓名、性别 、电话号码、职称”字段依次列出
SELECT   TeacherName,Sex,Telephone,PositionalTitles
     INTO  tbTeacherCopy   FROM  tbTeacher
```

SELECT子句的用法将在后面的内容中进行详细介绍。能否构造出用户所需要的各种新的数据表关键在于SELECT子句如何书写。

◆ 触类旁通

INSERT语句是最常见的SQL语句之一，MySQL中INSERT语句的用法与T-SQL标准用法大部分相同，但也有一些不同的情形。

1．关于SET语法

在标准的SQL语句中，一次插入一条记录的INSERT语句只有一种形式。

```
INSERT INTO tablename(列名…) VALUES(列值);
```

但是在MySQL中，它还有另外一种形式。

```
INSERT INTO tablename SET column_name1 = value1, column_name2 = value2，…;
```

如果使用了SET方式，必须至少为一列赋值。如果某一个字段使用了默认值（如默认或自增值），这两种方法都可以省略这些字段。标准的INSERT语句允许一次插入多条数据，但是SET语句不允许。

2．关于INSERT INTO、INSERT IGNORE和REPLACE INTO语法

INSERT INTO表示插入数据，数据库会检查主键（Primary Key），如果出现重复则会报错。

INSERT IGNORE表示，如果表中已经存在相同的记录，则忽略当前新数据。

REPLACE INTO表示插入替换数据，需求表中要求有Primary Key或者UNIQUE索引。如果数据表已经存在数据，则用新数据替换。如果没有数据，则效果和INSERT INTO一样。

```
mysql> create table testtb(
        id int not null primary key,
        name varchar(50),
        age int
);
mysql> insert into testtb (id,name,age) values (1,"bb",13);
mysql> insert ignore into testtb (id,name,age) values (1,"aa",13);#仍是1，"bb",13，
    因为id是主键，主键重复，但使用了ignore则错误被忽略
mysql> replace into testtb (id,name,age) values (1,"aa",12);#数据变为1,"aa",12
```

◆ 任务小结

本任务是要求数据库管理员掌握如何插入（INSERT）数据的方法。它有两个途径：使用SSMS图形界面和使用T-SQL语句，其中使用T-SQL语句插入数据是重点需要掌握的知识。使用SELECT子句插入数据主要有两种情况：INSERT INTO SELECT语句和SELECT INTO FROM语句。

任务2　修改和删除数据

本任务主要完成以下两项操作。

1）在数据库dbStudentScore中完成以下数据的更新或者删除操作。

① 在表tbStudent中把学号为S100500003的同学的籍贯更新为“黑龙江省齐哈尔市建华区”。

② 在表tbStudent中把学号为S100500002的同学的班级代码更新为“C00066”，团员信息更新为“是”。

③ 在tbClass中对班级号为C00010、C00011、C00012、C00013和C00014的班级全部统一调整到“新校区”，每班都有转专业过来的学生，每班人数增加5人。

④ 把tbStudentCopy表中的班级代码为C00010的全部学生的团员信息更新为“是”。

⑤ “孔运祥”和“施贞”这两位学生已经转学到其他学校，在表tbStudent中把他们的信息从学生表信息中删除。

⑥ 把表tbTeacherCopy中的数据全部删除。

2）在数据库dbStudentScore中的tbMajor表中，结合参考脚本完成以下操作：

① 结合INSERT参考脚本，把以下数据插入tbMajor表中。tbMajor数据，见表5-2。

表5-2　tbMajor数据

专业代码	专业名称	所属院系部门代码
m01001	马克思主义哲学	100002
m01002	中国哲学	100002
m01003	外国哲学	100002

② 结合UPDATE参考脚本，把专业代码m01001的专业名称修改为“科学技术哲学”。

③ 结合DELETE参考脚本，把专业代码m01003的数据删除。

◆ 任务分析

常规的修改和删除操作可以按相应的SQL语句完成。通过对tbMajor表的“编写脚本为”菜单命令，也可以快速生成INSERT、UPDATE和DELETE的脚本，然后根据要求完成，如图5-4所示。

图5-4　对表tbMajor创建参考脚本

◆ 知识准备

1. UPDATE的语法

完整语法如下：

UPDATE <表名> SET 字段名=值或者表达式[,…] [WHERE 条件]

2. DELETE的语法

完整语法如下：

DELETE [FROM] <表名> [WHERE条件]

◆ 任务实施

1. UPDATE更新操作

```
--子任务1
UPDATE tbStudent SET NativePlace ='黑龙江省齐哈尔市建华区'   WHERE
StudentID ='S100500003'
--子任务2是同时更新多个列，带WHERE条件。
```

5-3　UPDATE 和 DELETE 操作

```
UPDATE tbStudent SET ClassID ='C00066',LeagueMember='是'   WHERE StudentID ='S100500002'
--子任务3是同时更新多个列，带where条件。
UPDATE tbClass SET Campus='新校区' ,StudentTotals =StudentTotals+5 WHERE ClassID ='C00010' OR
ClassID ='C00011' OR ClassID ='C00012' OR ClassID ='C00013' OR ClassID ='C00014'
--子任务4是更新1个列，带WHERE条件。
UPDATE tbStudentCopy  SET  LeagueMember='是'   WHERE  ClassID ='C00010'
```

2．DELETE删除操作

```
--子任务5是带WHERE条件的部分删除操作。
DELETE FROM tbStudent WHERE StudentName ='孔运祥' OR StudentName ='施贞'
--子任务6是全部删除操作，不带WHERE条件。
DELETE FROM  tbTeacherCopy
```

子任务3和子任务7的数据排列在一起，也可以使用SSMS可图形界面直观操作完成。

3．结合参考脚本进行数据的插入、修改和删除操作

5-4　结合参考脚本修改和删除数据

1）按上面分析的步骤，创建INSERT参考脚本。自动创建的脚本都会有“[]”或者“dbo.”架构名称，可以删除它，也可以保留它，并不会有影响。自动创建的INSERT模板代码如下。

```
INSERT INTO [dbo].[tbMajor]
        ([MajorID] ,[MajorName]  ,[DeoartmentID])
        VALUES
        (<MajorID, char(6),> ,<MajorName, nvarchar(20),> ,<DeoartmentID, char(6),>)
```

结合任务要求，把相应的数据替换上，代码如下。

```
INSERT INTO [dbo].[tbMajor]
            ([MajorID],[MajorName],[DeoartmentID])
        VALUES
            ('m01001','马克思主义哲学','100002'),
            ('m01002','中国哲学','100002'),
            ('m01003','外国哲学','100002')
```

2）结合UPDATE参考脚本完成，操作步骤如上，代码如下。

```
UPDATE [dbo].[tbMajor]    SET [MajorName] = '科学技术哲学'
WHERE  MajorID='m01001'
```

3）结合DELETE参考脚完成本，操作步骤如上，代码如下。

```
DELETE FROM [dbo].[tbMajor]   WHERE MajorID='m01003'
```

◆　知识补充

1．使用UPDATE更新列

```
--使用数值
UPDATE tbProduct SET  price=100
--使用算术运算
UPDATE tbProduct SET  price=price*1.1
--使用内置函数
```

```
UPDATE tbProduct SET  pricedate=getdate()
--使用字符
UPDATE tbProduct SET  unit='个'
--更新多个列
UPDATE tbProduct SET  price=100 , pricedate=getdate() , unit='个'
--结合WHERE
UPDATE tbProduct SET  price=price*1.1 WHERE color='红色'  AND price<12go
--结合 TOP子句,使用数值
UPDATE  TOP 10  tbProduct SET  price=1.2* price
--结合 TOP子句,使用百分比
UPDATE  TOP 10%  tbProduct SET  price=1.2* price   ORDER BY price desc
go
```

2. DELETE应用例子

```
--使用不带 WHERE 子句的 DELETE 会删除该表的全部数据，需要小心使用
DELETE  FROM  tbProduct
--使用带 WHERE 子句的 DELETE，这里只对price价钱小于100的数据进行删除。
DELETE  FROM  tbProduct  WHERE price <100
```

3. 区别DELETE TABLE和DROP TABLE

DELETE TABLE命令只删除表中的数据，它的表结构还保留。DROP TABLE删除了表中的数据，同时表结构也删除了。例如，从一个仓库中搬走货物，DELETE TABLE操作是把货物搬走了，仓库还在；DROP TABLE操作是把货物搬走了，同时把仓库也拆掉了。

◆ 触类旁通

MySQL中UPDATE和DELETE的用法与T-SQL标准用法大部分是相同的，可以通用。但也有一些特别的情形。

1. MySQL的UPDATE语法

```
UPDATE [LOW_PRIORITY] [IGNORE] tbl_name
SET col_name1=expr1 [, col_name2=expr2 ...]
[WHERE where_definition]
[ORDER BY ...]
[LIMIT row_count]
```

或

```
UPDATE [LOW_PRIORITY] [IGNORE] tbl_name [, tbl_name ...]
    SET col_name1=expr1 [, col_name2=expr2 ...]
    [WHERE where_definition]
```

使用LOW_PRIORITY关键词，则UPDATE的执行被延迟了，直到没有其他客户端从表中读取为止。

使用IGNORE关键词，即使在更新过程中出现错误更新语句也不会中断。如果出现了重复关键字冲突，则这些行不会被更新。

使用LIMIT子句用于给定一个限值，限制可以被更新的行的数目。MySQL支持多表联

合更新操作。

```
mysql> UPDATE items , month SET items.price=month.price
        WHERE items.id=month.id;
```

2. MySQL的DELETE语法

```
DELETE [LOW_PRIORITY] [QUICK] FROM table_name
        [WHERE where_definition]
        [ORDER BY ...]
        [LIMIT rows]
或
DELETE [LOW_PRIORITY] [QUICK] table_name[.*] [, table_name[.*] ...]
        FROM table-references
        [WHERE where_definition]
或
DELETE [LOW_PRIORITY] [QUICK]
        FROM table_name[.*] [, table_name[.*] ...]
        USING table-references
        [WHERE where_definition]
```

使用QUICK关键词，则在删除过程中存储引擎不会合并索引端结点，这样可以加快部分种类的删除操作速度。

它也支持同时删除多个表的数据，以下例子是删除多个表中的数据。

```
mysql> DELETE t1,t2 FROM t1,t2,t3 WHERE t1.id=t2.id AND t2.id=t3.id
mysql> #或者使用以下语法
mysql> DELETE FROM t1,t2 USING t1,t2,t3 WHERE t1.id=t2.id AND t2.id=t3.id
```

◆ 任务小结

本任务的主要内容是掌握修改和删除数据的方法。它可通过SSMS图形界面操作，也可以通过T-SQL语句操作，还可以通过参考脚本进行辅助操作。通过参考脚本可以产生INSERT、DELETE和UPDATE的参考脚本，可以为初学者提供一个高效的学习工具。

任务3 简单查询之SELECT FROM子句

在数据库dbStudentScore中，完成下面的查询操作。

1）查询教师表tbTeacher中的所有数据。

2）查询教师表tbTeacher中的所有数据，并把字段的英文名TeacherID指定别名为“教师工号”，TeacherName的别名为“姓名”。

3）查询教师表tbTeacher中的部分数据，只要求显示姓名、性别、电话号码和职称的各列信息。

4）查询成绩表tbScore的全部数据，显示所有内容。

5）查询成绩表tbScore的前25条数据，显示所有内容。

6）查询成绩表tbScore的前面25%的数据，显示所有内容。

7）查询班级表tbClass，显示校区和专业代码，去除重复的数值。

8）查询课程教学任务表tbTeachingTasks，显示教师工号，去除重复的数值。

9）查询成绩表tbScore的全部数据，另外显示两列“新总评”和“平均分”。重新计算总评成绩，它的计算公式为：总评成绩=平时成绩*20%+期中成绩*30%+期末成绩*50%。平均分=（平时成绩+期中成绩+期末成绩）/3。

10）查询成绩表tbScore的全部数据，按总评成绩从高到低排序。

11）查询班级表tbClass，显示全部数据。按班级人数升序排序，如果班级人数相同，再按班级名称降序排列。

◆ 任务分析

综合应用*、指定列名、别名、TOP、ALL、DISTINCT、算术运算和ORDERY BY排序可以完成。

1）用*可以表示全部的列。如果不写*，则需要把数据表中的每一个列名都列出来，也能实现相同的功能。当一个表中的列名很多时，使用*可以提高代码书写速度。

2）指定别名可以使用关键字AS，也可以省略关键字AS而用空格代替。在业务应用中，建议使用关键字AS来指定别名，以明晰各个字段的意义。别名可以定义在列名上，也可以定义在表名和视图等名称上。对比代码如下。

```
SELECT  sno AS '学号' FROM student --使用关键字AS，别名意义更清晰
SELECT  sno  '学号' FROM student --使用空格，别名的定义有时不易看清
SELECT  sno,sname FROM student as t1  --表 student 别名为"t1"
```

3）算术运算。它可以使用+、–、*、/分别表示加减乘除运算，也可以使用小括号“( )”来进行运算。

4）ORDER BY排序。ORDER BY语句用于根据指定的列对结果集进行排序。ORDER BY语句默认按照升序对记录进行排序。升序为ASC，降序为DESC。如果省略不写，则默认为升序。如果有第一排序、第二排序等多个字段的排序要求，则需要对每个要求的字段都书写排序关键词。

◆ 知识准备

虽然SELECT语句的完整语法较复杂，但其主要子句可归纳为以下几种。

1）SELECT select_list [INTO new_table]子句

2）[FROM table_source] [WHERE search_condition]子句

3）[GROUP BY group_by_expression]子句

4）[HAVING search_condition]子句

5）[ORDER BY order_expression [ASC | DESC]]子句

1. SELECT查询语句的语法

```
SELECT  [ TOP ( top_expression ) ]
    [ ALL | DISTINCT ]
```

```
{ * | column_name | expression } [ ,...n ]
[ FROM { table_name | view_name | table_alias } [ ,...n ] ]
[ WHERE <search_condition> ]
[ GROUP BY <group_by_clause> ]
[ HAVING <search_condition> ]
[ ORDER BY <order_by_expression> ]
[ OPTION ( <query_option> [ ,...n ] ) ]
```

参数说明：

1）ALL：指定在结果集中可以包含重复行。ALL为默认值，可以省略不写。

2）DISTINCT：指定在结果集中只能包含唯一行，也就是去除重复的功能。 对于DISTINCT关键字来说，NULL值是相等的。

3）TOP (expression) [PERCENT]：指示只能从查询结果集返回指定数量或指定的百分比数目的行。expression可以是行数或行的百分比。它可以指定前面N行或者前面N%的数据，“%”需要写英文“PERCENT”。

2．SELECT语句的逻辑处理顺序

SELECT语句的逻辑处理顺序一般情况下是按以下顺序执行：FROM、ON、JOIN、WHERE、GROUP BY、WITH CUBE或WITH ROLLUP、HAVING、SELECT、DISTINCT和ORDER BY。此顺序是指在一个步骤中定义的对象何时可用于后续步骤中的子句。上述顺序是常规顺序，但是仍然存在不同于此顺序的少见情况，读者需要注意到一些特殊情况。

5-5 SELECT FROM
查询子句操作

◆ 任务实施

1）使用*、指定列名和别名，相应的代码如下。

```
--子任务1。
SELECT * FROM tbTeacher
--也可对表tbTeacher指定新的别名
SELECT table1 .* FROM tbTeacher AS  table1
--也可以不使用*，而把全部列名都列出来
SELECT  TeacherID,TeacherName,Sex,Telephone,PositionalTitles,
IDNumber,NativePlace FROM tbTeacher

--子任务2
SELECT  TeacherID AS  '教师工号' ,TeacherName,Sex,Telephone,PositionalTitles,
IDNumber,NativePlace FROM tbTeacher
--也可以不使用关键字AS,而使用空格
SELECT  TeacherID    '教师工号' ,TeacherName,Sex,Telephone,PositionalTitles,
IDNumber,NativePlace FROM tbTeacher

--子任务3
SELECT  TeacherName,Sex,Telephone,PositionalTitles FROM tbTeacher
```

如图5-5所示，对列TeacherID使用了别名后，查询结果“教师工号”就会替换原来的TeacherID。但是表结构定义中的TeacherID并没有被修改，这个别名只在查询结果中显示。

结果 消息

	TeacherID	TeacherName	Sex	Telep...	PositionalTitles	IDNumber	NativePlace
1	t00011	何思	女	1302...	教授	440804198...	广东省湛江市...
2	t00012	孔征明	男	1334...	教授	653131198...	新疆维吾尔自...
3	t00013	许成	男	1318...	讲师	620982197...	甘肃省酒泉市...

	教师工号	TeacherName	Sex	Telephone	PositionalTitles	IDNumber	NativePlace
1	t00011	何思	女	130221...	教授	440804198...	广东省湛江市...
2	t00012	孔征明	男	133408...	教授	653131198...	新疆维吾尔自...
3	t00013	许成	男	131874...	讲师	620982197...	甘肃省酒泉市...

图5-5　表tbTeacher的列使用别名的对比

2）使用TOP和ALL，相应的代码如下。

```
--子任务4
SELECT * FROM tbScore
--使用all也能实现，但平时习惯省略all
SELECT ALL * FROM tbScore
--子任务5
SELECT  TOP 25 * FROM tbScore
--子任务6
SELECT  TOP 25 PERCENT * FROM tbScore
```

3）使用DISTINCT，相应的代码如下。

```
-子任务7
SELECT  DISTINCT  campus ,MajorID  FROM tbClass
--子任务8
SELECT  DISTINCT TeacherID FROM tbTeachingTasks
```

4）使用算术运算，相应的代码如下。

```
--子任务9
SELECT  Score1*0.2+Score2*0.3+Score3 *0.5 AS '新总评',
(Score1+Score2+Score3)/3 AS '平均分' , *
FROM tbScore
```

如图5-6所示，原来的成绩Score1、Score2、Score3、ScoreAll数据并没有在数据表中作变更，它是新建立了两列用来表示算术运算的结果。

结果 消息

	新总评	平均分	ScoreID	CourseID	StudentID	Score1	Score2	Score3	ScoreAll	Credit
1	59.500	63.333333	1001	kc90018	S100100001	69.00	74.00	47.00	61.70	1
2	52.500	57.666666	1002	kc90018	S100100002	72.00	62.00	39.00	55.80	0
3	64.200	72.000000	1003	kc90018	S100100003	96.00	75.00	45.00	69.30	1
4	71.600	64.666666	1004	kc90018	S100100004	48.00	55.00	91.00	67.30	1
5	72.800	74.000000	1005	kc90018	S100100005	82.00	68.00	72.00	73.80	1
6	68.300	72.333333	1006	kc90018	S100100006	94.00	60.00	63.00	71.40	1
7	77.500	75.000000	1007	kc90018	S100100007	82.00	52.00	91.00	76.60	1
8	87.900	86.666666	1008	kc90018	S100100008	95.00	68.00	97.00	87.70	1

图5-6　表tbTeacher的算术运算查询

5）使用ORDERY BY 排序，相应的代码如下。

```
--子任务10
SELECT * FROM tbScore ORDER BY ScoreAll DESC
--子任务11
SELECT * FROM tbClass ORDER BY  StudentTotals ASC ,ClassName DESC
--如果省略ASC不写，则表示默认升序。所以ASC也可以去掉。但是为了提高可读性，建议每次都写上ASC
SELECT * FROM tbClass ORDER BY  StudentTotals   ,ClassName DESC
```

◆ 触类旁通

MySQL的查询语法与标准和T-SQL语法大部分一致。

```
SELECT 去重选项 字段列表 [AS 字段别名] FROM 数据源 [WHERE子句] [GROUP BY 子句] [HAVING 子句] [ORDER BY 子句] [LIMIT子句];
```

LIMIT是用来限制结果数量的，与WHERE和HAVING等配合使用时可以限制匹配出的结果。LIMIT使用语法如下。

```
SELECT 字段列表 FROM 表名 LIMIT [offset,] count;
```

COUNT是数量，OFFSET是起始位置，OFFSET从0开始，可以说是每条记录的索引号。LIMIT 示例如下。

```
mysql> #SELECT * FROM student LIMIT 1;
mysql> #SELECT * FROM student LIMIT 3,1;
```

◆ 任务小结

本任务主要是介绍SELECT FROM子句。使用ALL表示不去重，使用DISTINCT表示去重。ORDER BY 可以使查询结果按照某个字段来排序，ASC代表排序是递增，DESC代表是递减；也可以指定某个字段的排序方法，例如，第一个字段递增，第二个递减，只需要在每个字段后面加ASC或DESC即可。

任务4　简单查询之函数应用

在数据库dbStudentScore中，完成下面的查询操作。

1）查询教师表tbTeacher，显示姓名、性别、身份证号、出生年、出生月和出生日的信息。

2）查询学生表tbStudent，显示学生姓名、籍贯和籍贯的字符长度。

3）查询学生表tbStudent，显示学生姓名、籍贯、并把籍贯中的“江苏省”替换为“中国江苏省”。

4）查询课程教学任务表tbTeachingTasks，显示教学任务ID、课程代码、教师工号和学生学号信息，每个字母都以大写显示。

5）查询学生表tbStudent，显示学生姓名、籍贯、并把籍贯信息反转显示。

6）查询学生表tbStudent，显示学生姓名、籍贯、籍贯最左边三个汉字、籍贯最右边三个汉字。

7）查询数字-12.5、56.9、90的绝对值。

8）查询数字100、3的平方根、平方和立方。

9）对于数字表达式123.45和-123.45，返回小于或等于所给数字表达式的最大整数。

10）对于数字表达式123.45和-123.45，返回大于或等于所给数字表达式的最小整数。

11）查询课程教学任务表tbTeachingTasks，显示教学任务ID、课程代码、当前数据库系统的时间、选课时间、选课时间的年、选课时间的月、选课时间的日。

12）查询成绩表tbScore，显示ID、课程代码、学生学号、总评成绩、成绩录入时间、成绩录入时距现在的小时数、成绩录入时距现在的天数、成绩录入时距现在的月数。

13）查询成绩表tbScore，显示ID、课程代码、学生学号、总评成绩、总评成绩转换为保留6位小数，总评成绩转换为整数。

14）查询课程教学任务表tbTeachingTasks，显示教学任务ID、课程代码、选课时间、选课时间转换为整数，选课时间转换为“yyyy-mm-dd”。

15）在班级表tbClass中，结合CAST生成可读性更高的文本，显示格式为“##班级在##校区##教室，在###年招了##名学生。”的文本。

◆ 任务分析

本任务主要使用SQL Server中的函数。综合应用字符串函数、数学函数、日期函数、时间函数和类型转换函数可以完成。

◆ 知识准备

SQL Server中有很多函数，它的主要分类为聚合函数、分析函数、排名函数、行集函数和标量函数。本书不一一讲解，下面选取一部分与本任务有关的作简要说明，读者可以查询SQL Server的官方文档了解详细的资料和示例。

1. 字符串函数

比较常用的有FORMAT()、CONCAT()、INSERT()、LCASE()、LEFT()、LENGTH()、LOWER()、LTRIM()、RTRIM()、RIGHT()、TRIM()、UCASE()、UPPER()、SUBSTRING()，部分字符串名称和描述，见表5-3。

表5-3 SQL Server字符串函数

序号	名称	描述
1	CHAR()	返回每个传递的整数的字符
2	CONCAT()	返回连接的字符串
3	FORMAT()	返回格式为指定小数位数的数字
4	INSERT()	在指定位置插入一个子字符串，直到指定的字符数
5	LEFT()	返回指定的最左边的字符数
6	LENGTH()	返回字符串的长度（以字节为单位）
7	LOWER()	以小写返回参数
8	LTRIM()	删除前导空格
9	QUOTE()	转义要在SQL语句中使用的参数
10	REGEXP	使用正则表达式的模式匹配

（续）

序号	名称	描述
11	REPEAT()	重复字符串指定的次数
12	REPLACE()	替换指定字符串的出现
13	REVERSE()	反转字符串中的字符
14	RIGHT()	返回指定的最右边字符数
15	RTRIM()	删除尾随空格
16	SPACE()	返回指定数目个空格的字符串
17	STRCMP()	比较两个字符串
18	SUBSTRING()	返回指定的子字符串
19	TRIM()	删除前导和尾随空格
20	UPPER()	转换为大写

2. SQL数学函数

数学函数主要与科学计算和数值计算有关，SQL Server数学函数描述，见表5-4。

表5-4 SQL Server数学函数

序号	名称	描述
1	ABS()	返回数值表达式的绝对值
2	CEILING()	返回不小于传递的数字表达式的最小整数值
3	FLOOR()	返回不大于传递的数字表达式的最大整数值
4	FORMAT()	返回四舍五入到小数位数的数字表达式
5	LEAST()	给定两个或更多个值时返回最小值输入
6	LOG()	返回传递的数字表达式的自然对数
7	LOG10()	返回传递的数字表达式的以10为底的对数
8	MOD()	通过使用另一个表达式返回一个表达式的余数
9	PI()	返回pi的值
10	POWER()	返回一个表达式的值增加到另一个表达式的权
11	ROUND()	返回四舍五入为整数的数值表达式。可用于将表达式舍入为多个小数点
12	SQRT()	返回数值表达式的非负平方根

3. SQL日期和时间函数

日期和时间的运算在软件开发和数据库系统开发中有非常重要的作用，它可以为程序员提供非常多简便的方法。例如，DATEDIFF（）经常用于日期的运算，SQL Server日期和时间函数描述，见表5-5。

表5-5 SQL Server日期和时间函数

序号	名称	描述
1	DATENAME (datepart,date)	返回表示指定date的指定datepart的字符串
2	DATEPART(datepart,date)	返回表示指定date的指定datepart的整数
3	DAY (date)	返回表示指定date的“日”部分的整数
4	MONTH (date)	返回表示指定date的“月”部分的整数
5	YEAR (date)	返回表示指定date的“年”部分的整数
6	SYSDATETIMEOFFSET ()	返回包含计算机的日期和时间的datetimeoffset(7)值，SQL Server的实例在该计算机上运行。返回值包括时区偏移量
7	GETDATE ()	返回包含计算机的日期和时间的datetime值，SQL Server的实例在该计算机上运行。返回值不包括时区偏移量
8	DATEDIFF (datepart, startdate, enddate)	返回两个指定日期之间所跨的日期或时间datepart边界数

DATEDIFF函数返回指定的startdate和enddate之间所跨的指定datepart边界的计数。如果startdate和enddate的值互换，时间差也可能出现负数。例如，当需要计算高考倒计时的两个时间相差多少天，某项精细工作从始至终用时多少秒，某流水线上的工人通过考勤打卡判断上班了多少分钟或者多少小时等。

它的语法如下：

```
DATEDIFF ( datepart , startdate , enddate )
```

下表列出了所有有效的Datepart值。DATEDIFF接受Datepart的全名或任何列出的全名缩写形式。Datepart的名称和缩写，见表5-6。

表5-6　Datepart的名称和缩写

序号	Datepart 名称	Datepart 缩写	序号	Datepart 名称	Datepart 缩写
1	year	yy, yyyy	7	hour	hh
2	quarter	qq, q	8	minute	mi, n
3	month	mm, m	9	second	ss, s
4	dayofyear	dy, y	10	millisecond	ms
5	day	dd, d	11	microsecond	mcs
6	week	wk, ww	12	nanosecond	ns

4. 转换函数

转换函数主要有CAST ()和 CONVERT ()，这两种函数比较常用。它们的常用语法如下：

```
CAST ( expression AS data_type [ ( length ) ] )
CONVERT ( data_type [ ( length ) ] , expression [ , style ] )
```

data_type：目标数据类型。这包括xml、bigint和sql_variant。不能使用别名数据类型。length：指定目标数据类型长度的可选整数，适用于允许用户指定长度的数据类型。默认值为30。

5-6　使用字符串函数

◆ 任务实施

1）使用字符串函数，相关代码如下。

```
--子任务1
SELECT  TeacherName,sex,IDNumber,SUBSTRING(IDNumber,7,4) AS '出生年',
SUBSTRING(IDNumber,11,2) AS '出生月',SUBSTRING(IDNumber,13,2) AS '出生日'  from tbTeacher
--子任务2
SELECT  StudentName, NativePlace,len(NativePlace) AS '长度' FROM tbStudent
--子任务3
SELECT  StudentName, NativePlace,
REPLACE(NativePlace, '江苏省', '中国江苏省' ) AS '籍贯2' FROM tbStudent
--子任务4
SELECT  UPPER(TaskID) AS TaskID,UPPER(CourseID) AS CourseID,
UPPER(TeacherID) AS TeacherID,UPPER(StudentID)  AS StudentID FROM tbTeachingTasks
```

```
--子任务5
SELECT  StudentName, NativePlace,REVERSE( NativePlace) AS '籍贯2' FROM tbStudent
--子任务6
SELECT StudentName, NativePlace ,LEFT( NativePlace,3) AS  '左三',
RIGHT( NativePlace,3)  AS  '右三' FROM  tbStudent
```

2）使用数学函数，相关代码如下。

5-7　使用数学函数

```
--子任务7
SELECT abs(-12.5),abs(56.9),abs(90)

--子任务8
--平方根
SELECT sqrt(100),sqrt(3)
--平方square()有时可以与power（n,2）实现相同的功能
SELECT    square(100),square(3),power(100,2),power(3,2)
--立方
SELECT power(100,3),power(3,3)

--子任务9
SELECT floor(123.45)  AS  '123.45最大整数', floor(-123.45)  AS  '-123.45最大整数'
--子任务10
SELECT ceiling(123.45) AS '123.45最小整数' , ceiling(-123.45) AS '-123.45最小整数'
```

如图5-7所示，注意最大整数和最小整数在负数时的情况和正数时的情况，它们并不是单纯的四舍五入。

结果　消息

	123.45最大整数	-123.45最大整数
1	123	-124

	123.45最小整数	-123.45最小整数
1	124	-123

图5-7　最大整数和最小整数函数的查询结果

3）使用日期和时间函数，相关代码如下。

5-8　使用日期和时间函数

```
--子任务11
SELECT   TaskID,CourseID,getdate(),LogTime,
year(LogTime) AS LogTimeYear,
month(LogTime) AS LogTimeMonth,
day(LogTime) AS LogTimeDay
FROM  tbTeachingTasks
--子任务12
datediff(hh,logtime,getdate()) AS hours, --getdate()表示当前数据库系统的时间
datediff(dd,logtime,getdate()) AS days,
```

```
datediff(mm,logtime,getdate()) AS months
FROM  tbScore
```

datediff（）函数的运算结果，如图5-8所示。具体的计算结果会随着当前数据库系统的时间变化而有所不同。

结果 消息

	ScoreID	CourseID	StudentID	ScoreAll	logtime	hours	days	years
1	1001	kc90018	S100100001	61.70	2018-12-30 00:00:00.000	10456	435	2
2	1002	kc90018	S100100002	55.80	2018-12-30 00:00:00.000	10456	435	2
3	1003	kc90018	S100100003	69.30	2018-12-30 00:00:00.000	10456	435	2
4	1004	kc90018	S100100004	67.30	2018-12-30 00:00:00.000	10456	435	2
5	1005	kc90018	S100100005	73.80	2018-12-30 00:00:00.000	10456	435	2

图5-8　datediff ( ) 函数的运算结果

4）使用类型转换函数，相关代码如下。

5-9　使用类型转换函数

```
--子任务13
SELECT  ScoreID,CourseID,StudentID,ScoreAll,
CAST(ScoreAll AS decimal(12,6)) AS 'ScoreAll-6', CAST(ScoreAll AS int)  AS 'ScoreAll-int'
FROM tbScore
--或者
SELECT  ScoreID,CourseID,StudentID,ScoreAll,
CONVERT( decimal(12,6),ScoreAll) AS 'ScoreAll-6',convert(int,ScoreAll ) AS 'ScoreAll-int'
 FROM tbScore

--子任务14
SELECT  TaskID,CourseID,LogTime,
CAST(LogTime  AS int) AS 'LogTime-int' , CAST(LogTime  AS date)  AS 'LogTime-date'
FROM tbTeachingTasks
--或者
SELECT  TaskID,CourseID,LogTime,
CONVERT(int,LogTime) AS 'LogTime-int' ,CONVERT( date,LogTime)  AS 'LogTime-date'
   FROM tbTeachingTasks

--子任务15
--以下数字没有转换类型，它会误认为是数字的算术相加，产生错误。
SELECT ClassName+'在'+ Campus+ClassRoomName+'教室,在' +registeredyear+'年招了'+StudentTotals+'名学生。' AS  '文本'  FROM   tbClass
--以下正确
SELECT ClassName+'在'+ Campus+ClassRoomName+'教室,在' +CAST(registeredyear AS char(4))+'年招了’+CAST(StudentTotals AS char(2))+'名学生。'AS  '文本'
   FROM   tbClass
```

结合CAST（）生成可读性更高的文本效果，如图5-9所示。

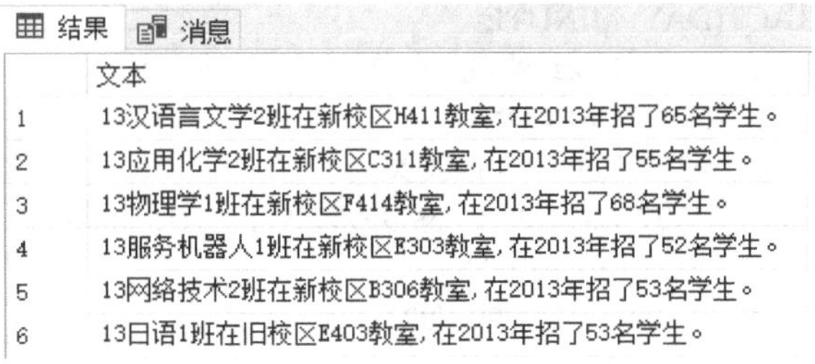

结果 消息

	文本
1	13汉语言文学2班在新校区H411教室，在2013年招了65名学生。
2	13应用化学2班在新校区C311教室，在2013年招了55名学生。
3	13物理学1班在新校区F414教室，在2013年招了68名学生。
4	13服务机器人1班在新校区E303教室，在2013年招了52名学生。
5	13网络技术2班在新校区B306教室，在2013年招了53名学生。
6	13日语1班在旧校区E403教室，在2013年招了53名学生。

图5-9 结合CAST ()生成可读性更高的文本

◆ 触类旁通

MySQL数据库中提供了很丰富的函数。MySQL函数包括数学函数、字符串函数、日期和时间函数、条件判断函数、系统信息函数、加密函数和格式化函数等。通过这些函数，可以简化用户的操作。

MySQL中的很多函数与T-SQL标准函数相同，可以通用。下面简要介绍日期和时间函数，它们有一些比较大的区别。MySQL日期和时间函数，见表5-7。

表5-7 MySQL日期和时间函数

序号	函数名称	作用
1	CURDATE和CURRENT_DATE	两个函数作用相同，返回当前系统的日期值
2	CURTIME和CURRENT_TIME	两个函数作用相同，返回当前系统的时间值
3	NOW和SYSDATE	两个函数作用相同，返回当前系统的日期和时间值
4	MONTH	获取指定日期中的月份
5	MONTHNAME	获取指定日期中的月份英文名称
6	DAYNAME	获取指定日期对应的星期几的英文名称
7	DAYOFWEEK	获取指定日期对应的一周的索引位置值
8	WEEK	获取指定日期是一年中的第几周
9	DAYOFYEAR	获取指定日期是一年中的第几天
10	DAYOFMONTH	获取指定日期在一个月中是第几天，返回值范围是1～31
11	YEAR	获取年份，返回值范围是 1970～2069
12	TIME_TO_SEC	将时间参数转换为秒数
13	SEC_TO_TIME	将秒数转换为时间，与TIME_TO_SEC互为反函数
14	DATE_ADD和ADDDATE	两个函数功能相同，都是向日期添加指定的时间间隔
15	DATE_SUB和SUBDATE	两个函数功能相同，都是向日期减去指定的时间间隔
16	ADDTIME	时间加法运算，在原始时间上添加指定的时间
17	SUBTIME	时间减法运算，在原始时间上减去指定的时间
18	DATEDIFF	获取两个日期之间的间隔，返回参数 1 减去参数 2 的值
19	DATE_FORMAT	格式化指定的日期，根据参数返回指定格式的值
20	WEEKDAY	获取指定日期在一周内的对应的工作日索引

日期时间函数应用示例如下。

```
mysql> SELECT EXTRACT(YEAR FROM '2009-07-02'); #结果为2009
mysql> SELECT EXTRACT(YEAR_MONTH
       FROM '2009-07-02 01:02:03');#结果为200907
```

```
mysql> SELECT EXTRACT(DAY_MINUTE
       FROM '2009-07-02 01:02:03');#结果为20102
mysql> SELECT EXTRACT(MICROSECOND
       FROM '2003-01-02 10:30:00.000123');#结果为123
mysql> SELECT ADDTIME('2007-12-31 23:59:59.999999', '1 1:1:1.000002');
       #上面结果为'2008-01-02 01:01:01.000001'
mysql> SELECT ADDTIME('01:00:00.999999', '02:00:00.999998');
       #上面结果为'03:00:01.999997'
```

◆ 任务小结

SQL Server数据库中可以使用内置函数或创建自己的用户定义函数。本任务主要学习了字符串函数、数学函数、日期和时间函数以及转换函数。

任务5　简单查询之WHERE子句

在数据库dbStudentScore中，完成下面的查询操作。

1）在班级表tbClass查询在新校区的班级，并且班级人数超过60人，按人数降序排列，显示班级代码、班级名称、教室名称、班级人数和校区信息。

2）在教师表tbTeacher中查询所有不是“教授”职称，性别也不是“男”的教师信息，显示教师工号、姓名、性别 、电话号码和职称。

3）在成绩表tbScore中查询总评成绩大于或者等于60分，课程代码为kc90036、kc90041和kc90042的成绩数据，显示课程代码、学生学号和总评成绩信息。

4）在成绩表tbScore中查询总评成绩大于或者等于70分，并且小于或者等于80分的数据，显示课程代码、学生学号和总评成绩信息。

5）在教师表tbTeacher中查询姓“王”的教师信息，显示教师工号、姓名、性别 、电话号码和职称。

6）在教师表tbTeacher中查询姓“王”并且姓名只有两个汉字的教师信息，显示教师工号、姓名、性别 、电话号码和职称。

7）在教师表tbTeacher中查询姓名只有3个汉字，并且第2个字为“朝”的教师信息，显示教师工号、姓名、性别 、电话号码和职称。

8）在教师表tbTeacher中查询姓名以“文”字结尾的教师信息，显示教师工号、姓名、性别 、电话号码和职称。

9）在学生表tbStudent中查询籍贯包含“南阳”的学生信息，显示所有字段。

10）在学生表tbStudent中查询身份证号码最后一位是1、3、5、7、9的学生信息，显示所有字段。

11）在学生表tbStudent中查询身份证号码第一位是1、2、3、4，第二位是5、6、7、8的学生信息，显示所有字段。

12）在学生表tbStudent中查询籍贯不包含“广东”的学生信息，显示所有字段。

13）在学生表tbStudent中查询籍贯是“广东、河南、北京”的学生信息，显示所有字段。

14）在班级表tbClass中查询专业代码为m00002、m00007、m00010、m00013、m00004的信息，显示所有字段并按班级人数降序排列。

◆ 任务分析

综合应用AND运算符、OR运算符、NOT运算符、BETWEEN…AND运算符、LIKE模糊查询、IN集合查询可以完成任务。

◆ 知识准备

1. AND、OR和NOT运算符

逻辑运算符AND、OR和NOT可在WHERE子语句中把两个或多个条件结合起来。

AND：如果两个布尔表达式都为TRUE，那么结果就为TRUE。如果第一个条件和第二个条件都成立，则使用AND 运算符。

OR：如果两个布尔表达式中的一个为TRUE，那么结果就为TRUE。第一个条件和第二个条件中只要其中有任意一个成立，则使用OR运算符。

NOT：对任何其他布尔运算符的值取反。如果要对某一个条件进行否定（取反操作），则使用NOT运算符。

AND、OR和NOT还经常与比较运算符联合起来使用。比较运算操作符和它们的含义，见表5-8。

表5-8 比较运算操作符和它们的含义

序号	操作符	含义
1	=	等于
2	>	大于
3	<	小于
4	>=	大于或等于
5	<=	小于或等于
6	<>	不等于
7	!=	不等于（非ISO标准）
8	!<	不小于（非ISO标准）
9	!>	不大于（非ISO标准）

2. BETWEEN…AND运算符

BETWEEN…AND运算符在WHERE子句中使用，作用是选取介于两个值之间的数据范围。运算符BETWEEN…AND会选取介于两个值之间的数据范围，相当于“大于等于”和“小于等于”之间的数。这些值可以是数值、文本或者日期。

3. LIKE模糊查询和通配符

在SQL语法中，LIKE表示模糊查询，“=”表示精确查询。LIKE也可以与NOT一起使

用，常用语法如下：

```
SELECT * FROM student WHERE sname LIKE '条件'
SELECT * FROM student WHERE sname NOT LIKE '条件'
```

在搜索数据库中的数据时，SQL通配符可以替代一个或多个字符。SQL通配符须与LIKE 运算符一起使用。通配符及其描述，见表5-9。

表5-9　通配符及其描述

通配符	描述
%	替代一个或多个字符
_	仅替代一个字符（它是输入法半角状态下的“下画线”）
[charlist]	方括号字符列中的任何单一字符，例如，[135]表示数字“135”其中的任意一个 [男女]表示只能是男或者女 [王刘陈张]表示姓“王刘陈张”中的任意一个 [1-9]表示连续数字1～9 [a-z] 表示连续字母a～z [a-z][1-9][1-9]表示3个字符，第1个为字母a～z中的任意一个，第2个和第3个为数字1～9中的任意一个
[^charlist]	不在方括号字符列中。例如，[^a]、[^a-z]、[^1-9a-z]

4. IN集合查询

IN操作符确定指定的值是否与子查询或列表中的值相匹配。IN也可以与NOT一起使用，常用语法如下。

```
SELECT * FROM student WHERE sname IN ('条件1', '条件2', '条件3')
SELECT * FROM student WHERE sname NOT IN ('条件1', '条件2', '条件3')
```

◆ 任务实施

1）AND、OR和NOT运算符。有些语句的写法是有多种的，读者可以根据自己掌握的知识尽可能多地写出相关用法，以提高对SQL查询的运用能力。相关代码如下。

```
--操作1）
SELECT  ClassID,ClassName,ClassRoomName,StudentTotals
FROM tbClass
WHERE Campus='新校区' AND StudentTotals>60
ORDER BY StudentTotals DESC

--操作2）
--方法一
SELECT TeacherID,TeacherName,sex,Telephone,PositionalTitles
FROM tbTeacher WHERE PositionalTitles<>'教授' AND  Sex<>'男'
GO
--方法二
SELECT TeacherID,TeacherName,sex,Telephone,PositionalTitles
FROM tbTeacher WHERE NOT(PositionalTitles='教授') AND  NOT( Sex='男')
GO
```

5-10　逻辑运算符和BETWEEN…AND

```
--方法三
SELECT  TeacherID,TeacherName,sex,Telephone,PositionalTitles
FROM tbTeacher WHERE NOT(PositionalTitles='教授'  OR   Sex='男')

--操作3)
SELECT  CourseID,StudentID,ScoreAll FROM tbScore
WHERE ScoreAll>=60 AND  (CourseID ='kc90036' OR CourseID ='kc90041' OR CourseID ='kc90042' )
```

2）BETWEEN…AND运算符，相关代码如下。

```
--操作4)
SELECT CourseID,StudentID,ScoreAll
FROM tbScore  WHERE ScoreAll BETWEEN 70 AND  80
--或者
SELECT CourseID,StudentID,ScoreAll
FROM tbScore  WHERE ScoreAll >= 70 AND ScoreAll<= 80
```

3）LIKE模糊查询和通配符，相关代码如下。

```
--操作5)
SELECT TeacherID,TeacherName,sex,Telephone,PositionalTitles
FROM tbTeacher WHERE  TeacherName LIKE '王%'
--操作6)
SELECT TeacherID,TeacherName,sex,Telephone,PositionalTitles
FROM tbTeacher WHERE  TeacherName LIKE '王_'
--操作7)
SELECT TeacherID,TeacherName,sex,Telephone,PositionalTitles
FROM tbTeacher WHERE  TeacherName LIKE '_朝_'
--操作8)
SELECT TeacherID,TeacherName,sex,Telephone,PositionalTitles
FROM tbTeacher WHERE  TeacherName LIKE '%文'
--操作9)
SELECT * FROM tbStudent WHERE NativePlace LIKE '%南阳%'
--操作10)
SELECT * FROM tbStudent WHERE  IDNumber  LIKE '%[13579]'
--操作11)
SELECT * FROM tbStudent WHERE  IDNumber  LIKE '[1-4][5-8]%'
--操作12)
SELECT * FROM tbStudent WHERE NativePlace NOT  LIKE '%广东%'
```

5-11　LIKE 模糊查询

4）IN集合查询。因为籍贯NativePlace字段保留了“省市区（县）”三级信息，需要使用函数先截取关键字，再使用IN集合查询。相关代码如下。

```
--操作13)
SELECT * FROM tbStudent  WHERE   LEFT(NativePlace,2)  IN  ('广东', '河南', '北
京')
```

5-12　IN 集合查询

```
--或者 IN可以换成多个OR的运算，但会显得烦琐
SELECT * FROM tbStudent  WHERE   LEFT(NativePlace,2)  = '广东' OR  LEFT(NativePlace,2)  = '河南'
OR LEFT (NativePlace,2)  = '北京'

--操作14）
SELECT * FROM tbClass WHERE MajorID IN ('m00002', 'm00007', 'm00010', 'm00013', 'm00004')
ORDER BY StudentTotals DESC
```

◆ 任务小结

在WHERE子句中，主要有AND、OR和NOT逻辑运算符、BETWEEN…AND、LIKE模糊查询、IN集合查询和通配符等，熟练地运用这些条件可以实现复杂条件的查询，完成很多复杂工作场景的查询业务。在模糊查询中，要准确理解通配符%、_、[charlist]、[^charlist]的含义并能熟练应用。

任务6　简单查询之GROUP BY子句

在数据库dbStudentScore中，完成下面的查询操作。

1）在班级表tbClass中计算新校区共有多少个班级。

2）在班级表tbClass中计算新校区各班级的班级总人数。

3）在成绩表tbScore中计算课程代码为“kc90018”课程的总评成绩，计算最高分、最低分和平均分。

4）在学生表tbStudent中，按性别统计男生和女生的学生总人数。

5）在班级表tbClass中，按校区统计各班级的班级总人数。

6）在成绩表tbScore中，按课程代码统计各个课程的总评成绩大于或者等于70分以上的学生人数。

7）在成绩表tbScore中对每门课程的总评成绩计算最高分、最低分和平均分，并把平均分大于等于65分的数据显示出来。

8）在学生表tbStudent中，计算各个班级的团员人数，并把班级团员人数大于等于20人的班级显示出来。

9）按学校的规定，超过50个学生的课程为大班教学课程，学校会对老师的课酬进行加权计算。在课程教学任务表tbTeachingTasks中，统计第1学期大班教学课程情况，显示课程代码、教师工号和选修学生人数。

10）身份证号码规定前1、2位数字表示所在省份的代码。在学生表tbStudent中统计各省份的男生超过10人的人数情况，按2位省份代码升序排序，显示2位省份代码和学生人数。

◆ 任务分析

综合应用聚合函数可以完成1）～3）的操作，应用聚合函数和分组可以完成4）～6）的操作，应用WHERE条件和HAVING条件可以完成7）～10）的操作。

聚合函数通常需要与GROUP BY分组查询一起使用。

◆ 知识准备

1. 聚合函数

聚合函数对一组值执行计算，并返回单个值。除了COUNT外，聚合函数都会忽略NULL值。聚合函数经常与SELECT语句的GROUP BY子句一起使用。

SQL Server 2019的聚合函数有AVG、COUNT、MAX、MIN、SUM、COUNT_BIG、GROUPING、BINARY_CHECKSUM、CHECKSUM_AGG、CHECKSUM、STDEV、STDEVP、VAR、VARP等。其中AVG、COUNT、MAX、MIN和SUM是常用的聚合函数，本书只对这5个常用的聚合函数作介绍，见表5-10。

表5-10　常用的5个聚合函数

名称	描述
AVG	返回指定组中的平均值，空值被忽略 例如，SELECT pID, AVG(qPrice) FROM shops GROUP BY pID
COUNT	返回指定组中项目的数量 例如，SELECT COUNT(pID) FROM shops
MAX	返回指定数据的最大值 例如，SELECT pID,MAX(qPrice) FROM shops GROUP BY pID
MIN	返回指定数据的最小值 例如，SELECT pID,MIN(qPrice) FROM shops GROUP BY pID
SUM	返回指定数据的和，只能用于数字列，空值被忽略 例如，SELECT pID,SUM(qPrice) FROM shops GROUP BY pID

2. GROUP BY分组

将查询结果划分为多个行组的SELECT语句子句，通常用于在每个组上执行一个或多个聚合。SELECT语句每组返回一行。

对于GROUP BY后面的列表有严格的要求：列必须出现在SELECT语句的FROM子句中，但不要求出现在SELECT列表中。但是SELECT列表中任何非聚合表达式中的每个表列或视图列都必须包括在GROUP BY列表中。SELECT列表中定义的列不能使用别名。

3. HAVING条件和WHERE条件

WHERE子句的作用是在对查询结果进行分组前将不符合WHERE条件的行去掉，即在分组之前过滤数据，条件中不能包含聚合函数，使用WHERE条件显示特定的行。

HAVING子句的作用是筛选满足条件的组，即在分组之后过滤数据，条件中经常包含聚合函数，使用HAVING 条件显示特定的组，也可以使用多个分组标准进行分组。

WHERE语句在GROUP BY语句之前，SQL会在分组之前计算WHERE语句。

HAVING语句在GROUP BY语句之后，SQL会在分组之后计算HAVING语句。

如果有WHERE条件、GROUP BY分组和HAVING等参数，请注意它们的顺序：先是WHERE，然后是GROUP BY、HAVING，最后才是ORDER BY。

◆ 任务实施

1）使用聚合函数，相关代码如下。

```
--操作1
SELECT COUNT(*) AS total FROM tbClass WHERE Campus='新校区'
--通常使用*或者主键列进行统计
SELECT COUNT(ClassID) AS total FROM tbClass WHERE Campus='新校区'
--操作2
SELECT SUM(StudentTotals) AS total FROM tbClass WHERE Campus='新校区'
--操作3
SELECT MAX(ScoreAll ) AS maxScore,MIN(ScoreAll ) AS minScore,
AVG(ScoreAll ) AS avgScore FROM tbScore WHERE CourseID='kc90018'
```

5-13 聚合函数应用

2）使用聚合函数和分组，相关代码如下。

```
--操作4
SELECT sex, COUNT(StudentID) AS total FROM tbStudent GROUP BY sex
--操作5
SELECT Campus,SUM(StudentTotals) AS total FROM tbClass GROUP BY Campus
--操作6
SELECT CourseID,COUNT(*) AS total FROM tbScore WHERE ScoreAll>=70
GROUP BY CourseID
```

5-14 GROUP BY 分组

3）使用WHERE和HAVING条件，请注意先写WHERE相关代码如下。

```
--操作7
SELECT CourseID,MAX(ScoreAll) AS maxScore,MIN(ScoreAll) AS
minScore,AVG(ScoreAll) AS avgScore FROM tbScore
GROUP BY CourseID
HAVING AVG(ScoreAll)>65
--操作8
SELECT ClassID ,COUNT(StudentID) AS total FROM tbStudent
WHERE LeagueMember='是'
GROUP BY ClassID
HAVING COUNT(StudentID)>=20
--操作9
SELECT CourseID,TeacherID,COUNT(TaskID) AS total FROM tbTeachingTasks
WHERE Semester='1'
GROUP BY CourseID,TeacherID
HAVING COUNT(TaskID)>50
--操作10
SELECT LEFT(IDNumber,2) AS '2位省份代码' , COUNT(StudentID) AS total
FROM tbStudent
```

5-15 WHERE 和 HAVING 条件

```
WHERE sex='男'
GROUP BY  LEFT(IDNumber,2)
HAVING COUNT(StudentID)>10
ORDER BY  LEFT(IDNumber,2)  ASC   --请注意ORDER BY 写在后面
```

◆ 任务小结

本任务主要是分组查询，要理解AVG、COUNT、MAX、MIN和SUM这5个常用聚合函数的含义。在GROUP BY子句中主要有聚合函数和GROUP BY分组的联合应用，要区分HAVING和WHERE条件表达式条件查询的作用。

任务7 高级查询之连接查询

在dbStudentScore数据库中完成以下查询。

1）查询学生的班级代码、班级名称、教室名称、专业代码和专业名称。

2）查询计算机系的专业院系信息，显示院系部门代码、院系部门名称、专业代码和专业名称。

3）查询2013级和2014级学生的班级代码、班级名称、教室名称、专业代码、专业名称、班主任的教师代码、班主任姓名和班主任的职称。

4）查询学生修读的课程信息，显示课程教学任务表tbTeachingTasks中的字段：教学任务ID、课程代码、教师工号、学生学号、学年、学期和选课时间，同时也显示学生表tbStudent的学生姓名和性别，如果学生没修读任何课程，则使用NULL表示相应的课程信息。

5）结合课程教学任务表tbTeachingTasks和教师表tbTeacher两个数据表，统计“性别”为“女”的教师的开课情况，没有开课教师的课程信息也显示并以NULL显示，显示教师工号、姓名、性别、课程代码、选修学生学号、学年和学期。

◆ 任务分析

1）操作1）～3）都是内连接查询。其中操作1）是两个表的内连接查询，操作2）是带条件参数两个表的内连接查询，操作3）是三个表的内连接查询。做多表查询和连接查询的任务，关键是分析有哪些表和哪些字段参与运算。

例如，对于操作1），首先分析并找出需要的表：表tbClass和表tbMajor；然后分析这两个表的等价关联条件：MajorID专业代码，它的结构如图5-10所示；最后分析需要显示的字段：班级代码、班级名称、教室名称、专业代码和专业名称。其中专业代码在两个表中都有，需要明确指定是哪一个表的。

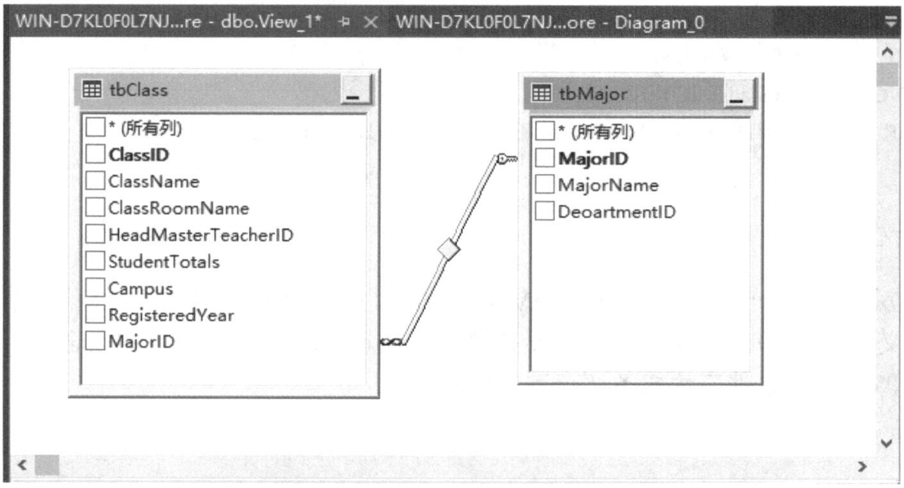

图5-10　表tbClass和tbMajor的连接条件

2）操作4）、5）是外连接查询。它可以使用左外连接查询或者右外连接查询任意一个方法来完成。它的SQL语句的写法与内连接查询基本相同，关键是找出哪一个是“主表”。在操作4）中的学生表tbStudent是主表。在操作5）中的教师表tbTeacher是主表。

◆ 知识准备

1. 内连接INNER JOIN查询

内连接查询是最常用的多表查询的方法，内连接可以通过在FROM子句中使用[INNER] JOIN运算符来实现，语法格式有以下两种。

格式一：

```
SELECT  table1.sno, sname,address
FROM  table1  [INNER]  JOIN  table2
ON  table1.sno=table2.sno
```

两个表需要指定连接的条件，SELECT选择的字段中sno在table1和table2都有，需要指定是哪一个表的，因此使用“table1.sno”。在ON的条件表达式中，因为两个表中都有sno字段，因此使用table1.sno=table2.sno方式明确sno字段属于哪一个表。INNER关键字是可选项，也可以省略它。

格式二：

```
SELECT  table1.sno, sname,address
FROM  table1  , table2
WHERE  table1.sno=table2.sno
```

两个表不使用JOIN连接，改用逗号。原来的条件使用ON关键字，现换成WHERE关键字。如图5-11所示，INNER JOIN组合两个表中的记录，返回关联字段相符的记录，也就是返回两个表的交集（阴影）部分。

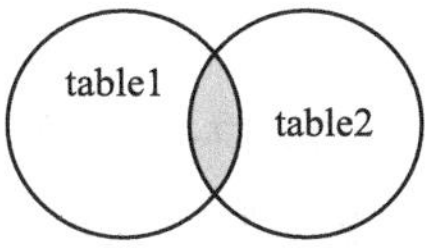

图5-11　INNER JOIN 查询关系图

2. 左外连接LEFT JOIN查询

左外连接指的是将JOIN关键字左边表的全部内容查询出来，并将JOIN关键字右边表中符合查询条件的内容也查询出来，形成新的查询结果表，如图5-12所示。如果右边表中没有符合匹配的信息，则自动设置为NULL表示。格式如下。

```
SELECT  table1.sno, sname,address
FROM table1 LEFT  JOIN table2
ON table1.sno=table2.sno
```

LEFT左边的表通常称为“主表”，它的全部内容都可以查询出来，上面语句中table1是“主表”。

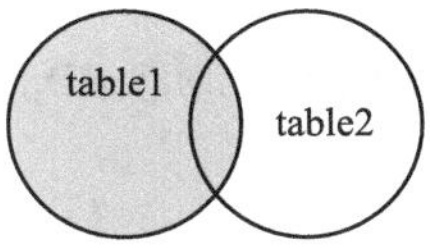

图5-12　LEFT JOIN 查询关系图

3. 右外连接RIGHT JOIN查询

右外连接指的是将JOIN关键字右边表的全部内容查询出来，并将JOIN关键字左边表中符合查询条件的内容也查询出来，形成新的查询结果表，如图5-13所示。如果左边表中没有符合匹配的信息，则自动设置为NULL表示。 格式如下。

```
SELECT  table1.sno, sname,address
FROM table1 RIGHT  JOIN table2
ON table1.sno=table2.sno
```

RIGHT右边的表通常称为“主表”，它的全部内容都可以查询出来。上面语句中table2是“主表”。

左外连接查询和右外连接查询通常可以互相变换使用。确定“主表”放在左边就用左外连接查询，确定“主表”放在右边就用右外连接，它们都可以实现相同的功能。

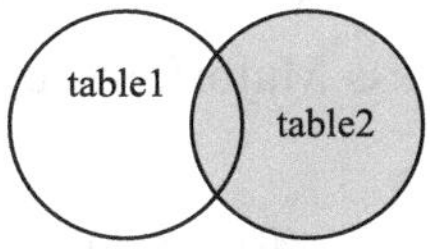

图5-13　RIGHT JOIN 查询关系图

4. 全外连接FULL JOIN查询

全外连接指的是将JOIN关键字左边表和右边表的全部内容都查询出来。如果左边表和右边表中没有符合匹配的信息，则自动设置为NULL表示。格式如下：

```
SELECT  table1.sno, sname,address
FROM  table1  FULL  JOIN  table2
ON  table1.sno=table2.sno
```

◆ 任务实施

5-16 内连接查询

1. 内连接查询

1）操作1）、2）的相关的代码如下。

```
--操作1）
SELECT  ClassID,ClassName,ClassRoomName,tbClass.MajorID,MajorName
FROM tbClass,tbMajor
WHERE tbClass.MajorID=tbMajor.MajorID
--或者对表使用别名
SELECT  ClassID,ClassName,ClassRoomName,t1.MajorID,MajorName
FROM tbClass AS t1,tbMajor  AS t2
WHERE t1.MajorID=t2.MajorID
--或者使用JOIN...ON
SELECT  ClassID,ClassName,ClassRoomName,tbClass.MajorID,MajorName
FROM tbClass  JOIN  tbMajor
ON tbClass.MajorID=tbMajor.MajorID

--操作2）
SELECT MajorID,MajorName,tbMajor.DepartmentID,DepartmentName
FROM tbMajor JOIN tbDepartment ON tbMajor.DepartmentID=tbDepartment.DepartmentID
WHERE DepartmentName='计算机系'
--或者使用WHERE,请注意WHERE的用法，它有两个条件。
SELECT MajorID,MajorName,tbMajor.DepartmentID,DepartmentName
FROM tbMajor, tbDepartment
WHERE tbMajor.DepartmentID=tbDepartment.DepartmentID AND  DepartmentName='计算机系'
```

2）操作3）是3个表的内连接查询。对于多表连接查询的子任务需要分析它们之间的关系。首先分析子任务找出需要的表：tbClass、tbTeacher和tbMajor。然后分析这3个表的等价关联条件：tbMajor.MajorID=tbClass.MajorID和tbClass.HeadMasterTeacherID=tbTeacher.TeacherID，它的结构如图5-14所示。

再分析需要显示的字段：班级代码、班级名称、教室名称、专业代码、专业名称、班主任的教师代码、班主任姓名和班主任的职称。其中专业代码在两个表中都有，需要明确指定是哪一个表的。其中教师代码在两个表中也都有，也需要明确指定是哪一个表的。

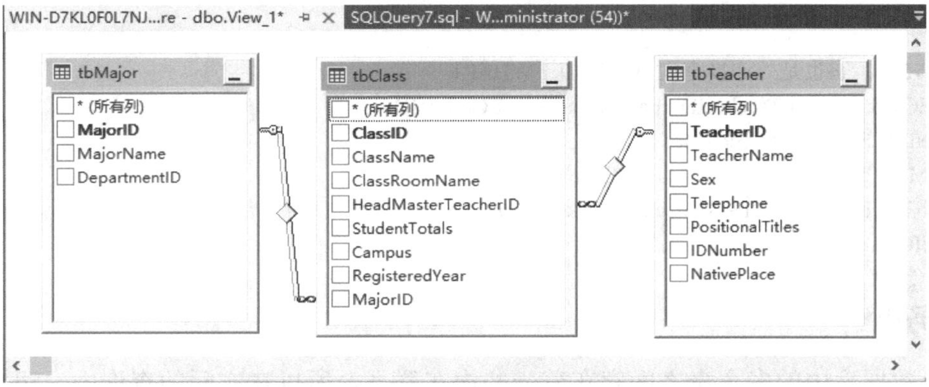

图5-14　表tbClass、tbTeacher和tbMajor的连接条件

最后对“2013级”和“2014级”的要求写上WHERE条件。

```
--操作3）
SELECT  tbClass.ClassID ,ClassName,ClassRoomName,tbClass.MajorID,MajorName,
HeadMasterTeacherID,TeacherName,PositionalTitles
FROM tbClass,tbTeacher,tbMajor
WHERE  tbClass.HeadMasterTeacherID=tbTeacher.TeacherID
AND   tbMajor.MajorID=tbClass.MajorID
AND  ( RegisteredYear='2013' OR  RegisteredYear='2014')
--或者使用JOIN...ON
SELECT  tbClass.ClassID ,ClassName,ClassRoomName,tbClass.MajorID,MajorName,
HeadMasterTeacherID,TeacherName,PositionalTitles
FROM tbClass
JOIN tbTeacher ON tbClass.HeadMasterTeacherID=tbTeacher.TeacherID
JOIN tbMajor ON  tbMajor.MajorID=tbClass.MajorID
WHERE ( RegisteredYear='2013' OR  RegisteredYear='2014')
```

当对多个表使用JOIN…ON的方式书写SQL语句时，可以按以下方式理解：第1个表和第2个表使用JOIN连接起来，这时它形成了一个新的表。这个新的表再和第3个表使用JOIN连接起来，依此类推。如果有条件表达式，再单独写在WHERE子句后面。

2. 外连接查询

它们的代码如下。

5-17　外连接查询

```
--操作4）
--以下使用RIGHT连接
SELECT  TaskID,CourseID,TeacherID,tbTeachingTasks.StudentID,SchoolYear,Semester,
StudentName,sex
FROM tbTeachingTasks right JOIN  tbStudent
ON tbTeachingTasks.StudentID=tbStudent.StudentID
--或者使用LEFT连接,把主表tbStudent放在LEFT的左边
SELECT  TaskID,CourseID,TeacherID,tbTeachingTasks.StudentID,SchoolYear,Semester,StudentName,sex
FROM  tbStudent LEFT JOIN  tbTeachingTasks
```

```
ON tbTeachingTasks.StudentID=tbStudent.StudentID
GO

--操作5），它也是外连接查询，但增加了WHERE子句
SELECT tbTeacher.TeacherID,TeacherName,Sex,CourseID,
StudentID,SchoolYear,Semester
FROM tbTeachingTasks  RIGHT JOIN tbTeacher
ON tbTeacher.TeacherID=tbTeachingTasks.TeacherID
WHERE  sex='女'
```

◆ 任务小结

一个数据库中的多个表之间存在着一些内在联系，所以在实际的查询中，用户需要从多个表中查询相关数据。本任务学习多表查询，也就是连接查询，它主要分为内连接查询和外连接查询。内连接查询使用INNER JOIN关键字，左外连接查询使用LEFT JOIN关键字，右外连接查询使用RIGHT JOIN关键字，全外连接查询使用FULL JOIN关键字。在很多情况下，左外连接查询和右外连接查询可以互相变通使用。

任务8　高级查询之嵌套子查询

在dbStudentScore数据库中完成以下查询。

1）在班级表tbClass中，查询与“13应用化学2班”班级是同一个专业的班级信息，显示班级代码、班级名称、教室名称、校区、入学年份和专业代码。

2）在成绩表tbScore和学生表tbStudent中，对课程代码为“kc90042”，班级代码为“C00010”的数据，查询所有高于平均成绩（平均成绩以总评成绩来认定，不以平时成绩和期中成绩认定）的学生成绩数据，显示学生姓名、学号、班级代码、课程代码和总评成绩。

3）使用SOME谓词，在班级表tbClass中“13应用化学2班”班级所在专业的专业代码为“m00005”，它们的班级人数都不一样，查询比“13应用化学2班”班级所在专业某个班级学生人数多的班级信息，显示所有字段的信息。

4）使用ALL谓词，在班级表tbClass中“13应用化学2班”班级所在专业有数个班级，它们的班级人数都不一样，查询比“13应用化学2班”班级所在专业所有班级学生人数多的班级信息，显示所有字段的信息。

5）使用IN谓词，查询考试总评成绩不合格的学生，显示学号、姓名、性别和班级代码。

6）使用EXISTS谓词，查询选修了“2018～2019”学年第1学期课程代码为“kc90021”课程任务的学生信息，显示学号、姓名、性别和班级代码。

◆ 任务分析

经分析，可以使用嵌套子查询完成。

1）对于操作1）：在班级表tbClass中关键是找出“13应用化学2班”班级对应的专业代码MajorID。

只给出了“13应用化学2班”班级名称，并没有直接给出专业代码。因此可以使用这个条件先查询出专业代码，查询结果作为子查询。

通过上面的子查询语句查到专业代码后，再放到父查询中就可以关联查询出相应的数据。

2）对于操作2）：这里先使用AVG（）函数计算出课程代码为“kc90042”，班级代码为“C00010”的数据的平均成绩，再以此为查询结果放到父查询中就可以关联查询出相应的数据。

3）对于操作3）～6）：它们已经明确告知使用子查询的谓词，按相应语法进行查询即可。

◆ 知识准备

1. 嵌套子查询

在SQL语句中，一个 SELECT—FROM—WHERE 语句称为一个查询块。将一个查询块嵌套在另一个查询块的 WHERE 子句或 HAVING 短语的条件中的查询称为嵌套查询。前者为子查询或内查询，后者为父查询或外查询。

子查询又分为嵌套子查询和相关子查询。本任务主要介绍嵌套子查询。

嵌套子查询的求解方法为：由里向外。即在每个子查询在其上一级查询处理之前求解，且子查询的结果不显示出来，而是作为其外部查询的条件。

外部查询和内部查询关系的举例如下。

```
SELECT Sname  /*外部查询或父查询*/
FROM Student
WHERE Sno IN
  (SELECT Sno  /*内部查询或子查询*/
   FROM SC
   WHERE Cno='2');
```

2. 使用比较运算符的嵌套子查询

在SQL语句中通过比较运算符将父查询和子查询进行连接，当子查询返回的是单值时，可以使用=、>、<、>=、<=、<>、!=等比较运算符。

3. 使用SOME、ANY和ALL的嵌套子查询

在上面的查询中，其子查询只能返回单一值。如果子查询返回多个值，则可以带上SOME、ANY和ALL来表示，它们都是将父查询中WHERE条件指定的列值与子查询的结果进行比较，并返回满足条件的行。

其中SOME和ANY意义相同，可以互相替换，注重子查询是否有返回的值能满足搜索条件。若是在与多值序列的比较中，只需要满足与多值序列中的一个值满足比较关系就返回TRUE，则用ANY(SOME)。

ALL要求子查询的所有查询结果列都要满足搜索条件。若是在与多值序列的比较中，需要满足与多值序列中的全部值满足比较关系才返回TRUE，则用ALL。

使用ANY或ALL谓词时必须同时使用比较运算符。SOME、ANY和ALL与比较运算符的语义，见表5-11。

表5-11　SOME、ANY和ALL与比较运算符的语义

序号	符号	语义
1	>ANY	大于子查询结果中的某个值
2	>ALL	大于子查询结果中的所有值
3	<ANY	小于子查询结果中的某个值
4	<ALL	小于子查询结果中的所有值
5	>=ANY	大于等于子查询结果中的某个值
6	>=ALL	大于等于子查询结果中的所有值
7	<=ALL	小于等于子查询结果中的所有值
8	<=ANY	小于等于子查询结果中的某个值
9	=ANY	等于子查询结果中的某个值
10	=ALL	等于子查询结果中的所有值（通常没有实际意义）
11	!=（或<>）ANY	不等于子查询结果中的某个值
12	!=（或<>）ALL	不等于子查询结果中的任何一个值

4. 使用IN和NOT IN的嵌套子查询

在嵌套查询中，子查询的结果往往是一个集合，所以，谓词 IN或者NOT IN 是嵌套查询中最经常使用的谓词。这里子查询里面没有依赖父查询，此种查询也叫作不相关子查询。

5. 使用EXISTS和NOT EXISTS的嵌套子查询

EXISTS代表存在量词，带有EXISTS的子查询不返回任何数据，只产生逻辑真值"TRUE"或者逻辑假值"FALSE"。使用EXISTS的嵌套语句，若子查询结果不为空，则EXISTS返回TRUE，否则返回FALSE。

使用EXISTS引出的子查询，其目标表达式列都使用*，因为带EXISTS的子查询只返回真值或假值，给出列名无实际含义。

它与IN子查询的区别：在带IN的子查询中，会遍历子查询表中的所有记录进行筛选，带EXISTS的查询找到一条记录就返回，不会遍历整个表，所以，带EXISTS的查询是一个优质查询。

5-18　使用算术运算符的子查询

◆ 任务实施

1）操作1）可以使用比较运算符"="进行查询，它的代码如下。

```
SELECT ClassID,ClassName,ClassRoomName,Campus,RegisteredYear,MajorID
 FROM tbClass
 WHERE   MajorID=
  (
  SELECT  MajorID FROM tbClass WHERE ClassName='13应用化学2班'
  )
```

它的查询结果，如图5-15所示。

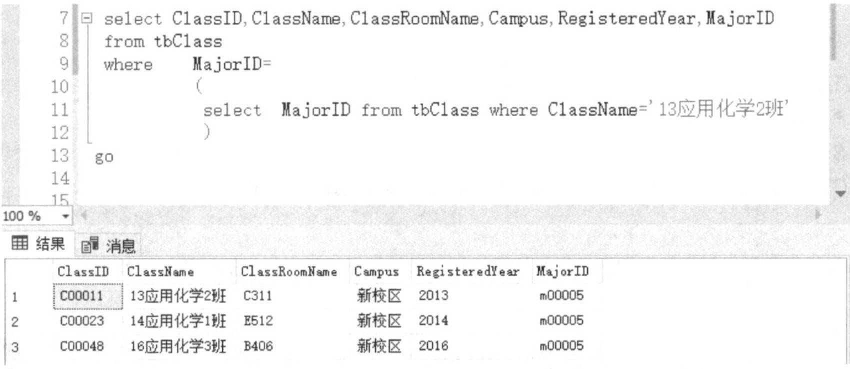

图5-15 使用比较运算符“=”的嵌套子查询的结果

2）操作2）可以使用比较运算符“>”进行查询，它的代码如下。

```
SELECT StudentName,tbStudent.StudentID,ClassID, CourseID,ScoreAll
FROM tbScore ,tbStudent
WHERE   tbScore.StudentID=tbStudent.StudentID AND ClassID='C00010' AND CourseID='kc90042' AND
ScoreAll>
    (
     SELECT  avg(ScoreAll)
FROM  tbScore ,tbStudent
WHERE tbScore.StudentID=tbStudent.StudentID AND
ClassID='C00010' AND CourseID='kc90042'
    )
```

它的查询结果，如图5-16所示。

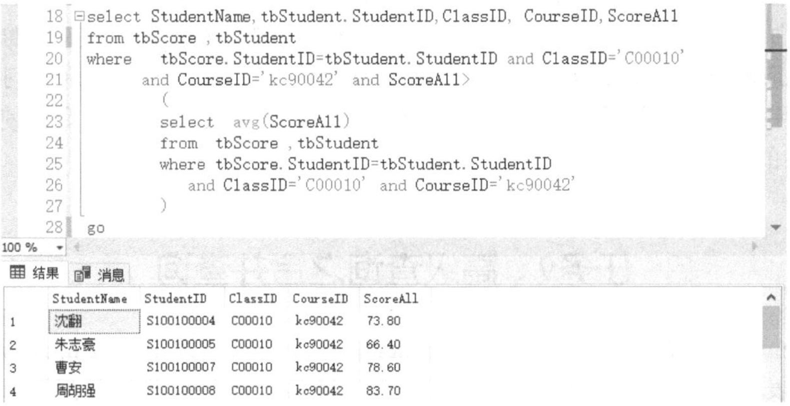

图5-16 对成绩数据使用比较运算符“>”的嵌套子查询的结果

3）操作3）使用SOME谓词，操作4）使用ALL谓词，它的代码如下。

5-19 使用SOME和ALL谓词的子查询

```
--使用SOME谓词
SELECT * FROM tbClass
WHERE StudentTotals> SOME
  ( SELECT StudentTotals FROM tbClass   WHERE   MajorID ='m00005'
```

```
    )

--使用ALL谓词
SELECT * FROM tbClass
WHERE StudentTotals> ALL
  ( SELECT StudentTotals FROM tbClass   WHERE   MajorID ='m00005'
  )
```

4）操作5）使用IN谓词，操作6）使用EXISTS谓词，它的代码如下。

```
--使用IN谓词
SELECT  StudentID,StudentName,sex ,ClassID FROM  tbStudent
WHERE StudentID IN
  (
   SELECT StudentID  FROM tbScore WHERE ScoreAll<60
  )

--使用EXISTS谓词
SELECT  StudentID,StudentName,sex ,ClassID FROM  tbStudent
WHERE   EXISTS
  (
     SELECT *   FROM tbTeachingTasks WHERE tbStudent.StudentID=tbTeachingTasks.StudentID AND
School Year='2018-2019' AND Semester='1' AND CourseID='kc90021'
  )
```

5-20　使用 IN 和 EXISTS 谓词的子查询

◆ 任务小结

嵌套查询指的是一个查询语句块可以嵌套在另外一个查询语句块的WHERE子句或者HAVING子句中，前者为子查询或内查询，后者为父查询或外查询。SQL的嵌套查询是SQL语句中比较复杂的一部分，但是它也可以提高查询效率。本任务主要是学习嵌套子查询，其中又分为使用比较运算符的子查询、使用SOME、ANY和ALL的子查询、使用IN的子查询和使用EXISTS的子查询。

任务9　高级查询之合并查询

在dbStudentScore数据库的教师表tbTeacher中查询姓名、性别、身份证号、籍贯和职称信息。在学生表tbStudent中查询姓名、性别、身份证号、籍贯和职称信息，因为学生没有职称信息，默认显示“无职称”。

1）把这两个查询的结果集合并起来，形成一个新的查询。

2）把这两个查询的结果集合并起来，保存到一个新表tbTeacherStudent中。

◆ 任务分析

1）把这两个查询的结果集合并起来，可以使用UNION合并查询实现。

2）把以上结果结合SELECT INTO可以保存到新表中。

◆ 知识准备

UNION和UNION ALL合并查询也称联合查询，是将两个或者更多查询结果集组合为单个结果集。它的语法如下。

```
SELECT 列名1，列名2  FROM  表名1
UNION [ALL]
SELECT 列名3，列名4  FROM  表名2
```

若干个SELECT子句要联合成功，需要有3个特征：

1）SELECT子句输出的列数必须是相等的。

2）SELECT子句输出的数据类型是兼容的。

3）UNION 查询结果集中的列名总是等于 UNION 中第一个 SELECT 语句中的列名，即两条语句查询的总数据的列名按照第一条查询语句执行。例如，两条查询的字段都一样，但是第一条查询语句把字段重新命名了（SELECT Name AS 姓名 FROM 表），这时第一列的名字就不是Name了，而是被重新命名的“姓名”。

5-21 合并查询

◆ 任务实施

操作1）的代码如下。

```
SELECT  TeacherName AS '姓名' ,Sex AS '性别' ,IDNumber AS '身份证号' ,NativePlace AS '籍贯',
PositionalTitles AS '职称信息'  FROM tbTeacher
UNION
SELECT StudentName AS '姓名' ,Sex AS '性别' ,IDNumber AS '身份证号' ,NativePlace AS '籍贯' ,'无职称'
AS '职称信息'  FROM tbStudent
```

使用UNION合并查询的结果，如图5-17所示。

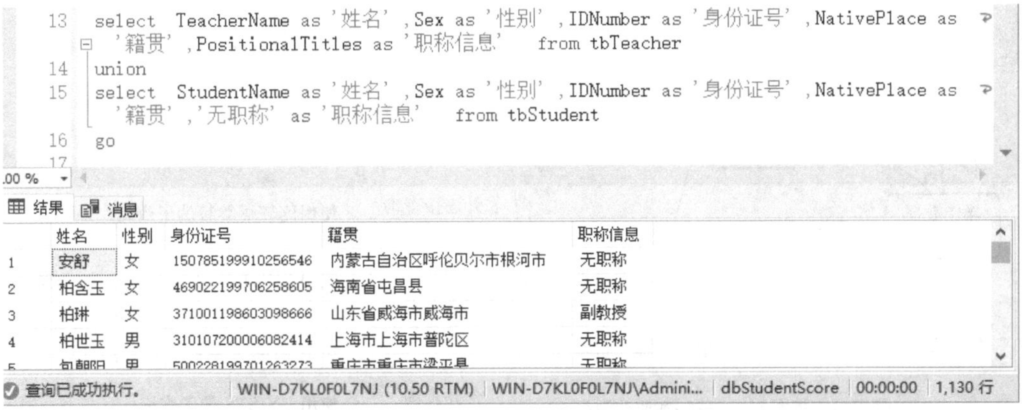

图5-17　合并查询的结果

操作2）可以把整个合并查询当作一个表，使用括号包围起来。为了语义更清晰，可以对这个查询结果集自定义命名一个别名为unionTable，把它当作一个表。代码如下。

```
SELECT * into tbTeacherStudent FROM
(
SELECT  TeacherName AS '姓名' ,Sex AS '性别' ,IDNumber AS '身份证号' ,NativePlace AS '籍贯',
Positional Titles AS '职称信息'  FROM tbTeacher
UNION
SELECT  StudentName AS '姓名' ,Sex AS '性别' ,IDNumber AS '身份证号' ,NativePlace AS '籍贯' ,'无
职称' AS '职称信息'  FROM tbStudent
) AS unionTable
GO
```

◆ 任务小结

UNION ALL是将连接的两个查询结果表连接起来，UNION是将连接的两个查询结果表连接起来并做去重处理。从效率上说，UNION ALL 要比UNION快很多，所以，如果可以确认合并的两个结果集中不包含重复数据且不需要排序，那么就使用UNION ALL。

项目小结

本项目重点内容是数据的“增、删、改、查”四大操作，如图5-18所示。

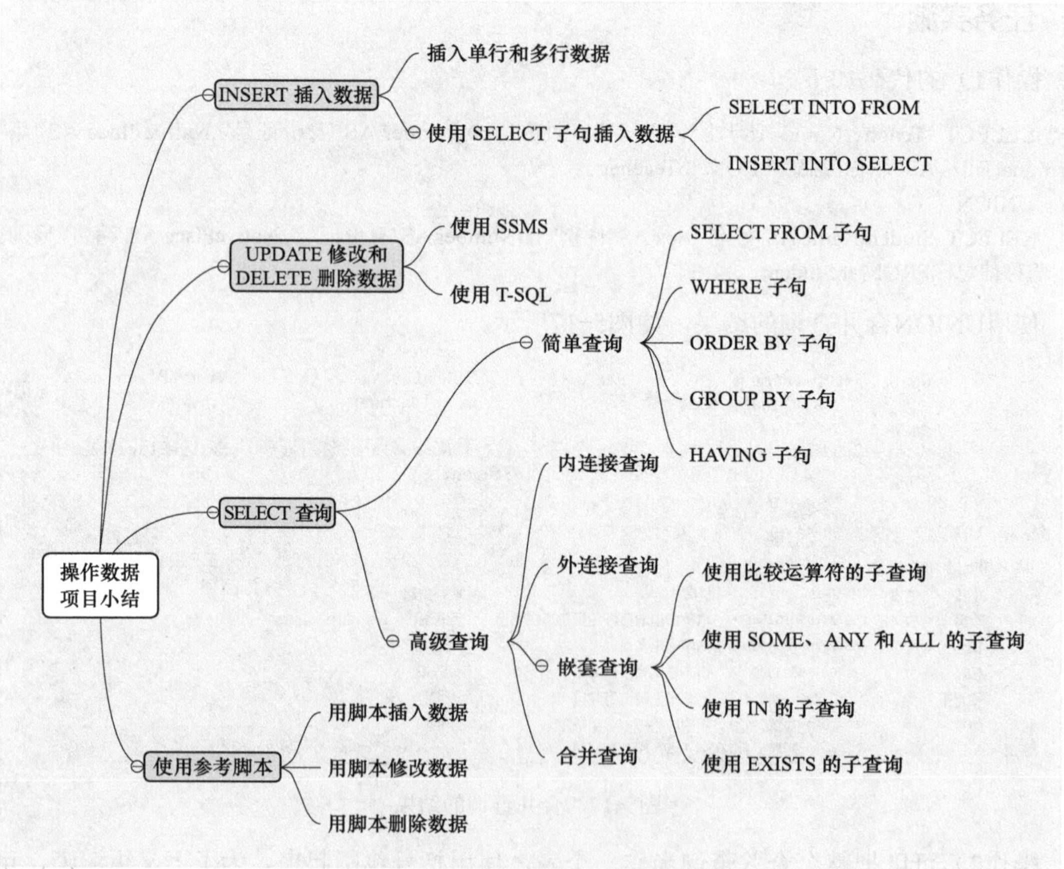

图5-18　操作数据的思维导图

1. 关于INSERT INTO SELECT和SELECT INTO FROM的注意事项

结合INSERT语法插入单行数据、插入多行数据。INSERT INTO SELECT语句要求目标表old_table必须存在，SELECT INTO FROM语句要求目标表new_table不存在，因为在插入时会自动创建表new_table。

2. 关于使用GROUP BY子句的注意事项

1）在SELECT子句的字段列表中，除了聚集函数外，其他出现的字段一定要在GROUP BY子句中重复出现。

2）在SELECT子句的字段列表中不一定要有聚集函数，但至少要用到GROUP BY子句列表中的一个字段。

3）GROUP BY子句不能使用字段别名。

3. 编写高质量的SQL语句的原则

1）不建议在SQL语句中使用系统默认的保留关键字。

2）尽量使用EXISTS和NOT EXISTS来代替IN和NOT IN操作。

3）在SELECT 列表中尽量不使用*，而是要指明每一个字段名称。

4）在查询中尽量使用索引来提高查询响应速度。

5）任何对列的操作都将导致全表扫描，它包括数据库函数、计算表达式等，查询时尽可能将操作移至等号右边。例如，WHERE score/2=60应该改为WHERE score=60*2。

拓展任务

◆ 任务描述

在新闻系统数据库dbNews中，已经保存了大量有用的数据。在开发网页版的新闻网站时，需要统计最热新闻、最新新闻、推荐新闻、注册用户的情况、用户发表留言的情况、新闻标题列表和每一条新闻的详细信息等。要展示新闻网站的栏目导航、首页的新闻列表和各个子栏目的新闻列表等。作为一名数据库管理员，需要为网页程序员提供相应的查询语句。

◆ 思路提示

5-22 拓展任务 1

5-23 拓展任务 2

经过任务的细化，有以下详细的要求。

1. 使用T-SQL语句完成查询操作

1）查询用户账号、用户姓名、用户密码和用户电话信息。

2）查询显示表tbBBS（用户留言表）和表tbUser（普通用户表）的留言标题、留言内容、留言时间、用户账号和用户姓名信息。

3）统计用户账号、用户姓名和所发地留言帖子数量。

4）查询显示新闻ID、网站栏目子代码、网站栏目名称、新闻标题、新闻发布时间、新闻内容和新闻访问量信息。

5）查询新闻的附件信息，显示附件ID号、网站栏目名称、新闻标题、新闻ID和新闻附件URL信息。

6）按新闻栏目统计每个栏目的新闻数量。显示网站栏目子代码、网站栏目名称和新闻数量信息。

7）按年份和月份统计新闻数量。显示年份、月份和新闻数量信息。

8）按新闻录入员统计新闻数量，检查新闻录入员的工作量。显示新闻录入员姓名、新闻录入员账号和新闻数量信息。

9）统计最热门（访问量最多）的10条新闻，显示新闻标题、新闻发布时间和新闻访问量信息。

10）按时间统计最新的10条推荐新闻，显示新闻标题、新闻发布时间和网站栏目名称信息。

2．使用T-SQL语句修改和删除数据

1）使用INSERT语句，把表5-12中的数据一条一条地插入数据表中。用户注册信息表，见表5-12。

表5-12　用户注册信息表

userCode	userName	userSex	userPassword	userTel	userMail
u000001	魏洪静	女	809916	13896156057	23432397@qq.com
u000002	钱成思	男	293070	13253388249	7884322@qq.com
u000003	水子涵	男	733779		187532974@qq.com
u000004	陶可	女	358875	13122780295	
u000005	魏育	女	343008	13321471052	9861358437@qq.com
u000006	李大芬	女	234235		

2）使用INSERT 语句把表5-12中的数据批量插入数据表中。

3）使用UPDATE语句，把表5-13中的数据以用户账号为依据，一条一条地更新对应的QQ账号和创建时间。QQ账号和创建时间，见表5-13。

表5-13　QQ账号和创建时间表

userCode	userQQ	userCreateTime
u000001	23432397	2019-5-16
u000002	7884322	2019-12-19
u000003	187532974	2018-12-7
u000004	2346832	2019-1-31
u000005	9861358437	2019-3-27
u000006	2342354235	2018-12-7

4）删除用户为u000005的数据。

练习题

一、操作题

5-24　练习题 1　　5-25　练习题 2

以下题目在数据库dbStudentScore中完成。

1．插入数据

1）使用INSERT语句一条一条地把表5-14中的数据插入数据表中。院系部门数据，见表5-14。

表5-14　院系部门数据

DepartmentID	DepartmentName
105001	机电系
105002	经管系

2）使用INSERT语句，批量地把表5-14中的数据插入数据表中。

3）在数据库dbStudentScore中，创建一个与表tbCourse结构相同的新表tbCourseNew，再运用INSERT INTO SELECT语句把表tbCourse的数据复制到新表tbCourseNew中。

4）在数据库dbStudentScore中，运用SELECT INTO FROM语句，把表tbTeachingTasks的数据复制到一个新表tbTeachingTasksNew中。

2．修改和删除数据

1）使用SSMS方法，把tbCourse中的课程名称“焙烤食品工艺学”改为“焙烤食品工艺”。

2）使用T-SQL语句，在tbCourse中把课程代码为“kc90013”课程的学时变更为108学时，课程类别变更为“必修课”。

3）使用T-SQL语句，在tbCourse中把课程“大学英语1A、大学英语2A、大学英语 3A和大学英语4A”课程的学时都变更为72学时。

4）使用T-SQL语句，在tbDepartmentNew中删除“化学系”的数据。

5）使用T-SQL语句，在tbTeachingTasks中删除全部数据。

5-26　练习题 3　　5-27　练习题 4　　5-28　练习题 5

3. SELECT FROM子句

1）查询专业表tbMajor中的所有信息。

2）查询专业表tbMajor中的所有信息，并指定相应汉字含义的别名“专业代码、专业名称和部门代码”。

3）查询tbCourse中前面10条数据。

4）查询tbStudent中前面10%的数据。

5）查询教师表tbTeacher中的籍贯信息，重复的籍贯信息需要去除。

6）查询tbCourse课程信息，并计算新课时数=课时数*2。

7）查询班级表tbClass的所有数据，按班级人数从大到小排序。

8）查询教师表tbTeacher的所有数据，按“性别”升序排序，“性别”相同的再按“职称”降序。

4. 函数应用

1）在专业表tbMajor中查询所有数据，并把专业代码和部门代码的英文以大写显示。

2）在教师表tbTeacher中查询数据，把教师工号、姓名、性别 、电话号码、职称和身份证号显示出来，同时把身份证号的前4位和后4位数字也显示出来。

3）在tbCourse中查询课程信息，把课程名称第3和第4个字是“数学”的课程代码、课程名称和课时数显示出来。

4）在学生表tbStudent中，把学生学号、学生姓名、性别、是否团员、籍贯和籍贯的第3～5个汉字显示出来。

5）在成绩表tbScore中，查询学生的课程代码、学生学号、平时成绩、期中成绩、期末成绩和总评成绩，同时要求平时成绩、期中成绩、期末成绩和总评成绩四舍五入并保留1位小数点。

6）在课程教学任务表tbTeachingTasks中，查询教学任务ID、课程代码、教师工号、学生学号、学年、学期和选课时间，并把选课时间分别提取出年、月、日三个时间。

7）在教师表tbTeacher中利用身份证信息计算出年龄，显示教师工号、姓名、性别 、职称和年龄。

8）在课程教学任务表tbTeachingTasks中，计算选课时间距离现在相距了多少小时，显示教学任务ID、课程代码、教师工号、学生学号、选课时间和相距小时数。

9）在教师表tbTeacher中利用身份证信息提取出出生日期，并把它转换为日期格式。假设55岁退休，计算出教师们的退休日期，显示教师工号、姓名、性别 、职称、出生日期和退休日期。

10）在学生表tbStudent中，输入姓名和籍贯时前面或者后面可能保存了空格，现在要求把空格去除。显示学生学号、学生姓名、性别和籍贯信息。

5. WHERE子句

1）在专业表tbMajor中查询部门代码为100003的所有数据，并按专业代码升序排列。

2）在教师表tbTeacher中查询数据“性别”为“男”，并且“职称”不是“助教”的教师信息，把教师工号、姓名、性别、电话号码、职称和身份证号显示出来。

3）在tbCourse中查询课程信息，把课程名称含有“数学”的课程代码、课程名称和课时数显示出来。

4）在tbCourse中查询课程信息，把课程名称以“实验”结尾的课程代码、课程名称和课时数显示出来。

5）在学生表tbStudent中，查询只有两个汉字并且姓“王”的学生，把学生学号、学生姓名、性别 、是否团员和籍贯显示出来。

6）在学生表tbStudent中，查询姓“陈”的“女”学生，把学生学号、学生姓名、性别、是否团员和籍贯显示出来。

7）在成绩表tbScore中，查询学生的课程代码、学生学号、平时成绩、期中成绩、期末成绩和总评成绩和同时要求平时成绩在65～75之间。

8）在课程教学任务表tbTeachingTasks中，查询学生“S100100005”的选课情况，显示教学任务ID、课程代码、教师工号、学生学号、学年、学期和选课时间。

9）在教师表tbTeacher中利用身份证信息计算出“男”职工的年龄，显示教师工号、姓名、性别、职称和年龄，并按年龄从大到小排序。

10）在课程教学任务表tbTeachingTasks中，计算选课时间在“2014-9-1”至“2016-9-1”的数据，显示教学任务ID、课程代码、教师工号、学生学号和选课时间。

6. GROUP BY子句

1）在班级表tbClass中按校区统计学生人数。

2）在教师表tbTeacher中统计“男”教师的教师人数。

3）在tbScore和tbTeachingTasks中查询课程信息，对总评成绩按学年、学期和课程代码统计各课程的最高分、最低分和平均分，并按课程代码升序排序。

5-29 练习题6

4）在tbCourse中查询课程信息，把课程名称以“实验”结尾的课程数量显示出来。

5）在学生表tbStudent中，统计每个姓氏有多少学生，显示姓氏和人数。

6）在教师表tbTeacher中，统计每个姓氏有多少教师，并要求计算人数超过10人的教师信息，显示姓氏和人数。

7）在学生表tbStudent中，按是否团员、性别统计学生人数，显示是否团员、性别和人数。

8）在成绩表tbScore中，查询总评成绩不合格的学生人数。

9）在课程教学任务表tbTeachingTasks中，统计教师开出的课程学生选课人数信息，显示课程代码、教师工号和选修学生人数。

10）在教师表tbTeacher中利用身份证信息计算出“男”职工的年龄，按职称计算教师的平均年龄，最小年龄和最高年龄。

7. 连接查询

1）查询学生信息，显示学生学号、学生姓名、性别、班级名称和课室名称，并按学号升序排列。

2）查询教师开课情况，显示课程代码、课程名称、学时数、教师代码、教师名称和性别，并按教师代码、课程代码升序排列。

5-30 练习题7

3）查询学生详细情况，显示学号、姓名、班级名称、专业名称和部门名称。

4）查询新校区男学生的成绩数据，显示学号、姓名、性别、校区、课程代码、课程名称和总评成绩。

5）统计每个班级每个姓氏有多少学生，显示班级名称、姓氏和人数。

6）统计每个教学部门开设了多少个专业，显示部门名称和专业数量。

7）统计学生成绩情况，显示学号、姓名、课程代码、课程名称、总评成绩和学分。

8）查询总评成绩不合格的学生情况，显示学号、姓名、班名、专业名称、部门名称、课程名称和总评成绩。

9）统计课程教学任务表，查询课程代码、课程名称、教师工号、教师名称和开课门数，并按开课门数从大到小排列。

10）利用身份证信息计算出各班的学生不同性别的年龄情况，显示班级名称、性别、最小年龄、最大年龄和平均年龄。

8．嵌套子查询和合并查询

1）使用比较运算符子查询，以总评成绩为计算依据，查询学生总评成绩大于该课程的平均成绩的数据，显示课程代码、学生学号、平时成绩、期中成绩、期末成绩和总评成绩。

5-31 练习题 8

2）使用IN谓词子查询，查询学生籍贯是“广东、北京、云南、文本、湖南、湖北”的详细情况，显示学号、姓名、班级名称、专业名称、部门名称和籍贯。

3）使用IN谓词子查询，查询在部门代码为“100006”下各专业学生的信息，显示学生学号、学生姓名、性别 、是否团员、身份证号、籍贯和班级代码。

4）使用ALL谓词子查询。利用身份证信息计算出学生的年龄情况，查询比“13网络技术2班”（班级代码为“C00014”）班所有学生年龄都大的学生信息，显示学生学号、学生姓名、性别 、是否团员、身份证号和籍贯。

5）使用ANY或者SOME谓词子查询。查询比“软件技术”专业某个班学生人数多的班级信息，显示班级代码、班级名称、教室名称、班主任的教师代码和班级人数。

6）使用EXISTS谓词子查询。查询选修了课程代码为“kc90021”的学生信息，显示学生学号、学生姓名、性别 、是否团员、身份证号和籍贯。

7）使用UNION合并查询。查询学生表的姓名、性别、身份证号、出生年、出年月、出年日和年龄。查询教师表的姓名、性别、身份证号、出生年、出年月、出年日和年龄。然后通过合并查询，把查询结果集写入一个新表tbPeopleAge。

项目6 创建和管理视图

项目概述

对“学生成绩系统”的数据库进行开发时，发现有一些SQL查询语句需要重复调用，每一次都要复制书写比较费时；还发现有一些多个表联合查询的SQL语句，如果不认真书写还会出现错误，调试代码要花不少时间。数据库工程师需要对查询操作进行简化操作、提高数据的安全性并屏蔽数据库的复杂性等，为此选择了视图来解决这些问题。

项目分析

项目小组中的数据库工程师要拥有SSMS和T-SQL语句两种方式创建视图、修改视图和删除视图的能力。视图的查询使用与表的查询使用语法一致，对已创建的视图可以轻松地进行查询操作。

对于一些特殊的视图，还可以通过更新视图间接更新基表的数据。

知识与能力目标

1）理解视图的作用，识记视图的优点和缺点。

2）掌握使用T-SQL语句创建视图、修改视图和删除视图的方法。

3）掌握使用SSMS图形界面方式创建视图、修改视图和删除视图的方法。

4）掌握创建加密视图的方法。

5）掌握自动生成Create View脚本的方法。

6）能熟练地结合视图和表进行数据的综合查询操作。

7）能通过更新视图的方式，实现更新基表的数据。

任务1 创建视图

在学生成绩数据库dbStudentScore中，完成以下操作。

1）创建视图VbStudentInfo，查询学号、姓名、性别和出生年月日。

2）创建视图VbStudentMoreInfo，查询学号、学生姓名、性别、班级名称、专业名称、院系名称、班主任姓名和班主任电话信息。

3）创建视图vbCourseInfo，显示学号、姓名、性别、出生年月日、课程名称和成绩总评。

4）创建加密视图VbStudentBirthday，显示学号、姓名、性别、出生年、出生月、出生日和身份证号。

5）为视图VbStudentInfo自动生成“Create脚本”。

◆ 任务分析

经分析，要进行单表查询、多表查询和基于视图和表的综合查询。

1）基于单表查询的视图VbStudentInfo。显示的数据字段，都在学生表（tbStudent）这一个表中可以查询出来，属于单表查询。已知学生的身份证号，可以使用函数把出生日期提取出来，例如，SUBSTRING()函数。

2）基于多表查询的视图VbStudentMoreInfo：表tbStudent有学生姓名和性别，表tbClass有班级名称，表tbDepartment有系部名称，表tbMajor有专业名称，表tbTeacher有班主任姓名和班主任电话。这4个表有符合“主键-外键”的约束关联，可以关联查询到对应数据。

3）基于基表和视图vbCourseInfo：学号、姓名、性别和出生年月日这几个信息在视图VbStudentInfo中，可以利用它作为条件。表tbScore有学号和总评成绩，表tbCourse有课程名称字段。可以把视图VbStudentInfo、表tbCourse和表tbScore建立联接条件，关联查询到对应数据。

4）加密视图VbStudentBirthday：显示的数据字段都在学生表tbStudent中可以查询出来，属于单表查询。加密视图可以用参数WITH ENCRYPTION。已知学生的身份证号，可以使用函数把出生日期、年、月和日提取出来，例如，SUBSTRING()函数。

5）通过对视图VbStudentInfo鼠标右键单击，在弹出的快捷菜单中选择“编写视图脚本为”命令可以自动生成CREATE VIEW脚本。

◆ 知识准备

1．视图的含义

在SQL Server中，视图是从一个或几个基本表（或视图）中导出的虚拟的表。在系统的数据字典中仅存放了视图的定义，不存放视图对应的数据。视图的定义存在数据库中，与此定义相关的数据并没有再存一份于数据库中。通过视图看到的数据存放在基表中。

视图看上去非常像数据库的物理表，对它的操作同任何其他表一样。当通过视图修改数据时，实际上是在改变基表中的数据；相反地，基表数据的改变也会自动反映在由基表产生的视图中。由于逻辑上的原因，有些视图可以修改对应的基表，而有些则不能（仅仅能查询）。

2．视图的优点

视图有很多优点，主要表现在：视点集中、简化操作、定制数据、合并分割数据和安全性等方面。

1）视点集中。视点集中是指使用户只关心它感兴趣的某些特定数据和他们所负责的特定任务。通过只允许用户看到视图中所定义的数据而不是视图引用表中的数据而提高了数据的安全性。

2）简化操作。视图大大简化了用户对数据的操作。因为在定义视图时，其本身就是一个复杂查询的结果集，这样在每一次执行相同的查询时，不必重新写这些复杂的查询语句，只要一条简单的查询视图语句即可。可见视图向用户隐藏了表与表之间的复杂的连接操作。

3）定制数据。视图能够实现让不同的用户以不同的方式看到不同或相同的数据集。因此，当有许多不同水平的用户共用同一数据库时，这显得极为重要。

4）合并分割数据。在有些情况下，由于表中数据量太大，所以在表的设计时，常将表进行水平分割或垂直分割，但表结构的变化却对应用程序产生不良的影响。如果使用视图就可以重新保持原有的结构关系，从而使外模式保持不变，原有的应用程序仍可以通过视图来重载数据。

5）安全性。视图可以作为一种安全机制。通过视图用户只能查看和修改他们所能看到的数据。其他数据库或表既不可见也不可以访问。如果某一用户想要访问视图的结果集，必须授予其访问权限。视图所引用表的访问权限与视图权限的设置互不影响。

视图的安全性可以防止未授权用户查看特定的行或列，使用户只能看到表中特定行的方法如下：

1）在表中增加一个标志用户名的列。

2）建立视图，使用户只能看到标有自己用户名的行。

3）把视图授权给其他用户。

3．视图的缺点

1）损失一定的性能。SQL Server必须把视图查询转化成对基本表的查询，如果这个视图是由一个复杂的多表查询所定义，那么，即使是视图的一个简单查询，SQL Server也要把它变成一个复杂的结合体，需要花费一定的时间。

2）修改限制。当用户试图修改视图的某些信息时，数据库必须把它转化为对基本表的某些信息的修改，对于简单的视图来说，这是很方便的，但是，对于比较复杂的视图，可能是不可修改的。在后期的维护上，数据库的表结构变了，也会影响视图的改变，造成维护烦琐。

所以在定义数据库的时候，要合理地使用视图。

4．创建视图的语法

```
CREATE VIEW <视图名称> [ ( column [ ,…n ] ) ]
    [ WITH ENCRYPTION ]
AS
    select_statement
   [ WITH CHECK OPTION ]
```

参数说明：

column：视图中的列使用的名称。仅在下列情况下需要列名：列是从算术表达式、函数或常量派生的；两个或更多的列可能会具有相同的名称（通常是由于联接的原因）；视图中的某个列的指定名称不同于其派生来源列的名称；还可以在SELECT语句中分配列名。

如果未指定column，则视图列将获得与SELECT语句中的列相同的名称。

select_statement：定义视图的SELECT语句，但是视图定义中的SELECT子句不能包括下列内容：

1）ORDER BY子句，除非在SELECT语句的选择列表中也有一个TOP子句。因为

ORDER BY子句仅用于确定视图定义中的TOP或OFFSET子句返回的行。ORDER BY不保证在查询视图时得到有序结果，除非在查询本身也指定了ORDER BY。

2）INTO关键字。

3）OPTION子句。

4）引用临时表或表变量。

CHECK OPTION：要求对该视图执行的所有数据修改语句都必须符合select_statement中所设置的条件。通过视图修改行时，WITH CHECK OPTION可确保提交修改后，仍可通过视图看到数据。

ENCRYPTION：加密视图，使用WITH ENCRYPTION可防止在SQL Server复制过程中发布视图。

◆ 任务实施

6-1 创建单表视图

1. 创建基于单表查询的视图VbStudentInfo

1）输入代码。

```
CREATE VIEW VbStudentInfo
AS
SELECT StudentID, StudentName, Sex,SUBSTRING(IDnumber,7,8) AS studentBirthday FROM tbStudent
```

2）执行代码后刷新左边目录树的视图节点，可以看到新的视图VbStudentInfo已经创建成功，如图6-1所示。

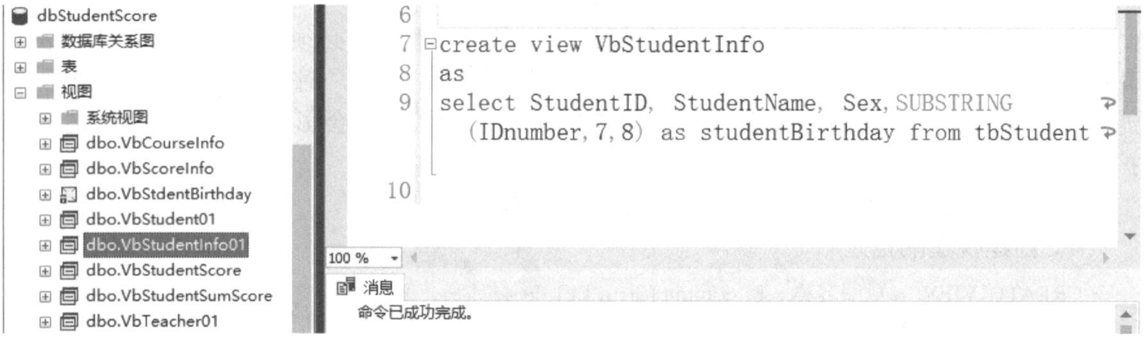

图6-1 执行创建视图VbStudentInfo代码

6-2 创建多表视图

2. 创建基于多表查询的视图VbStudentInfo

1）登录进入SSMS，打开“数据库dbStudentScore”→“视图”节点，在“视图”上单击鼠标右键，在弹出的快捷菜单中选择“新建视图”命令，打开“新建视图”对话框。

2）在打开的“添加表”对话框中，选择表tbStudent、tbClass、tbDepartment、tbMajor和tbTeacher，然后单击“关闭”按钮，如图6-2所示。

3）在视图编辑界面的上面区域，在表“tbStudent”中选择字段StudentID、StudentName和Sex，在表tbClass中选择字段ClassName，在表tbMajor中选择字段MajorName，在表tbDepartment中选择字段DepartmentName，在表tbTeacher中选择字段TeacherName和

Telephone，如图6-3所示。

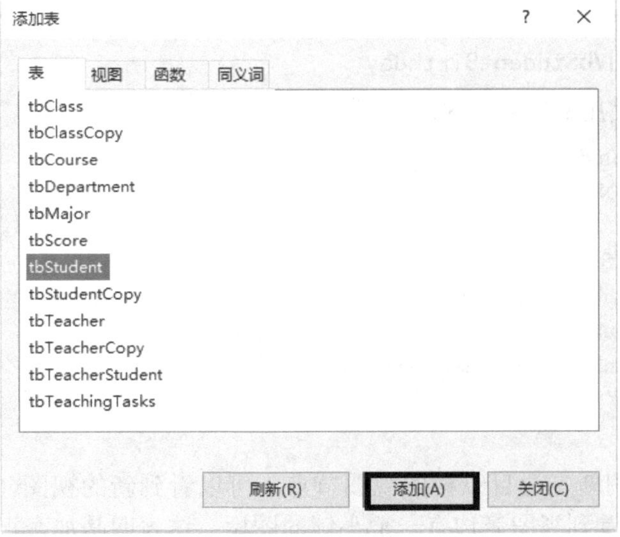

图6-2　“添加表”对话框

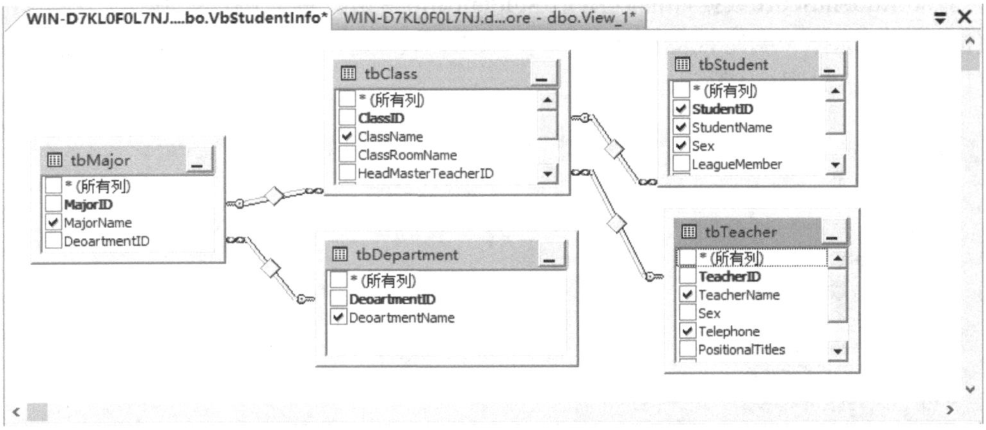

图6-3　选择字段

4）保存视图，名称为VbStudentMoreInfo。通过SSMS可视化界面可以快速创建视图。

6-3　创建基于视图的视图

3. 创建基于视图和基表的视图vbCourseInfo

1）输入如下代码。

```
CREATE VIEW VbCourseInfo
AS
    SELECT  VbStudentInfo.StudentID, StudentName,Sex,studentBirthday,
            CourseName,ScoreAll
    FROM VbStudentInfo,tbCourse,tbScore
    WHERE VbStudentInfo.StudentID=tbScore.StudentID
    AND tbCourse.CourseID=tbScore.CourseID
```

2）执行代码后刷新左边目录树的视图节点，可以看到新的视图VbCourseInfo已经创建成功。

6-4　创建加密视图

4. 创建加密视图VbStudentBirthday

1）输入代码，使用SUBSTRING()函数截取字符串。

```
CREATE VIEW VbStudentBirthday
WITH ENCRYPTION
AS
SELECT StudentID ,StudentName,Sex,
SUBSTRING(IDNumber,7,4) as year,
SUBSTRING(IDNumber,11,2) as month ,
SUBSTRING(IDNumber,13,2)  as day  ,IDNumber
FROM tbStudent
GO
```

2）执行代码后刷新左边目录树的视图节点，可以看到新的视图vbStudentBirthday已经创建成功，同时可以看到视图旁边有一把小锁的图标，这表明是加密视图。

5. 生成视图VbStudentInfo的CREATE VIEW脚本

6-5　生成视图脚本

1）对dbStudentScore数据库的视图VbStudentInfo单击鼠标右键，在弹出的快捷菜单中选择“编写视图脚本为”→“CREATE到”→“新查询编辑器窗口”命令，如图6-4所示。

图6-4　生成视图脚本的菜单

2）它会自动打开查询编辑窗口，并生成一系列代码。把一些暂时无关的代码删除，整理代码，效果如图6-5所示。

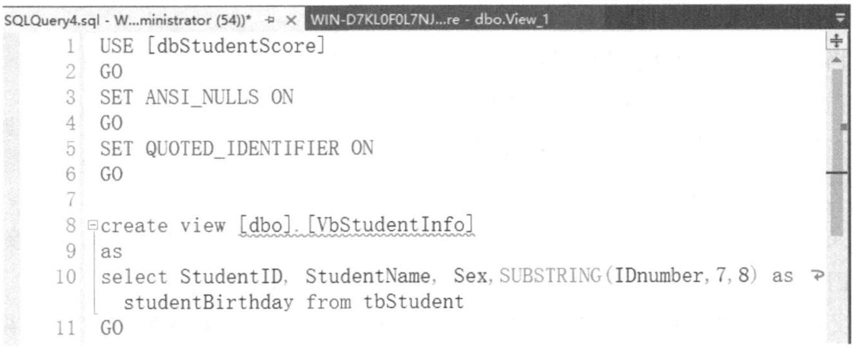

图6-5　生成脚本的结果界面

◆ 触类旁通

1. MySQL的视图有三种类型

MySQL的视图的三种类型是MERGE、TEMPTABLE和UNDEFINED。如果没有ALGORITHM子句，默认算法是UNDEFINED（未定义的）。算法会影响MySQL处理视图的方式。

1）MERGE：会将引用视图的语句的文本与视图定义合并起来，使得视图定义的某一部分取代语句的对应部分。

2）TEMPTABLE：视图的结果将被置于临时表中，然后使用它执行语句。

3）UNDEFINED：MySQL将选择所要使用的算法。如果可能，它倾向于MERGE而不是TEMPTABLE，这是因为MERGE通常更有效，而且如果使用了临时表，视图是不可更新的。

2. MySQL数据库创建视图的语法

在MySQL数据库中创建视图的标准语法如下。

```
CREATE [OR REPLACE] [ALGORITHM = {UNDEFINED | MERGE | TEMPTABLE}]
    VIEW view_name [(column_list)]
    AS select_statement
    [WITH [CASCADED | LOCAL] CHECK OPTION]
```

使用WITH[CASCADED|LOCAL] CHECK OPTION语句的情况有以下要求和约定：

1）LOCAL参数表示更新视图时只要满足该视图本身定义的条件即可。

2）CASCADED参数表示更新视图时需要满足所有相关视图和表的条件。没有指明时，该参数为默认值。

3）对于UPDATE，有WITH CHECK OPTION，要保证UPDATE后，数据要被视图查询出来。

4）对于DELETE，有无WITH CHECK OPTION都一样。

5）对于INSERT，有WITH CHECK OPTION，要保证INSERT后，数据要被视图查询出来。

6）对于没有WHERE子句的视图，使用WITH CHECK OPTION是多余的。

3. 对于创建视图中的SELECT语句的限制

用户除了拥有CREATE VIEW权限外，还具有操作中涉及的基础表和其他视图的相关权限。

SELECT语句不能引用系统或用户变量。

SELECT语句不能包含FROM子句中的子查询。

SELECT语句不能引用预处理语句参数。

视图定义中引用的表或视图必须存在。

视图定义中允许使用ORDER BY语句，但是若从特定视图进行选择，而该视图使用了自己的ORDER BY语句，则视图定义中的ORDER BY将被忽略。

视图定义中不能引用TEMPORARY表（临时表），不能创建TEMPORARY视图。

◆ 任务小结

视图是从一个或几个基本表（或视图）中导出的虚拟的表。在系统的数据字典中仅存放了视图的定义，不存放视图对应的数据。视图有很多优点，主要表现在：视点集中、简化操作、定制数据、合并分割数据和安全性等方面。但是使用视图有时也会损失一定的性能，因此需要综合评估业务需求，设计合适的视图。

创建视图可以使用SSMS的方式，以提高效率。通过SSMS图形界面创建完视图，再通过生成脚本的方法可以快速书写复杂的视图语句。CREATE VIEW创建视图的语法重点是书写SELECT查询语句，同时需要注意加密视图等关键词的书写。

任务2　修改和删除视图

在数据库dbStudentScore中完成以下两个操作：

1）对视图VbStudentScore进行修改，增加学生的总评成绩，并计算学生的平时成绩、期中成绩和期末成绩的平均分。

2）删除视图VbCourseInfo。

◆ 任务分析

经分析，技术要点如下。

1）可以直接使用DROP VIEW命令删除视图；可以使用ALTER VIEW命令修改视图，也可以使用自动生成的ALTER视图脚本来辅助修改视图。

2）计算平均分可把平时成绩、期中成绩和期末成绩三个成绩加起来，再除以3实现。

◆ 知识准备

视图创建后，也可以进行修改和删除。因为视图是从一个或几个基本表（或视图）中导出的虚拟的表，在系统的数据字典中仅存放了视图的定义，不存放视图对应的数据，所以修改视图或者删除视图，基本表中的数据并不会被修改或者删除。

加密视图不支持使用SSMS进行修改，但是可以删除它。如果需要修改加密视图，则可以先删除旧的加密视图，再重新创建新的加密视图来实现。

1. 修改视图的语法

它的参数与创建视图的一样，请查看前面的内容。

```
ALTER VIEW <视图名称> [ ( column [ ,…n ] ) ]
    [ WITH ENCRYPTION ]
AS
    select_statement查询语句
[ WITH CHECK OPTION ]
```

2. 删除视图的语法

```
DROP VIEW   <视图名称>
GO
```

◆ 任务实施

6-6 修改和删除视图

1）删除视图，输入以下代码。

```
DROP VIEW VbCourseInfo
```

2）修改视图，输入以下代码，即重写SELECT查询语句。

```
ALTER VIEW [dbo].[VbStudentScore]
AS
SELECT tbStudent .StudentID,StudentName,tbScore.CourseID,CourseName,Score1, Score2,Score3 ,
(Score1 +Score2 +Score3 )/3 AS ScoreAvg, --平均分
ScoreAll --总评成绩
FROM tbStudent ,tbScore,tbCourse
WHERE tbStudent.StudentID=tbScore.StudentID and tbScore.CourseID=tbCourse.CourseID
```

3）使用Alter脚本修改视图。在视图VbStudentScore上单击鼠标右键，在弹出的快捷菜单中选择“编写视图脚本为”→“ALTER到”→“新查询编辑窗口”命令，结合原视图的SQL代码，再增加新要求的两个字段。使用此方法可以减少书写代码的工作量，如图6-6和图6-7所示。

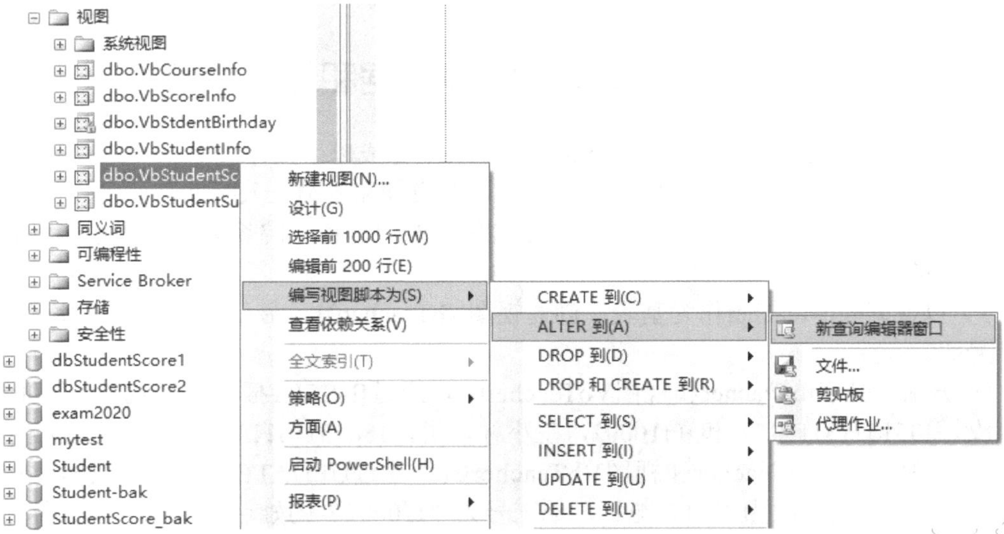

图6-6 使用ALTER脚本修改视图

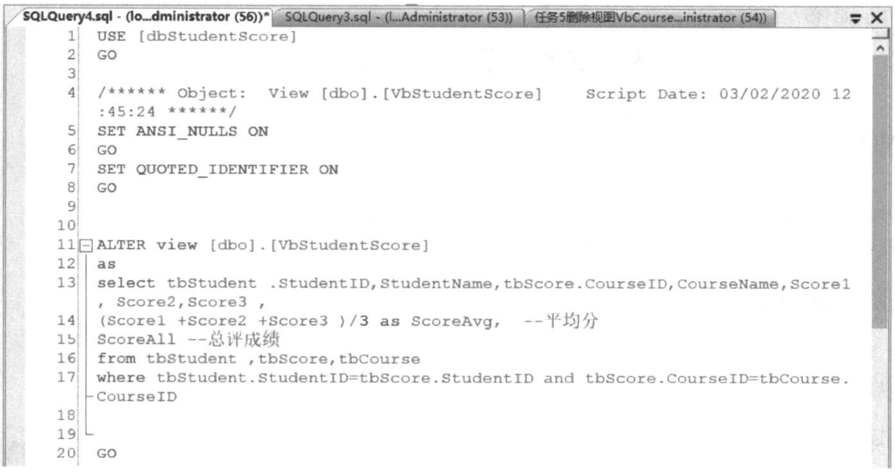

```
USE [dbStudentScore]
GO

/****** Object:  View [dbo].[VbStudentScore]    Script Date: 03/02/2020 12
:45:24 ******/
SET ANSI_NULLS ON
GO
SET QUOTED_IDENTIFIER ON
GO


ALTER view [dbo].[VbStudentScore]
as
select tbStudent .StudentID,StudentName,tbScore.CourseID,CourseName,Score1
, Score2,Score3 ,
(Score1 +Score2 +Score3 )/3 as ScoreAvg,  --平均分
ScoreAll --总评成绩
from tbStudent ,tbScore,tbCourse
where tbStudent.StudentID=tbScore.StudentID and tbScore.CourseID=tbCourse.
CourseID


GO
```

图6-7　在自动生成的ALTER视图脚本中添加字段

◆ 触类旁通

MySQL数据库修改视图的语法与SQL Server的一样，语法格式如下。

```
ALTER [ALGORITHM = {UNDEFINED | MERGE | TEMPTABLE}]
    VIEW view_name [(column_list)]
    AS select_statement
    [WITH [CASCADED | LOCAL] CHECK OPTION]
```

修改视图的定义，除了可以通过ALTER VIEW外，也可以使用DROP VIEW语句先删除视图，再使用CREATE VIEW语句来实现。

◆ 任务小结

本任务要求在理解ALTER VIEW和DROP VIEW语法的基础上对视图进行修改和删除。加密视图不支持直接修改。如果要修改加密视图，需要先删除它再次重写来实现。

任务3　通过视图查询数据和修改数据

本任务要求在学生成绩数据库dbStudentScore中完成以下操作。

1）查询学生的成绩表的数据，显示学号、总成绩和成绩录入时间。

2）查询学号、学生姓名、性别、班级名称、专业名称、院系名称、班主任姓名和班主任电话信息。

3）以数据表tbTeacher作为基表，创建视图VbTeacher01，显示教师工号、姓名、性别和电话号码。

① 分别对基表tbTeacher和视图VbTeacher01，通过INSERT插入2条数据（t10001，刘小花，女，1351311311345）和（t10002，王小林，男，1801311311345），分析它们的差别。

② 分别对基表tbTeacher和视图VbTeacher01，通过UPDATE更新一条数据，把工号为“t10001”的姓名修改为“刘大花”，把工号为“t10002”的姓名修改为“王大林”，分析它们的差别。

③ 分别对基表tbTeacher和视图VbTeacher01，通过DELETE删除工号为t10001和工号为t10002的数据，分析它们的差别。

◆ 任务分析

（1）单表数据的查询可以通过两种方法实现

方法一：显示的数据字段都在成绩表（tbScore）中可以查询出来，属于单表查询。

方法二：视图VbStudentSumScore已经有学号、总成绩和成绩录入时间信息，可以直接查询。

（2）多表数据的查询可以通过两种方法实现

方法一：显示的数据字段在多个表中可以查询出来，属于多表查询。表tbStudent有学生姓名和性别，表tbClass有班级名称，表tbDepartment有系部名称，表tbMajor有专业名称，表tbTeacher有班主任姓名和班主任电话。

方法二：视图VbStudentMoreInfo有学号、学生姓名、性别、班级名称、专业名称、院系名称、班主任姓名和班主任电话等信息，可以直接查询；通过查询视图的方式会更简便。

（3）单表数据的更新和视图数据的更新

1）分析视图VbTeacher01的依赖关系。在视图VbTeacher01上单击鼠标右键，在弹出的快捷菜单中选择“查看依赖关系”命令，可以看到视图VbTeacher01仅依赖于表tbTeacher，如图6-8所示。

图6-8　视图VbTeacher01的依赖对象

当视图是基于多个基表的情况下，它的依赖关系会不止一个表。也可以通过系统存储过程“sp_depends<对象名>”查询依赖的对象。

```
exec sp_depends  VbStudentInfo
```

2）分析基表tbTeacher的表结构，如图6-9所示。TeacherID、TeacherName和Sex不允许为NULL值，其他字段允许为NULL值。在插入数据或者修改数据时，需要注意NULL值和其他约束的限制，以保证数据的有效性。

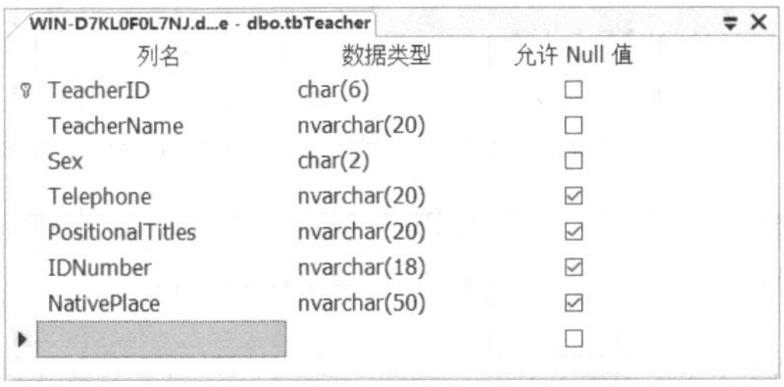

WIN-D7KL0F0L7NJ.d...e - dbo.tbTeacher

列名	数据类型	允许 Null 值
TeacherID	char(6)	☐
TeacherName	nvarchar(20)	☐
Sex	char(2)	☐
Telephone	nvarchar(20)	☑
PositionalTitles	nvarchar(20)	☑
IDNumber	nvarchar(18)	☑
NativePlace	nvarchar(50)	☑
		☐

图6-9　基表tbTeacher的表结构

3）参考INSERT、UPDATE、DELETE的语法和WHERE条件，可以完成相应数据的插入、修改和删除操作。

6-7 单表查询

◆ 任务实施

1. 单表数据的查询

1）方法一：通过基表成绩表（tbScore）查询。输入以下代码并执行。

```
SELECT StudentID ,ScoreAll ,LogTime  FROM tbScore
```

2）方法二：通过视图VbStudentSumScore直接查询。输入以下代码，执行结果如图6-10所示。从以上操作可以发现：对于单表的数据查询，可以使用基表或者视图进行查询，它们的结果一样，代码量没有太大差异。

```
--通过视图VbStudentSumScore直接查询
SELECT * FROM VbStudentSumScore
--或者把每一个字段写出来
SELECT StudentID ,ScoreAll ,LogTime
FROM VbStudentSumScore
```

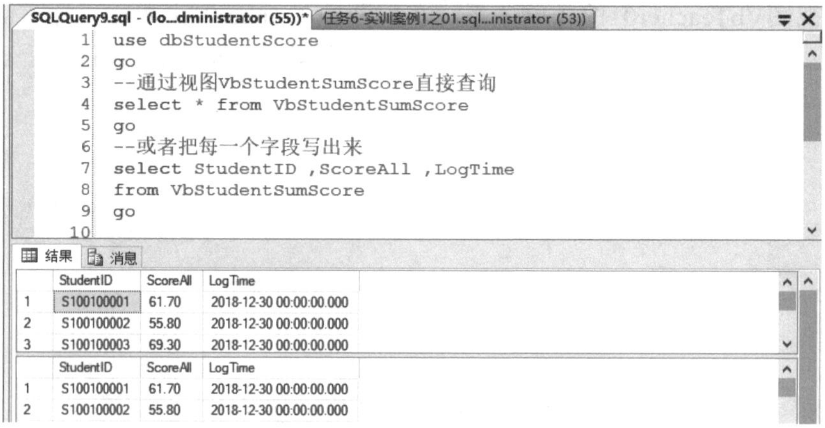

图6-10　通过视图VbStudentSumScore直接查询

2. 多表数据的查询

1）方法一：通过基表进行多表查询。输入以下代码并执行。

6-8 多表查询

```
SELECT   StudentName, tbStudent.Sex, ClassName, MajorName, DeoartmentName,
TeacherName, Telephone
FROM   tbClass
  INNER JOIN  tbMajor ON tbClass.MajorID = tbMajor.MajorID
  INNER JOIN tbDepartment ON tbMajor.DepartmentID = tbDepartment.DepartmentID
  INNER JOIN  tbStudent ON tbClass.ClassID = tbStudent.ClassID
  INNER JOIN  tbTeacher ON tbClass.HeadMasterTeacherID = tbTeacher.TeacherID
```

2）方法二：通过视图直接查询。输入以下代码并执行，如图6-11所示。与方法一对比后发现，使用视图查询的代码量大大减少了。推荐用户对一些复杂的和需要重复使用的查询语句首先创建视图，再通过视图进行查询。

```
--直接使用*代表所有字段
```

```
SELECT * FROM VbStudentMoreInfo
--或者把所有字段都列出来
SELECT ,StudentID StudentName ,Sex ,ClassName ,MajorName ,
DepartmentName ,TeacherName ,Telephone
  FROM VbStudentMoreInfo
```

图6-11 通过视图VbStudentInfo直接查询

3. 单表数据的更新和视图数据的更新

6-9 数据更新

1）创建视图。执行下面的代码。

```
CREATE VIEW VbTeacher01
AS
     SELECT  TeacherID, TeacherName, Sex, Telephone FROM   tbTeacher
```

2）插入数据。经对比，分别通过视图和通过基表进行INSERT插入数据操作可以成功操作完成。

```
--插入数据到基表tbTeacher
INSERT INTO tbTeacher (TeacherID ,TeacherName ,Sex ,Telephone) VALUES ('t10001','刘小花',
'女','1351311311345')
--插入数据到视图VbTeacher01
INSERT INTO VbTeacher01 (TeacherID ,TeacherName ,Sex ,Telephone) VALUES ('t10002','王小林',
'男','1801311311345')
```

3）修改数据。经对比，分别通过视图和通过基表进行UPDATE修改数据操作可以成功操作完成。

```
--UPDATE 基表tbTeacher
UPDATE tbTeacher SET TeacherName='刘大花' WHERE TeacherID='t10001'
-- UPDATE 视图VbTeacher01
UPDATE VbTeacher01 SET TeacherName='王大林' WHERE TeacherID='t10002'
```

4）删除数据。

```
-- DELETE 基表tbTeacher
DELETE FROM  tbTeacher   WHERE TeacherID='t10001'
-- DELETE 视图VbTeacher01
DELETE FROM  VbTeacher01  WHERE TeacherID='t10002'
```

◆ 知识补充

视图并不保存数据，系统只为视图存储视图的定义。修改视图中的数据实际上是修改基表的数据。执行修改视图数据语句时系统已经自动根据视图的定义将语句转换为对基表数据的修改，此转换过程为“视图消解”。

定义视图后对视图的查询没有什么限制，可以像对待表一样进行操作。但是，对视图中的元组进行更新操作（INSERT、UPDATE和DELETE）将受到限制。概括起来，关于可更新视图有以下3条规则：

1）若视图是基于多个表使用联接操作而导出的，那么对这个视图执行更新操作时，每次只能影响其中的一个表。任何修改（包括UPDATE、INSERT和DELETE语句）都只能引用一个基表的列。

2）若视图导出时包含分组和聚合操作，则不允许对这个视图执行更新操作。视图中被修改的列必须直接引用表列中的基础数据。不能通过任何其他方式对这些列进行派生，例如，通过以下两种方式则不被允许：

聚合函数：AVG、COUNT、SUM、MIN、MAX、GROUPING、STDEV、STDEVP、VAR和VARP。

计算：不能从使用其他列的表达式中计算该列。使用集合运算符UNION、UNION ALL、CROSS JOIN、EXCEPT和INTERSECT形成的列将计入计算结果，且不可更新。

3）若视图是从一个表经选择、投影而导出的，并在视图中包含了表的主键或某个候选键，则这类视图称为“行列子集视图”，可执行更新操作。

◆ 触类旁通

MySQL数据库中对于可更新视图的要求与SQL Server要更新视图的要求类似。MySQL数据库中可更新视图是指通过视图来更新、插入和删除基本表中的数据。视图是一个虚拟表，即对视图的更新，实质上是更新基表。但是视图的构造是由多个表连接查询以及结合聚合函数分组和过滤等进行定义时，则不支持更新数据。

MySQL数据库对于可更新的视图在视图中的行和基表中的行之间必须具有一对一的关系。如果视图包含下述结构中的任何一种，那么它就是不可更新的：聚合函数（如SUM（）、MIN（）、MAX（）、COUNT（）等），DISTINCT，GROUP BY，HAVING，UNION或UNION ALL，位于选择列表中的子查询，JOIN，FROM子句中的不可更新视图，WHERE子句中的子查询，引用FROM子句中的表。ALGORITHM = TEMPTABLE，使用临时表总会使视图成为不可更新的。

以下是一个通过视图更新基表的例子：

```
mysql>#基于 student表创建一个名为 studentInfo的视图，它指的是 student表中的三列： studentCode、phone 和 city
mysql>CREATE VIEW studentInfo  AS  SELECT  studentCode, phone, city  FROM  student;

mysql>#接下来，使用以下语句从 studentInfo视图中查询数据
mysql>SELECT  * FROM   studentInfo;

mysql>#使用以下UPDATE语句通过 studentInfo视图更改 studentCode的值为：4的电话号码：
```

```
mysql>UPDATE studentInfo SET phone = '+86 089866668888' WHERE studentCode = 4;

mysql>#最后，验证更改结果，通过执行以下查询来查询 studentInfo视图中的数据，发现电话号码 已经修改。
mysql>SELECT * FROM studentInfo WHERE studentCode = 4;
```

◆ 任务小结

本任务是要求数据库管理员了解可更新视图的条件和意义，并掌握通过视图进行数据的查询和更新的能力，主要是通过视图对数据进行SELECT、INSERT、UPDATE和DELETE的操作。并不是每个视图都可以进行更新操作，在对视图进行更新操作时，要遵循可更新视图的三条规则来处理。

项目小结

本项目主要认识了视图的定义、作用、类型、优点和缺点以及可更新视图的条件。要求掌握视图创建、修改和删除的方法，掌握自动生成创建视图脚本的方法。创建和管理视图的思维导图，如图6-12所示。

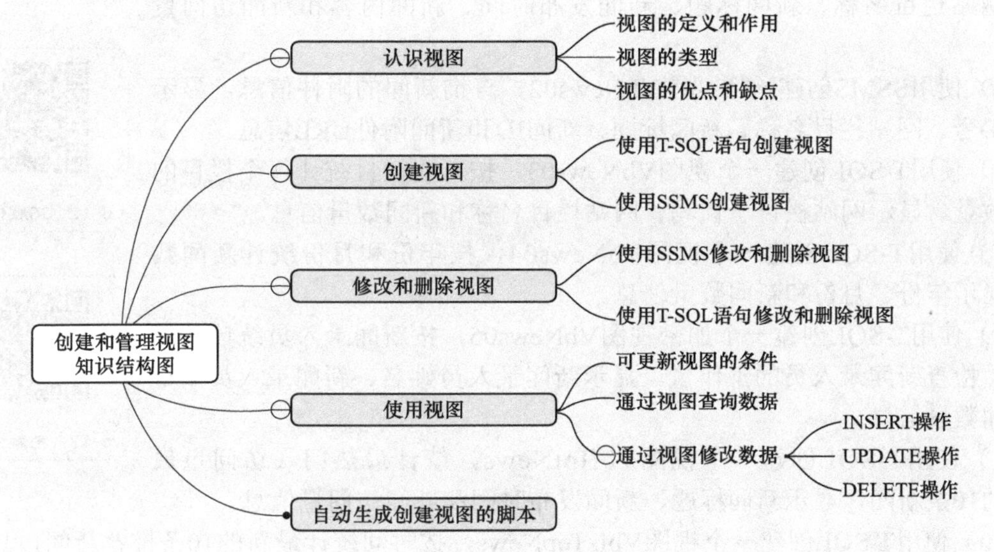

图6-12　创建和管理视图的思维导图

视图是从一个或几个基本表（或视图）中导出的虚拟的表。在系统的数据字典中仅存放了视图的定义，不存放视图对应的数据。

视图看上去非常像数据库的物理表，对它的操作同任何其他表一样。当通过视图修改数据时，实际上是在改变基表中的数据；相反地，基表数据的改变也会自动反映在由基表产生的视图中。由于逻辑上的原因，有些视图可以修改对应的基表，而有些则不能（仅能查询）。

拓展任务

◆ 任务描述

在新闻系统数据库dbNews中的开发中，数据库工程师需要为网页程序员提供相应的查询语句或者视图，以帮助网页程序员完成新闻网站的开发。

◆ 思路提示

1. 在dbNews中创建视图

1）对基表tbUser（普通用户表），使用SSMS创建视图VbUser01，显示用户账号、用户姓名、用户密码和用户电话信息。

6-10 拓展任务 1

2）使用SSMS创建一个视图VbBBSUser01，显示表tbBBS（用户留言表）和表tbUser（普通用户表）的留言标题、留言内容、留言时间、用户账号和用户姓名信息。

3）使用SSMS创建一个视图VbBBSTotal01，统计用户账号、用户姓名和所发的留言帖子数量。

6-11 拓展任务 2

4）使用SSMS创建一个视图VbNews01，显示新闻ID、网站栏目子代码、网站栏目名称、新闻标题、新闻发布时间、新闻内容和新闻访问量信息。

5）使用SSMS创建一个视图VbNews02，查询新闻的附件信息，显示附件ID号、网站栏目名称、新闻标题、新闻ID和新闻附件URL信息。

6）使用T-SQL创建一个视图VbNews03，按新闻栏目统计每个栏目的新闻数量。显示网站栏目子代码、网站栏目名称和新闻数量信息。

6-12 拓展任务 3

7）使用T-SQL创建一个视图VbNews04，按年份和月份统计新闻数量。显示年份、月份和新闻数量信息。

8）使用T-SQL创建一个加密视图VbNews05，按新闻录入员统计新闻数量，检查新闻录入员的工作量。显示新闻录入员姓名、新闻录入员账号和新闻数量信息。

6-13 拓展任务 4

9）使用T-SQL创建一个视图VbHotNews，统计最热门（访问量最多）的10条新闻，显示新闻标题、新闻发布时间和新闻访问量信息。

10）使用T-SQL创建一个视图VbIsTopNews，按时间统计最新的10条推荐新闻，显示新闻标题、新闻发布时间和网站栏目名称信息。

2. 在dbNews中自动生成创建视图的脚本

1）通过“编写脚本为”菜单来生成视图VbNews01的CREATE脚本。

2）通过“生成和发布脚本向导”来生成视图VbNews01的CREATE脚本。

3）描述导出加密视图VbNews05的脚本的过程和步骤，说明导致相应结果的原因。

3. 在dbNews中修改和删除视图

1）使用SSMS修改视图VbUser01，显示用户账号、用户姓名、用户密码、用户电话和用户创建时间信息。

2）使用SSMS修改视图VbBBSUser01，显示表tbBBS（用户留言表）和表tbUser（普通用户表）的留言标题、留言内容、留言时间、用户账号和用户姓名信息，取出留言时间最新的10条数据，如果时间相同，则按留言ID降序排列。

3）使用SSMS修改视图VbBBSTotal01，统计用户账号、用户姓名和所发留言帖子数量，并按所发留言帖子数量从高到低排列。

4）使用SSMS修改视图VbNews01，显示新闻ID、网站栏目子代码、网站栏目名称、新闻标题、新闻发布时间、新闻内容、新闻访问量、新闻摘要、新闻出处和新闻编辑姓名信息，同时还要显示对应的新闻附件URL。

5）使用SSMS删除视图VbNews02。

6）使用T-SQL修改视图VbNews03，按新闻栏目统计每个栏目的新闻数量，只要求把数量最多的5条数据显示。要求显示网站栏目子代码、网站栏目名称和新闻数量信息。

7）使用T-SQL修改视图VbNews04，按年份和月份统计新闻数量。显示年份、月份和新闻数量信息，让它成为加密视图。

8）使用T-SQL实现加密视图VbNews05的修改，按新闻录入员统计新闻数量，检查新闻录入员的工作量。只显示新闻录入员姓名和新闻数量信息。

9）使用T-SQL修改视图VbHotNews，统计最热门（访问量最多）的10条新闻，显示新闻标题、新闻栏目名称、新闻发布时间和新闻访问量信息。

10）使用T-SQL删除视图VbIsTopNews。

4．在dbNews中通过视图查询和修改数据

1）在新闻系统数据库dbNews的视图VbUser01中，查询用户创建时间距离现在最远的20个用户，显示用户账号、用户姓名和用户创建时间，按时间降序排列。

2）在新闻系统数据库dbNews的视图VbBBSUser01中，查询全部信息，显示留言标题、留言内容、留言时间和用户姓名信息。

3）在新闻系统数据库dbNews的视图VbBBSUser01中，统计用户发帖子的最高数、最低数和平均数。

4）在新闻系统数据库dbNews的视图VbNews01中，显示一个网页新闻列表的内容，包含有显示新闻ID、网站栏目名称、新闻标题、新闻发布时间和新闻访问量。

5）在新闻系统数据库dbNews的视图VbUser01中，增加一个新用户的信息：账号为“user0001”，姓名为“王小红”，性别为“男”，密码为“987654”。

6）在新闻系统数据库dbNews的视图VbNews01中，把新闻标题“英军电子侦察机现身俄边境对俄实施抵近侦察”修改为“热点新闻：英军电子侦察机现身俄边境，对俄实施抵近侦察”，新闻发布时间修改为“2013-02-20”。

7）在新闻系统数据库dbNews的视图VbNews01中，把新闻ID为“99”的数据删除，并描述整个操作过程。

8）使用已有的视图，统计最热门（访问量最多）的10条新闻，显示新闻标题、新闻栏目名称、新闻发布时间和新闻访问量信息。

9）不使用已有的视图而使用基表，统计最热门（访问量最多）的10条新闻，显示新闻标题、新闻栏目名称、新闻发布时间和新闻访问量信息。

10）使用已有的视图，按年份和月份统计新闻数量。显示年份、月份和新闻数量信息。

练习题

一、选择题

1．哪些不是视图的优点（　　）。

A．通过视图一定可以提高查询的效率

B．可以定制数据

C．合并分割数据

D．可以提高安全性

2．视图不能单独存在，它必须依赖于（　　）。

A．视图　　B．数据库　　C．数据表　　D．查询

3．对视图的描述错误的是：（　　）。

A．是一张虚拟的表

B．在存储视图时存储的是视图的定义

C．在存储视图时存储的是视图中的数据

D．可以像查询表一样来查询视图

4．创建视图的命令是（　　）。

A．CREATE VIEW　　B．CREATE TABLE

C．INSERT VIEW　　D．ADD VIEW

5．创建加密视图的参数是（　　）。

A．WITH CHECK OPTION　　B．ENCRYPTION

C．SCHEMABINDING　　D．VIEW_METADATA

6．在创建视图的select_statement参数中，下面哪一个是错误的（　　）。

A．该语句可以使用多个表，但不能使用其他视图。

B．需要相应的权限才能在已创建视图的SELECT子句引用的对象中选择。

C．视图不仅是具体某个表的行和列的简单子集，也可以使用多个表或带任意复杂的SELECT子句的其他视图创建视图。

D．在索引视图定义中，SELECT语句必须是单个表的语句或带有可选聚合的多表JOIN。

7．视图定义中的SELECT子句不能包括下列内容（　　）。

A．ORDER BY子句　　B．INTO关键字

C．OPTION子句　　D．引用临时表或表变量

8．下面定义视图的SQL语句，哪一个是错误的？（　　）

A．CREATE view1 AS SELECT id,name,sex FROM users

B．CREATE view2 AS SELECT count(*) AS studentTotal,classname FROM student

C．CREATE view3 AS SELECT name,price FROM

D．CREATE view4 AS SELECT logdate,price,1.1*parice AS ‘涨价’ FROM shop

9．修改视图的SQL命令是（　　）。

A．UPDATE VIEW　　B．EDIT VIEW

C．ALTER TABLE　　D．ALTER VIEW

10．删除视图的SQL命令是（　　）。

A．DELETE VIEW　　B．EDIT VIEW

C．DROP TABLE　　D．ALTER VIEW

11．下面关于修改视图的SQL语句，哪个是正确的（　　）。

A．ALTER view01 AS SELECT * FROM users ORDER BY age DESC

B．ALTER view02 AS SELECT name, AVG(score) AS avgScore FROM studentScore

C．ALTER view03 AS SELECT TOP 10 id,name,password FROM admin ORDER BY id

D．ALTER view04 AS SELECT * FROM stuent,class WHERE student.classid=class.classid ORDER BY class.classid

二、判断题

1．视图可以是从一个或几个基本表（或视图）中导出的虚拟的表。（　）

2．视图可以是从一个或几个视图中导出的虚拟的表。（　）

3．在系统的数据字典中仅存放了视图的定义，不存放视图对应的数据。（　）

4．视图是原始数据库数据的一种变换，是查看表中数据的另外一种方式。（　）

5．当通过视图修改数据时，实际上是在改变基视图中的数据；相反地，视图数据的改变也会自动反映在由视图产生的基表中。（　）

6．使用视图不会造成性能的损失，反而会提高查询效率。（　）

7．通过修改视图的数据，会对基表的数据进行修改。（　）

8．视图所引用表的访问权限与视图权限的设置互相有影响。视图的安全性可以防止未授权用户查看特定的行或列。（　）

9．视图能够实现让不同的用户以不同的方式看到不同或相同的数据集。（　）

10．在定义视图时，若视图本身就是一个复杂查询的结果集，这样在每一次执行相同的查询时，不必重新写这些复杂的查询语句，只要一条简单的查询视图语句即可。（　）

11．因为通过视图可以插入、修改或删除数据，因此视图也是一个实体表，SQLServer将它保存在syscommens系统表中。（　）

12．视图是由一个或多个数据表（基表）或视图导出的虚拟表。（　）

13．视图中的列可以从算术表达式、函数或常量派生出来。（　）

14．视图中不可能存在两个或更多的列具有相同的名称。（　）

15．如果未指定column，则视图列将获得与SELECT语句中的列相同的名称。（　）

16．使用参数ENCRYPTION加密视图后，可以把视图的脚本导出来。（　）

17．在视图的定义语句中可以直接使用ORDER BY子句，它的排序结果会直接反映在视图的数据查询结果中。（　）

三、简答题

1．视图有哪些优点？

2．视图有哪些缺点？

3．视图的主要作用有哪些？

4．请说明创建视图的T-SQL语法中WITH CHECK OPTION的作用是什么？

四、综合题

（一）创建视图

以下题目在学生成绩数据库dbStudentScore中，使用T-SQL语句操作完成。

1．创建基于单表的视图。创建视图Vb201student，显示学生学号、学生姓名、班级代码、出生年、出生月、出生日和性别信息。

6-14 练习题 1

2．创建基于单表的视图。创建加密视图Vb202teacher，显示教师工号、姓名、性别、电话号码信息和年龄。

3．创建基于单表的视图。创建视图Vb203class，显示班级代码、班级名称、教室名称和班级人数信息。

4．创建基于多表的视图。创建视图Vb204class，显示班主任名称、班主任电话、职称、班级代码、班级名称、教室名称和班级人数信息。

6-15 练习题 2

5．创建基于多表的视图。创建加密视图Vb205Department，显示院系部门代码、院系部门名称、专业代码、专业名称、班级代码、班级名称、教室名称和班级人数信息。

6．创建基于多表的视图。创建视图Vb206MajorTotal，统计每个专业有多少学生，显示院系部门名称、专业名称和学生人数。

7．创建基于单表的视图。创建视图Vb207TeacherPositional，统计全校老师的职称情况，显示职称名称、性别和人数。

8．创建基于多表的视图。创建加密视图Vb208TeacherCourse，统计老师开课的情况，显示教师工号、教师姓名、学年、学期、课程名称和课时数。

9．创建基于视图的视图。创建视图Vb209StudentCourse，结合Vb201student，tbTeachingTasks和Vb208TeacherCourse，统计每个学生选修课程的情况，显示学号、学生姓名、学生性别、学年、学期、课程名称和教师姓名。

10．创建基于视图的视图。创建视图Vb210StudentScore，结合Vb201student、Vb205Department、tbCourse和tbScore，统计每个学生的成绩情况，显示学号、姓名、院系部门名称、专业名称、班级名称、课程名称、平时成绩、期中成绩、期末成绩和总评成绩。

6-16 练习题 3

（二）修改和删除视图

以下题目在学生成绩数据库dbStudentScore中，使用T-SQL语句操作完成。

1．修改视图Vb203class，显示班级代码、班级名称、教室名称、班主任姓名、班主任电话和班级人数信息。

2．视图Vb202teacher是已经创建好的加密视图，它来显示教师工号、姓名、性别、电话号码信息和年龄。现需要再补充职称信息，请把整个流程的代码写出来，保持加密视图的特性（提示：可以先删除，再重新创建）。

6-17 练习题 4

3．修改视图Vb204class，显示班主任名称、班主任电话、职称、班级代码、班级名称、教室名称、班级人数和专业名称信息。

4．修改视图Vb207TeacherPositional，统计全校老师的职称情况。由

6-18 练习题 5

原来要求显示“职称名称、性别和人数”改为显示“职称名称和人数”。

5．修改视图Vb210StudentScore。统计每个学生的成绩情况，显示学号、姓名、院系部门名称、专业名称、班级名称、课程名称和总评成绩，并按专业名称降序排序。

6．删除视图Vb206MajorTotal。

（三）通过视图查询和修改数据

以下题目在学生成绩数据库dbStudentScore中，使用T-SQL语句操作完成。

1．通过视图查询学生学号、学生姓名、出生年、出生月、出生日和性别信息，按学生姓名降序排列。

2．通过基表查询学生学号、学生姓名、出生年、出生月、出生日和性别信息，按学生姓名降序排列。

3．通过视图查询教师工号、姓名、性别、电话号码信息和年龄，并按年龄降序排列。

4．通过基表查询教师工号、姓名、性别、电话号码信息和年龄，并按年龄降序排列。

5．通过视图查询院系部门代码、院系部门名称、专业代码、专业名称、班级代码、班级名称、教室名称和班级人数信息。

6．通过基表查询院系部门代码、院系部门名称、专业代码、专业名称、班级代码、班级名称、教室名称和班级人数信息。

7．通过视图查询，统计专业学生人数最多的3个专业，显示专业名称和学生人数。

8．通过视图查询，统计每个学生选修课程的情况，显示学号、姓名和选课的门数。

9．通过视图查询，统计班级的成绩情况，显示院系部门名称、专业名称、班级名称、课程名称、最高分、最低分和平均分（Vb210StudentScore）。

10．通过视图查询，统计每个老师开课的总课时情况，显示教师名称和总课时数（课时数求和）（Vb208TeacherCourse）。

项目7 创建和管理存储过程

项目概述

如果操作包含大量的SQL语句代码，每次运行都需要预编译和优化，导致速度较慢，同时也会增加网络负载。这往往需要应用存储过程进行管理。在开发“学生成绩系统”软件时，需要数据库工程师创建学生班级信息查询存储过程，并对该存储过程进行管理。

项目分析

对存储过程的管理包含创建并执行存储过程、修改和删除存储过程的任务。在SQL Server 2019中创建、执行、修改和删除存储过程可以使用SSMS图形界面的方式，也可以使用T-SQL语句的方式完成。

在使用T-SQL语句的方式时，需要熟练应用CREATE PROCEDURE、EXEC、ALTER PROCEDURE和DROP PROCEDURE的语法。

知识与能力目标

1）了解存储过程的概念和作用。

2）理解CREATE PROCEDURE、EXEC、ALTER PROCEDURE和DROP PROCEDURE的语法。

3）掌握使用T-SQL语句创建并执行存储过程、修改和删除储存过程的方法。

4）掌握使用SSMS图形界面方式创建并执行存储过程、修改和删除储存过程的方法。

任务1 创建并执行存储过程

在“学生成绩系统”数据库中使用T-SQL创建一个存储过程。要求该存储过程实现功能为：输入学生名字返回学生所在的班级名字。要求如下：

1）该存储过程命名为“Proc_StuClass”。

2）要求有判断功能，如果输入的学生不存在，则输出“该学生不是本校学生”。

3）执行该存储过程，分别输入学生姓名为“王伟”和“常山”，并显示测试结果。

◆ 任务分析

本任务可以使用两种方法完成。

1）使用SSMS图形界面方式创建并执行存储过程。

2）使用T-SQL语句创建并执行存储过程。在使用CREATE PROCEDURE语法时需要对输入参数、输出参数进行声明。

◆ 知识准备

1. 存储过程的分类

存储过程是一组具有特定功能的T-SQL语句的集合，经编译后存储在数据库中，是封装重复性工作的一种方法，支持用户声明的变量、条件执行和其他强大的编程功能。在SQL Server 2019中有多种可用的存储过程，下面主要介绍系统存储过程、扩展存储过程和用户自定义存储过程。

1）系统存储过程。在安装SQL Server 2019时，系统创建了很多系统存储过程，存储在master和msdb数据库中，并以sp为前缀。系统存储过程主要是从系统表中获取信息，为系统管理员管理SQL Server 2019提供支持。通过系统存储过程，SQL Server 2019中的许多管理性或信息性的活动（如了解数据库对象、数据库信息）都可以顺利有效地完成。

2）扩展存储过程。扩展存储过程是以在SQL Server 2019环境外执行的动态链接库（Dynamic-Link Libraries, DLL）来实现。一般以xp_为前缀标识。

3）用户自定义存储过程。用户自定义存储过程是由用户编写，是指封装了可重用代码的模板或者例程。SQL Server 2019可以使用的两种自定义存储过程的类型分别为T-SQL和CLR。

2. 存储过程的优点

用户使用存储过程具有以下优点：

1）存储过程只在创建时进行编译，以后每次执行存储过程都不需再重新编译，而一般T-SQL 语句每执行一次就编译一次，所以使用存储过程可提高数据库执行速度。

2）存储过程可以被多次调用执行，可减少数据库开发人员的工作量。

3）安全性高，可设定只有某用户才具有对指定存储过程的使用权，从而能够实现对某些数据访问的限制，避免非授权用户对数据的访问，保证数据的安全。

4）减少网络通信量。调用一个行数不多的存储过程与直接调用SQL语句的网络通信量可能不会有很大的差别，可是如果存储过程包含上百行SQL语句，那么其性能绝对比一条一条地调用SQL语句要高得多。

3. 存储过程的缺点

存储过程除了优点外，还具有以下缺点：

1）可移植性差。由于存储过程将应用程序绑定到 SQL Server，因此使用存储过程封装业务逻辑将限制应用程序的可移植性。

2）代码可读性较差，影响维护。

3）不支持集群。

4）不支持面向对象的设计。无法采用面向对象的方式将逻辑业务进行封装，甚至形成通用的可支持服务的业务逻辑框架。

4. 创建存储过程的语法格式

存储过程只能在当前数据库中定义，CREATE PROCEDURE语句可以创建存储过程，基本语法如下。

```
CREATE PROCEDURE [schema_name.] procedure_name [ ;number]
{@parameter data_type}
[VARYING] [ = default ] [ OUTPUT ] [,…n]
[ WITH {ENCRYPTION | RECOMPILE | RECOMPILE, ENCRYPTION}]
[FOR REPLICATION]
AS sql_statement[…n]
```

说明：

1）procedure_name：用于指定存储过程的名称。

2）number：用于指定对同名的过程分组。

3）@parameter：用于指定存储过程中的参数。

4）data_type：用于指定参数的数据类型。

5）VARYING：指定作为输出参数支持的结果集，仅适用于游标参数。

6）default：用于指定参数的默认值。

7）OUTPUT：指定参数是输出参数。

8）RECOMPILE：指定数据库引擎不缓存该过程的计划，该过程在运行时编译。

9）ENCRYPTION：指定SQL Server 加密 syscomments表中包含CREATE PROCEDURE语句文本的条目。

10）FOR REPLICATION：指定不能在订阅服务器上执行为复制创建的存储过程。

11）<sql_statement>：要包含在过程中的一个或多个T-SQL语句。

5. 执行存储过程的语法格式

在SQL Server 2019中执行存储过程时需要使用EXECUTE语句，如果它是存储过程时批处理中的第一条语句，那么不使用EXECUTE关键字也可以执行该存储过程，语法格式如下。

```
[ { EXECU | EXECUTE } ]
  {
    [ @return_status = ]
    { module_name [ ;number ] | @module_name_var }
      [ [ @parameter = ] { value | @variable [ OUTPUT ] | [ DEFAULT ] } ]
      [ ,…n ]
     [ WITH RECOMPILE ]
  }
```

说明：

1）@return_status：可选的整型变量，存储模块的返回状态。

2）module_name：是要调用的存储过程的完全限定或者不完全限定的名称。

3）number：可选整数，用于对同名的过程分组。

4）@module_name_var：是局部定义的变量名，代表模块名称。

5）@parameter：存储过程中使用的参数，与在模块中定义的相同。参数名称前必须加上符号@。

6）value：传递给模块或传递命令的参数值。

7）@variable：是用来存储参数或返回参数的变量。

8）OUTPUT：指定模块或命令字符串返回一个参数。

9）DEFAULT：根据模块的定义提供参数的默认值。

10）WITH RECOMPILE：执行模块后，强制编译、使用和放弃新计划。建议尽量少使用该选项，因为它消耗较多的系统资源。

◆ 任务实施

7-1 使用 SSMS 创建并执行存储过程

1. 使用SSMS图形界面方式创建存储过程

1）打开SSMS窗口，展开“数据库”→“dbStudentScore”→“可编程性”→“存储过程”节点。在“存储过程”上单击鼠标右键，在弹出的快捷菜单中选择“新建存储过程”命令，如图7-1所示。

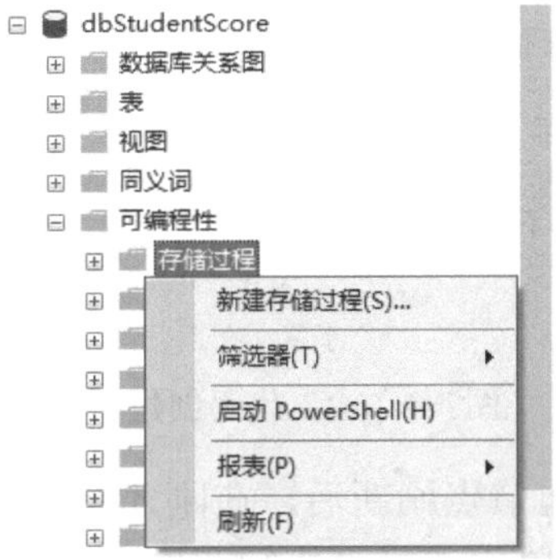

图7-1 “新建存储过程”命令

2）在“创建存储过程”的窗口中选择“查询”→“指定模板参数的值”命令，打开“指定模板参数的值”对话框，如图7-2所示。

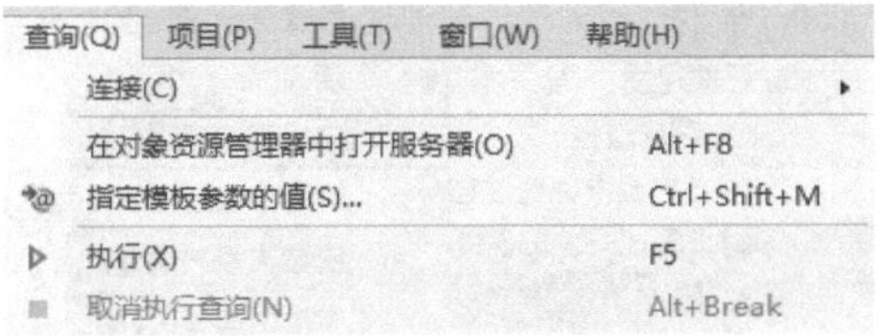

图7-2 “指定模板参数的值”命令

3）在“指定模板参数的值”对话框，将Procedure_Name参数对应的“值”修改为“Proc_StuClass1”，单击“确定”按钮，即可关闭此对话框，如图7-3所示。

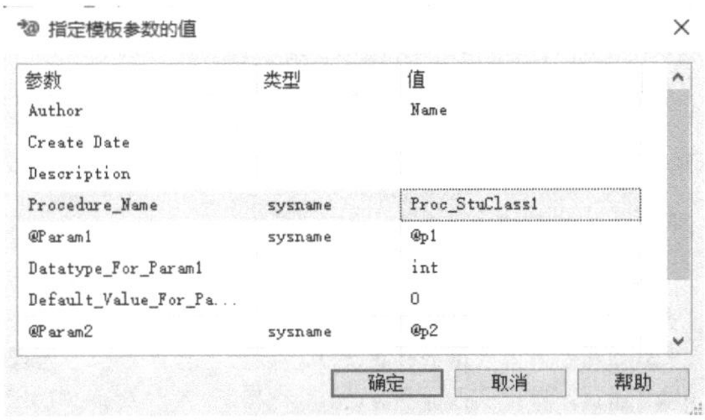

图7-3 “指定模板参数的值”对话框

4）在编辑窗口中输入对应的代码。把一些暂时无关的代码删除，整理代码，效果如图7-4所示，单击“执行”按钮完成创建。

```sql
CREATE PROCEDURE Proc_StuClass1
@StuName Nvarchar(20), --学生名字
@ClaName  Nvarchar(20) OUTPUT --班级名字
AS
    --根据输入的学生名字查询学生ID
    DECLARE @StuID char(10)
    SELECT @StuID=StudentID
    FROM tbStudent WHERE StudentName=@StuName
    --判断学生是否属于该学校，如查@StuID为空，则该生不属于学校学生，否则属于学校学生
    IF @StuID IS Null
        BEGIN
            Print '对不起，该学生不是本校学生'
        RETURN --后面代码不执行，退出存储过程
    END
    --查询该学生的班级名字
    SELECT @StuName=StudentName,@ClaName=ClassName
    FROM tbStudent inner join tbClass on tbStudent.ClassID=tbClass.ClassID
    WHERE StudentID=@StuID
GO
```

图7-4　输入代码创建存储过程

5）执行存储过程。在左边节点刷新后，在刚才新建立的存储过程“Proc_StuClass1”上单击鼠标右键，在弹出快捷菜单中选择“执行存储过程”命令，如图7-5所示。

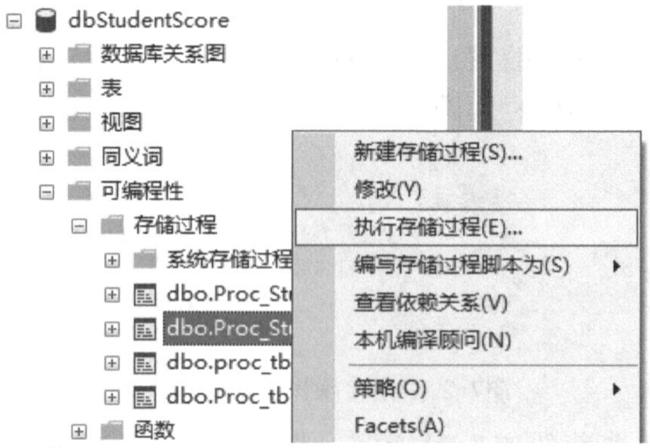

图7-5　选择“执行存储过程”命令

6）打开“执行存储过程”窗口，输入参数“值”为“王伟”，单击“确定”按钮，执行结果如图7-6所示。

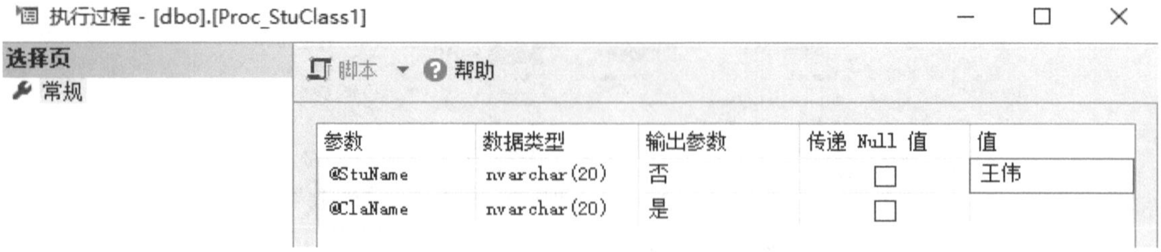

图7-6　输入参数“值”为“王伟”

7）“王伟”查询结果，如图7-7所示。

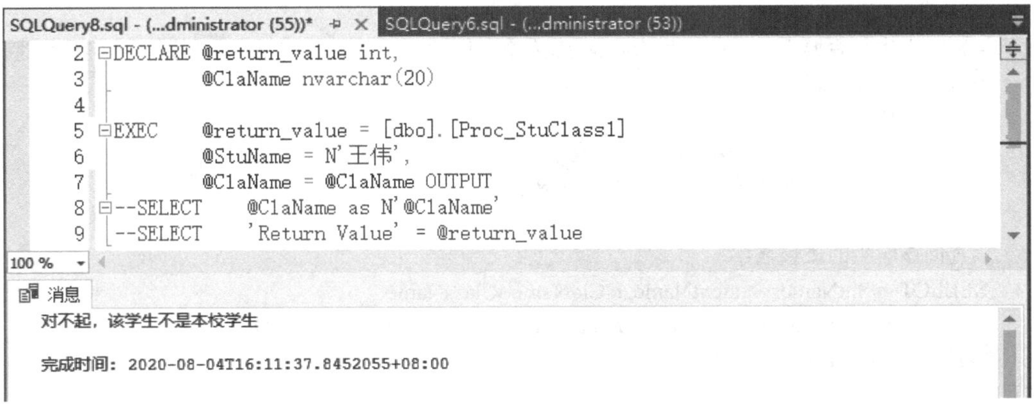

图7-7 学生“王伟”查询结果

7-2 使用 T-SQL 创建并执行存储过程

8）再次执行存储过程“Proc_StuClass1”，输入参数“值”为“常山”，单击“确定”按钮，“常山”查询结果，如图7-8所示。

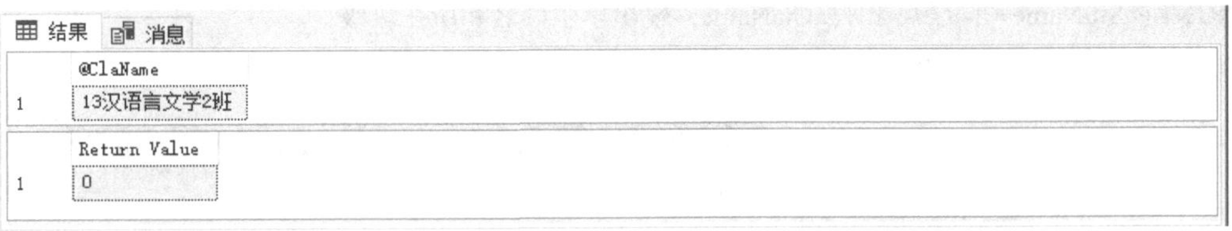

图7-8 学生“常山”查询结果

2. 使用T-SQL语句创建并查询存储过程

1）单击“新建查询”按钮就可以在下面的命令界面中输入代码，如图7-9所示。

图7-9 查询界面

2）输入以下代码。

```
USE dbStudentScore;
GO
CREATE PROCEDURE Proc_StuClass
@StuName Nvarchar(20),--学生名字
@ClaName  Nvarchar(20) OUTPUT --班级名字
AS
    --根据输入的学生名字查询学生ID
    DECLARE @StuID char(10)
    SELECT @StuID=StudentID
```

```
    FROM tbStudent WHERE StudentName=@StuName
    --判断学生是否属于该学校，如查@StuID为空，则该生不属于学校学生，否则属于学校学生
    IF @StuID IS Null
        BEGIN
            Print '对不起，该学生不是本校学生'
        RETURN --后面代码不执行，退出存储过程
    END
    --查询该学生的班级名字
    SELECT @StuName=StudentName,@ClaName=ClassName
    FROM tbStudent inner join tbClass on tbStudent.ClassID=tbClass.ClassID
    WHERE StudentID=@StuID
GO
```

3）单击执行代码。刷新左边的目录树后可以看到存储过程Proc_StuClass已经创建成功。

4）执行存储过程Proc_StuClass，以学生“王伟”为例，将“王伟”赋值给@StuName，并将返回结果保存在@ClaName中，SQL语句如下。

```
DECLARE  @StuName Nvarchar(20)='王伟',--声明变量，将学生姓名赋值给变量
@ClaName  Nvarchar(20)
EXEC Proc_StuClass @StuName ,@ClaName OUTPUT
PRINT @StuName +'同学属于'+@ClaName;--输出学生姓名和所在班级
```

5）单击“执行”按钮，结果如图7-10所示。

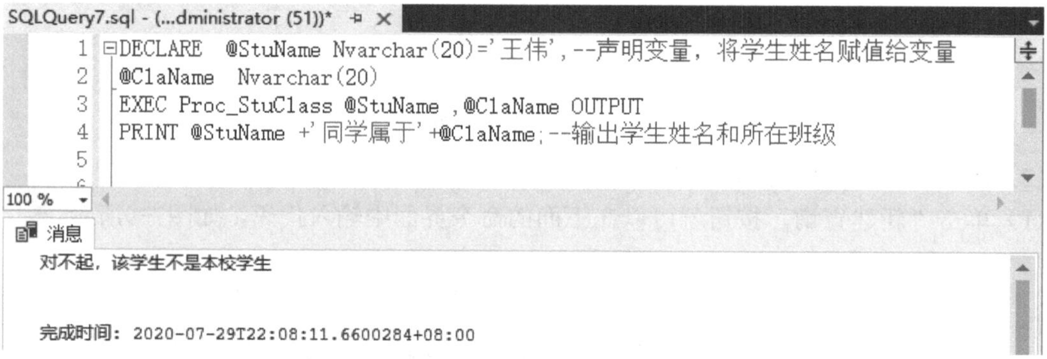

图7-10　学生“王伟”运行结果

6）同样，查询学生“常山”，结果如图7-11所示。

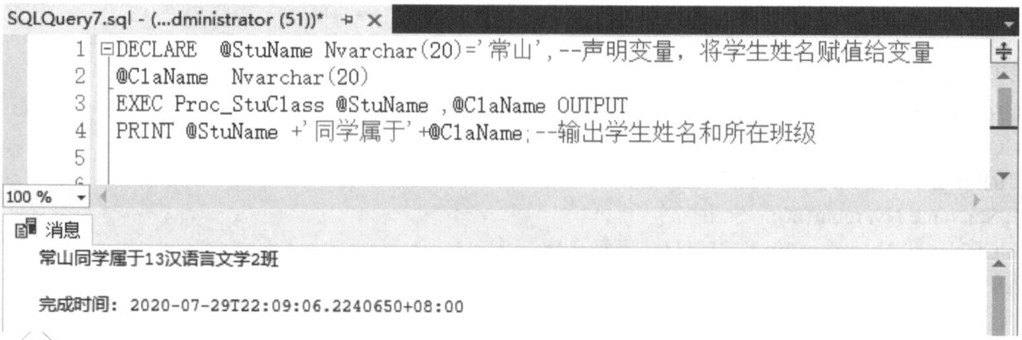

图7-11　学生“常山”运行结果

◆ 知识补充

1）创建不带参数的存储过程。

```
CREATE PROCEDURE Proc_tbTeacher --"Proc_tbTeacher"是存储过程的名称
AS
SELECT * FROM tbTeacher; --存储过程包含的语句
```

2）执行不带参数的存储过程Proc_tbTeacher。

```
EXEC Proc_tbTeacher; -- EXECUTE可以简写为EXEC
```

3）创建带输入参数的存储过程。

```
CREATE PROCEDURE Proc_tbTeacher02 @tSex char(2)
AS
SELECT * FROM tbTeacher
WHERE Sex=@tSex;
```

说明：该代码创建一个名为Proc_tbTeacher02的存储过程，根据输入的教师性别查询相应的教师信息。使用一个字符串类型的参数@tSex来执行存储过程。

4）执行带输入参数的存储过程Proc_tbTeacher02。

```
USE dbStudentScore ;
GO
EXEC Proc_tbTeacher02 '男';
```

说明：该存储过程查询出所有"男"教师的信息。执行带有参数的存储过程时需要指定参数，如果没有指定参数，系统会提示错误。

5）创建带输出参数的存储过程。

```
USE dbStudentScore;
GO
CREATE PROCEDURE Proc_tbTeacher03
@tSex char(2),
@teachercount INT OUTPUT
AS
SELECT @teachercount=COUNT (tbTeacher.Sex)
FROM tbTeacher WHERE Sex=@tSex;
GO
```

说明：存储过程中的默认参数类型是输入参数，如果要为存储过程指定输出参数，还要在参数类型后面加上OUTPUT关键字。创建存储过程Proc_tbTeacher03，@ tSex为输入参数，指定要查询的教师性别，@teachercount为输出参数，用来返回指定性别教师的个数。

6）执行带输出参数的存储过程Proc_tbTeacher03。

```
USE dbStudentScore ;
GO
DECLARE @teachercount INT;
DECLARE @tSex char(2)='男';
EXEC Proc_tbTeacher03 @tSex , @teachercount OUTPUT
SELECT '该学校一共有'+@tSex+ '教师' +LTRIM(STR(@teachercount))+'人';
GO
```

说明：执行带输出参数的存储过程，必须要有一个返回值，需要一个变量来接受这一返回值，该变量必须加上OUTPUT关键字来声明。单击“执行”按钮，返回指定性别的教师人数。

◆ 触类旁通

MySQL 5.1以上版本支持存储程序和函数。存储程序需要在MySQL数据库中有proc表。这个表在MySQL安装过程中创建。如果从早期的版本升级到MySQL 5.1以上版本，请确定更新授权表以确保proc表存在。

MySQL创建存储过程的语法如下。

```
CREATE PROCEDURE sp_name ([proc_parameter[,...]])
    [characteristic ...] routine_body
#以下是参数解析
proc_parameter:
    [ IN | OUT | INOUT ] param_name type

type:
    Any valid MySQL data type

characteristic:
    LANGUAGE SQL
  | [NOT] DETERMINISTIC
  | { CONTAINS SQL | NO SQL | READS SQL DATA | MODIFIES SQL DATA }
  | SQL SECURITY { DEFINER | INVOKER }
  | COMMENT 'string'

routine_body:
    Valid SQL procedure statement or statements
```

下面是一个使用OUT参数的简单的存储程序的例子。在程序被定义的时候，用MySQL客户端delimiter命令来把语句定界符从“;”变为“//”。这就允许用在程序体中的“;”定界符被传递到服务器而不是被MySQL自己来解释。

```
mysql> delimiter //  #将语句的结束符号从分号";"临时改为两个"/"

mysql> CREATE PROCEDURE simpleproc (OUT param1 INT)
    -> BEGIN
    ->   SELECT COUNT(*) INTO param1 FROM t;  #这里有一个分号
    -> END
    -> //
Query OK, 0 rows affected (0.00 sec)

mysql> delimiter ;  #将语句的结束符号恢复为分号

mysql> CALL simpleproc(@a);
Query OK, 0 rows affected (0.00 sec)
```

```
mysql> SELECT @a;
+------+
| @a  |
+------+
| 3   |
+------+
1 row in set (0.00 sec)
```

CALL语句调用一个先前用CREATE PROCEDURE创建的程序。CALL语句可以用声明为OUT或者INOUT的参数给它的调用者传回值。它也“返回”受影响的行数，客户端程序可以在SQL级别通过调用ROW_COUNT()函数获得这个数。

存储子程序可以使用BEGIN ... END复合语句来包含多个语句。

◆ 任务小结

存储过程是一组具有特定功能的T-SQL语句的集合，经编译后存储在数据库中，是封装重复性工作的一种方法，支持用户声明的变量、条件执行和其他强大的编程功能。它可分为系统存储过程、扩展存储过程和用户自定义存储过程三类。还分别介绍了存储过程的优点和缺点。本任务通过SSMS和T-SQL语句两种方式创建并执行存储过程，重点任务是通过T-SQL语句书写CREATE和EXECUTE PROCEDURE的脚本。

任务2　修改和删除存储过程

对dbStudentScore数据库中的存储过程Proc_StuClass进行修改，要求如下。

1）以学生“常山”为例，去掉存储过程的返回参数，存储过程直接输出在校学生的学号、姓名、性别、班级名称和教室名称。

2）删除储存过程Proc_StuClass。

◆ 任务分析

本任务主要有三项内容：修改存储过程的参数设置、修改具体功能和删除存储过程。

使用SSMS的方式修改和删除存储过程。也可以结合修改、删除存储过程的T-SQL语法，可以对每一个工作小任务书写一段单独的T-SQL语句。

◆ 知识准备

1．修改存储过程的语法格式

T-SQL语句中的ALTER PROCEDURE 可以实现对存储过程中的参数或者语句的修改，基本语法如下。

```
ALTER PROCEDURE [schema_name.] procedure_name [ ;number]
{@parameter data_type}
[VARYING] [ = default ] [ OUTPUT ] [,…n]
```

```
[ WITH {ENCRYPTION | RECOMPILE | RECOMPILE, ENCRYPTION}]
[FOR REPLICATION]
AS sql_statement[…n]
```

说明：除关键字ALTER外，其他参数同CREATE PROCEDURE中的参数作用相同。

2．删除存储过程的语法格式

T-SQL语句中使用DROP PROCEDURE 来实现删除存储过程，基本语法如下。

```
DROP PROCEDURE [schema_name.] procedure_name [ ;number]
```

说明：存储过程之间可以相互调用，如果删除被调用的存储过程，那么重新编译时调用者会出现错误，所以在进行删除操作时，最好要分清各个存储过程之间的关系。

◆ 任务实施

1．使用SSMS修改、删除存储过程

7-3 使用 SSMS 修改和删除存储过程

1）在SSMS中打开“对象资源管理器”窗口，展开dbStudentScore数据库→“可编程性”→“存储过程”节点，在存储过程“Proc_StuClass”上单击鼠标右键，在弹出的快捷菜单中选择“修改”命令，如图7-12所示。

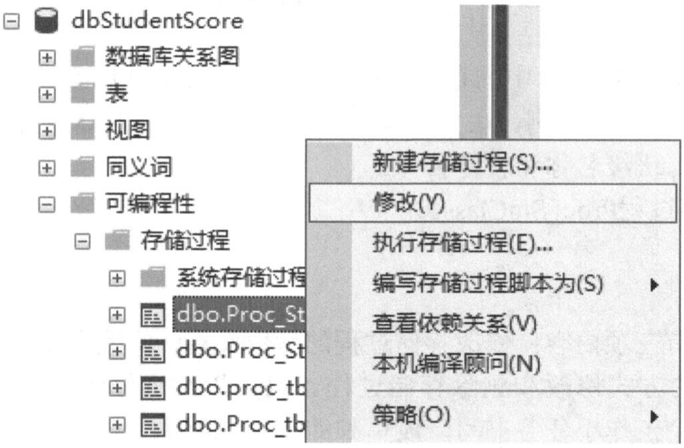

图7-12 选择“修改”命令

2）打开存储过程的修改窗口，修改相应的T-SQL语句并单击“执行”按钮，如图7-13所示。

3）在修改后的存储过程Proc_StuClass上单击鼠标右键，在弹出的快捷菜单中，选择“执行”命令，输入参数的“值”为“常山”，如图7-14所示。

4）执行结果如图7-15所示。

```
ALTER PROCEDURE Proc_StuClass

    @StuName Nvarchar(20)--学生名字
AS
BEGIN
    --根据输入的学生名字查询学生ID
    DECLARE @StuID char(10)
    SELECT @StuID=StudentID
    FROM tbStudent WHERE StudentName=@StuName
    --判断学生是否属于该学校，如查@StuID为空，则该生不属于学校学生，否则属于学校学生
    IF @StuID IS Null
        BEGIN
            Print '对不起，该学生不是本校学生'
        RETURN --后面代码不执行，退出存储过程
    END
    --输出学生各项信息
    SELECT StudentID AS 学号,StudentName AS 姓名, Sex AS 性别,ClassName AS 班级名称, ClassRoomName AS 
       教室名称
    FROM tbStudent inner join tbClass on tbStudent.ClassID=tbClass.ClassID
    WHERE StudentID=@StuID
END
```

图7-13　修改相应的T-SQL语句

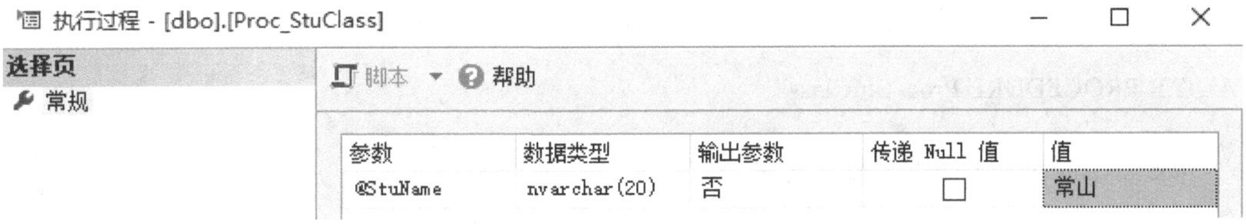

图7-14　输入参数的“值”为“常山”

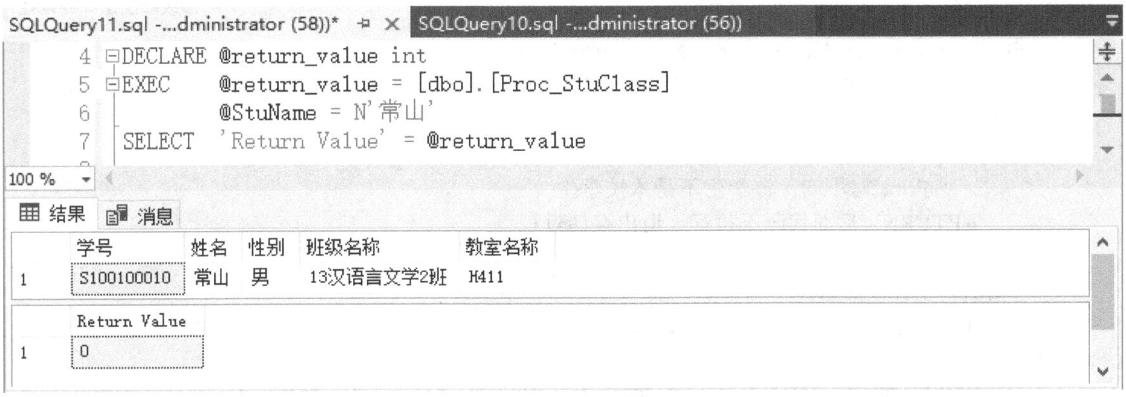

图7-15　执行结果

5）展开“dbStudentScore”数据库→“可编程性”→“存储过程”节点，在存储过程“Proc_StuClass”上单击鼠标右键，在弹出的快捷菜单中选择“删除”命令，单击“确定”即可，如图7-16所示。

图7-16　删除存储过程

2. 使用T-SQL语句修改、删除存储过程

1）打开“新建查询”窗口书写修改代码并单击“执行”按钮，代码如下。

7-4　使用 T-SQL 修改和删除存储过程

```
ALTER PROCEDURE Proc_StuClass

    @StuName Nvarchar(20)--学生名字
AS
BEGIN
    --根据输入的学生名字查询学生ID
    DECLARE @StuID char(10)
    SELECT @StuID=StudentID
    FROM tbStudent WHERE StudentName=@StuName
    --判断学生是否属于该学校，如果查@StuID为空，则该生不属于学校学生，否则属于学校学生
    IF @StuID IS Null
        BEGIN
            Print '对不起，该学生不是本校学生'
        RETURN --后面代码不执行，退出存储过程
    END
    --输出学生各项信息
    SELECT StudentID AS 学号,StudentName AS 姓名, Sex AS 性别,ClassName AS 班级名称, ClassRoomName
AS 教室名称
    FROM tbStudent inner join tbClass on tbStudent.ClassID=tbClass.ClassID
    WHERE StudentID=@StuID
END
```

2）打开“新建查询”窗口输入执行代码，如下。

```
EXEC Proc_StuClass '常山';
```

单击“执行”按钮，完成执行操作，结果如图7-17所示。

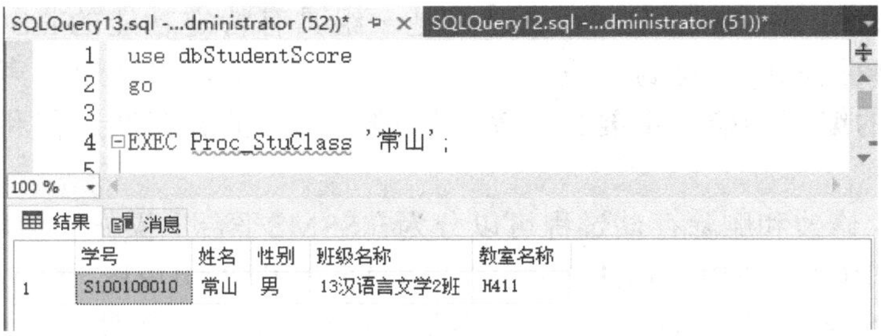

图7-17 执行结果

3）打开“新建查询”窗口输入删除存储过程Proc_StuClass的代码，单击“执行”按钮，代码如下。

```
DROP PROCEDURE Proc_StuClass
```

◆ 触类旁通

1. MySQL修改存储过程ALTER PROCEDURE的语法

```
ALTER {PROCEDURE } sp_name [characteristic ...]
 characteristic:
    { CONTAINS SQL | NO SQL | READS SQL DATA | MODIFIES SQL DATA }
  | SQL SECURITY { DEFINER | INVOKER }
  | COMMENT 'string'
```

2. MySQL删除存储过程DROP PROCEDURE的语法

```
DROP {PROCEDURE } [IF EXISTS] sp_name
```

◆ 任务小结

本任务主要是对存储过程进行修改和删除，它可以通过SSMS和T-SQL语句的方式进行操作。使用ALTER PROCEDURE实现修改存储过程，使用DROP PROCEDURE 实现删除存储过程。

项目小结

本项目主要是学习存储过程，掌握创建并执行、修改和删除存储过程的两种方法。创建和管理存储过程的思维导图，如图7-18所示。

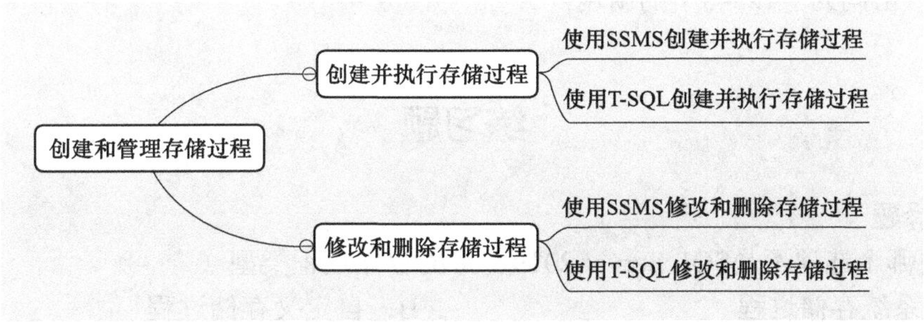

图7-18 创建和管理存储过程的思维导图

本项目详细介绍了存储过程。存储过程是一组具有特定功能的T-SQL语句的集合，经编译后存储在数据库中，是封装重复性工作的一种方法，支持用户声明的变量、条件执行和其他强大的编程功能，主要分为系统存储过程、扩展存储过程和用户自定义存储过程。

创建、执行、修改和删除存储过程可以分为在SSMS平台上操作和使用T-SQL语句进行操作两种方式。CREATE PROCEDURE、EXECUTE PROCEDURE、ALTER PROCEDURE和DROP PROCEDURE都有详细的语法，也有简洁的使用情况，需要重点掌握它们在不同情景中用到的代码。

拓展任务

◆ 任务描述

A传媒公司珠海分公司正在开发新闻管理系统。考虑到系统的性能和安全性决定使用存储过程来实现用户注册。

1）需要创建一个新的存储过程Proc_tbUser。

2）同一个用户名只能注册一次。

3）注册成功后，需留存用户ID。

◆ 思路提示

7-5 拓展任务 1　　7-6 拓展任务 2　　7-7 拓展任务 3

1）在数据库dbNews中检测存储过程Proc_tbInsertUser是否存在，若存在则删除该存储过程。

2）创建存储过程Proc_tbInsertUser实现同一个用户名只能注册一次且输出该注册用户ID的功能。

3）执行存储过程Proc_tbInsertUser，注册用户名为“wanggang”，姓名为“王刚”，性别为“男”，密码为“12345”的新用户。

练习题

一、选择题

1．下面哪个选项不是SQL Server 2019支持的存储过程类型（　　）。

A．系统存储过程　　B．自定义存储过程

C．扩展存储过程。　　D．应用存储过程

2．在SQL Server 2019中，系统存储过程的前缀是（　　）。

A．xp_　　B．sp_　　C．sx_　　D．px_

3．存储过程（　　）在SQL Server 启动时自动完成一些需要预先执行的任务。

A．不可以　　B．可以

4．存储过程在调用时，（　　）先编译。

A．不需要　　B．需要

5．下列关于存储过程说法错误的是（　　）。

A．存储过程创建后可以在程序中被多次调用执行。

B．存储过程能够减轻网络流量。

C．存储过程只有三种类型。

D．存储过程不支持面向对象的设计。

二、操作题

7-8 练习题 1　　7-9 练习题 2　　7-10 练习题 3　　7-11 练习题 4

1．在SSMS中使用向导在dbStudentScore数据库中创建一个不带参数的存储过程。要求该存储过程Proc_tbUser实现功能为：在tbTeacher表中查询出所有“男”教师信息，显示教师工号、姓名、性别 、电话号码、职称、身份证号和籍贯。

2．在dbStudentScore数据库中创建一个存储过程。要求该存储过程实现功能为：对输入账号先检测是否为教师账号，如果是返回此教师的全部教学任务数据，显示教学任务ID、课程代码、教师工号、学生学号、学年、学期和选课时间。

3．在dbStudentScore数据库中修改题目2中所创建的存储过程，要求该存储过程实现功能为：对输入账号先检测是否为教师账号，如果是则返回教师工号、姓名、性别和电话号码。

4．分别使用SSMS和T-SQL两种方式删除题目1中创建的存储过程Proc_tbUser。

项目8　创建和管理触发器

项目概述

为了确保数据库的安全，拒绝用户非法操作，强制实现复杂的数据完整性，需要应用触发器进行管理。在开发“学生成绩系统”软件时，需要数据库工程师创建触发器，实现对数据库表的保护和相关表的级联更改。

项目分析

对触发器的简单管理包含新建触发器，修改触发器，禁用、启用触发器和删除触发器的任务。在SQL Server 2019中创建、修改、禁用、启用和删除触发器可以使用SSMS图形界面的方式，也可以使用T-SQL语句的方式完成。

在使用T-SQL语句的方式时，需要熟练应用CREATE TRIGGER、ALTER TRIGGER、DISABLE/ENABLE TRIGGER和DROP TRIGGER的语法。

知识与能力目标

1）了解触发器的概念和使用。

2）理解CREATE TRIGGER、ALTER TRIGGER、DISABLE/ENABLE TRIGGER和DROP TRIGGER的语法。

3）掌握使用T-SQL语句新建触发器，修改触发器，禁用、启用触发器和删除触发器的方法。

4）掌握使用SSMS图形界面方式新建触发器，修改触发器，禁用、启用触发器和删除触发器的方法。

任务1　创建触发器

在“学生成绩系统”数据库dbStudentScore中创建触发器，要求如下：

1）拒绝用户对数据库中的表进行删除和修改操作。

2）每新添加一个学生，其对应的班级总人数自动更新。

◆　任务分析

本任务可以使用以下方法分别完成：

1）使用SSMS图形界面方式创建DDL触发器实现第1个要求。

2）使用T-SQL语句创建DML触发器实现第2个要求。在使用CREATE TRIGGER语法时需要注意触发器的类型。

◆ 知识准备

1. 触发器概述

触发器是一种特殊类型的存储过程，与表的关系密切，用于保护表中的数据。当有操作影响到触发器保护的数据时，触发器将自动触发。触发器是一个功能很强大的工具，它让数据库可以在有数据修改时自动强制执行其业务规则。触发器可以用来强制实施复杂的业务规则，以此来确保数据的完整性。

1）触发器的作用。触发器的作用主要是能够实现主键和外键所不能保证的复杂性的参照完整性和数据一致性。它能对数据库中相关表进行级联修改，强制比CHECK约束更复杂的数据完整性，并且自定义错误信息，维护非常规化数据以及比较数据修改前后的状态。它的主要作用有以下几点。

①强制数据库间的引用完整性。

②创建多行触发器。当操作多行数据时，必须编写一个处理多行数据触发器。

③执行级联更新或级联删除。

④级联修改数据库中的所有相关表。

⑤撤销或者回滚违反引用完整性的操作，防止非法修改数据。

2）触发器的分类。DML（Data Manipulation Language）是数据操纵语言。DDL（Data Definition Language）是数据库模式定义语言。在SQL Server 2019数据库中，触发器主要分为两类，即DML触发器和DDL触发器。

① DML触发器：DML触发器包括对表或视图DML操作激发的触发器。DML操作包括INSERT、UPDATE和DELETE语句。

如果按激活DML触发器的操作语句的不同来分类，可以分为INSERT触发器、UPDATE触发器和DELETE触发器。

如果按DML触发器的操作时机的不同来分类，可以分为AFTER触发器和INSTEAD OF触发器。AFTER触发器表示对表或视图操作完成后激发触发器，INSTEAD OF触发器表示当表或视图执行DML操作时，替代这些操作执行其他一些操作。

② DDL触发器：DDL触发器是当服务器或者数据库发生数据定义语言事件时被激活调用，使用DDL触发器可以防止对数据库架构进行某些更改或记录数据库架构中的更改或事件。DDL操作包括CREATE、ALTER或DROP等，该触发器一般用于管理和记录数据库对象的结构变化。

2. Deleted表和Inserted表

在触发器语句中用两个特殊的表：Deleted表和Inserted表。它们是通过触发器操作自动创建驻留在内存中的临时的虚拟表。当触发器执行完成后，与该触发器相关的这两个表也会被删除。

1）Deleted表用于存储 DELETE和UPDATE语句所影响的行的副本。在执行DELETE或UPDATE语句时，行从触发器表中删除，并传输到Deleted表中。Deleted表和触发器表通常没有相同的行。

2）Inserted 表用于存储INSERT和UPDATE 语句所影响的行的副本。在一个插入或更新事务处理中，新建行被同时添加到Inserted表和触发器表中。Inserted表中的行是触发器表中新行的副本。

2个临时表中数据的变化情况，见表8-1。

1）INSERT操作：Inserted表中保存插入的新数据，Deleted表没有数据。

2）UPDATE操作：Inserted表中保存修改后的新数据，Deleted表保存修改前的数据。

3）DELETE操作：Inserted表中无数据，Deleted表保存删除前的数据。

表8-1 Deleted表和Inserted表的数据变化情况

操作类型	临时表中数据的变化	
	Inserted表	Deleted表
INSERT	插入的记录	空
DELETE	空	删除的记录
UPDATE	修改后的记录	修改前的记录

3．DML触发器的创建语法

```
CREATE TRIGGER trigger_name
ON { table | view }
{
 {{FOR | AFTER | INSTEAD OF }
{ [ DELETE ] [ , ] [ INSERT ] [ , ] [ UPDATE ]}
AS
Sql_statement
}
}
```

说明：

1）trigger_name：用于指定创建触发器的名称，该名称在数据库中必须是唯一的。

2）Table | view：用于指定在其上执行触发器的表或视图。

3）AFTER：用于说明触发器在指定操作都成功执行后触发。

4）INSTEAD OF：指定用DML触发器中的操作代替触发语句的操作。

5）DELETE|INSERT|UPDATE：用于指定在表或者视图上执行哪些数据修改语句时将触发触发器的关键字。

6）Sql_statement：用于指定触发器所执行的T-SQL语句。

4．DDL触发器的创建语法

```
CREATE TRIGGER trigger_name
ON { ALL SERVER | DATABASE}
[ WITH ENCRYPTION ]
{ FOR | AFTER { event_type }}
AS sql_statement
```

说明：

1）ALL SERVER：用于表示DDL触发器的作用域是整个服务器。

2）DATABASE：用于表示DDL触发器的作用域是整个数据库。

3）Event_type：用于指定触发DDL触发器的事件。

◆ 任务实践

1. 使用SSMS图形界面方式创建触发器trg_denyDeletebase实现要求

1）启动SSMS并连接到SQL Server数据库，打开SSMS窗口，展开“数据库”→“dbStudentScore”→“可编程性”→“数据库触发器”节点。在“数据库触发器”上单击鼠标右键，在弹出的快捷菜单中选择“新建数据库触发器”命令，如图8-1所示。

8-1 使用SSMS创建触发器

2）在“创建触发器”的窗口中选择“查询”→“指定模板参数的值”命令，在弹出的“指定模板参数的值”对话框中，设置数据库名、触发器名和触发事件等参数，如图8-2所示。

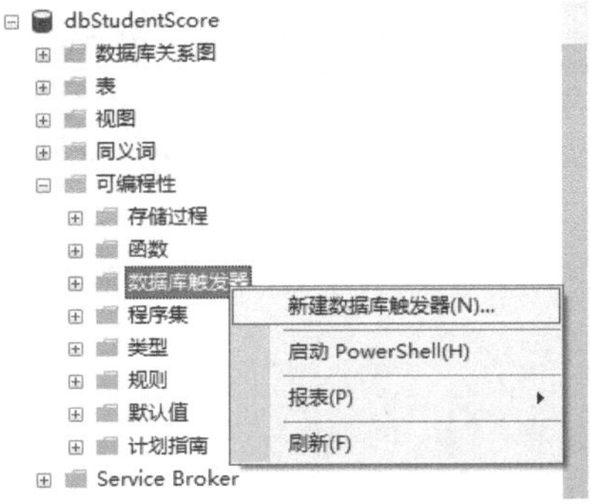

图8-1 “新建数据库触发器”命令

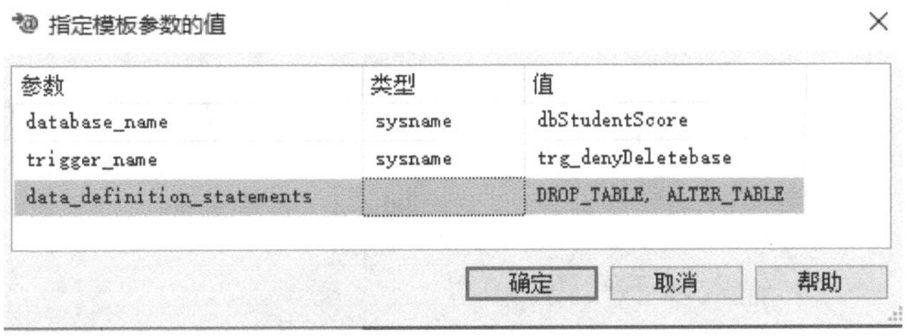

图8-2 设置参数值

3）在创建的触发器窗口中将对应的SQL语句修改为以下语句。

```
BEGIN
    PRINT'用户没有权限执行删除操作！'
ROLLBACK TRANSACTION--事务回滚
END
GO
```

4）单击“执行”按钮，刷新左侧目录树，可在相应位置找到新创建的触发器trg_denyDeletebase。

5）验证触发器。使用另一个低权限的用户重新登录SSWS，然后修改dbStudentScore数据库tbStudent表中IDNumber列的长度为19，代码如下。

```
USE dbStudentScore;
GO
ALTER TABLE tbStudent ALTER COLUMN IDNumber VARCHAR(19)
```

2．执行代码，结果如图8-3所示，可知触发器已经起作用

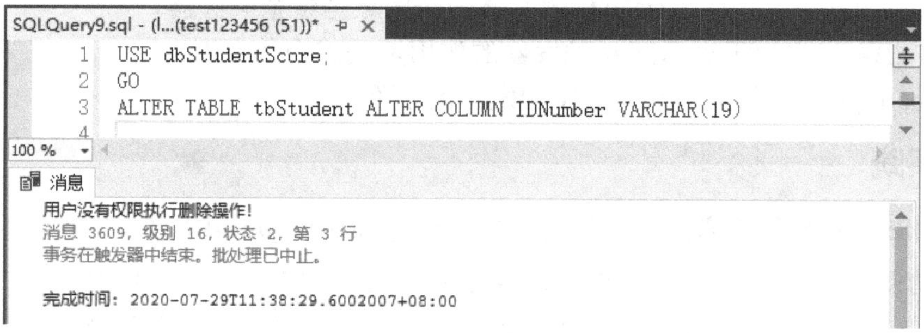

图8-3　激发触发器结果

3．使用T-SQL语句创建触发器tr_inserttbStudent实现要求

1）单击“新建查询”按钮，就可以在下面的命令界面中输入代码，如图8-4所示。

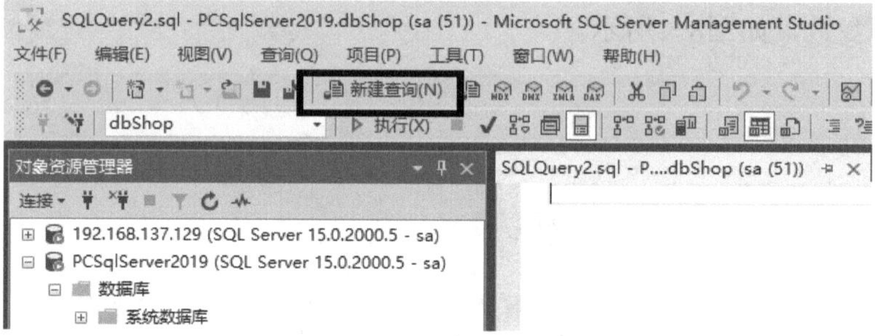

图8-4　查询界面

8-2　使用T-SQL创建触发器

2）输入以下代码。

```
CREATE TRIGGER trg_InserttbStudent  --触发器命名
ON tbStudent  --选择触发器表
AFTER INSERT  --激活触发器关键字
AS
BEGIN
--声明两个变量，一个用来统计学生人数，一个来获取班级代码
 DECLARE @stuNumber INT,@claID CHAR(6);
--使用SELECT语句从系统自动创建的INSERTED表中查询新添加学生的班级代码
 SELECT @claID=ClassID FROM INSERTED
--统计该班级的最新人数
 SELECT @stuNumber=COUNT(*) FROM tbStudent WHERE ClassID=@claID;
--更新tbClass表中对应班级的总人数
 UPDATE tbClass SET StudentTotals=@stuNumber WHERE ClassID=@claID
END
```

3）单击“执行”按钮，刷新左侧目录树，在tbStudent表下触发器节点下找到创建的触发器trg_InserttbStudent。

4）验证触发器。输入并执行以下代码，再查看结果，如图8-5所示。

```
SELECT StudentTotals 插入数据前的班级人数 FROM  tbClass WHERE classID='C00014'
GO
INSERT INTO tbStudent(StudentID ,StudentName,Sex,ClassID) VALUES ('S100101015','王柯','男','C00014')
GO
SELECT StudentTotals  插入数据后的班级人数 FROM  tbClass WHERE classID='C00014'
GO
```

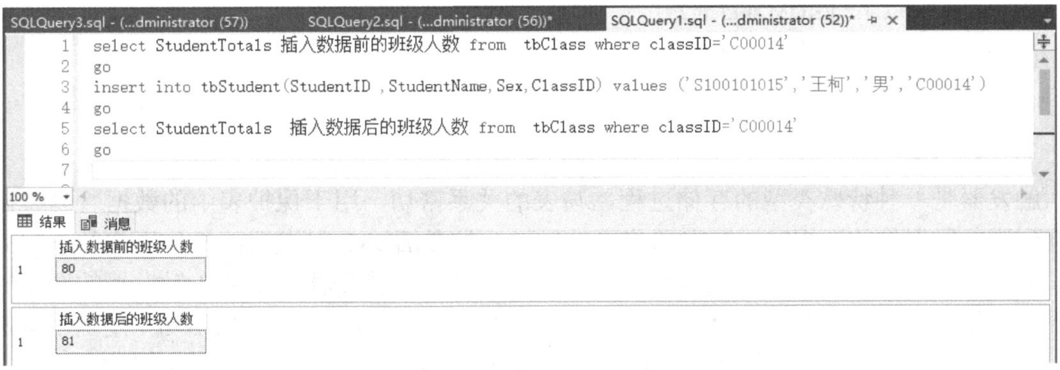

图8-5　验证触发器trg_InserttbStudent

从图8-5中可以看到，表tbClass中班级代码为“c00014”的学生人数插入数据前为80人，插入数据后为81人，触发器已经触发完成对tbClass表中对应班级总人数的修改。

◆ 触类旁通

在MySQL中创建触发器CREATE TRIGGER的语法如下。

```
CREATE TRIGGER trigger_name trigger_time trigger_event
  ON tbl_name FOR EACH ROW trigger_stmt
```

触发程序与命名为tbl_name的表相关。tbl_name必须引用永久性表。不能将触发程序与TEMPORARY表或视图关联起来。

trigger_time是触发程序的动作时间。它可以是BEFORE或AFTER，以指明触发程序是在激活它的语句之前或之后触发。

trigger_event可以是下述值之一：INSERT、UPDATE和DELETE。

下例是名为studentref的触发程序。

```
mysql> CREATE TABLE student1(a1 INT);
mysql> CREATE TABLE student2(a2 INT);
mysql> CREATE TABLE student3(a3 INT NOT NULL AUTO_INCREMENT PRIMARY KEY);
mysql> CREATE TABLE student4(
    > a4 INT NOT NULL AUTO_INCREMENT PRIMARY KEY,
    > b4 INT DEFAULT 0
    > );
mysql> DELIMITER |  #将语句的结束符号从分号;临时改为|
mysql> CREATE TRIGGER studentref BEFORE INSERT ON student1
    > FOR EACH ROW BEGIN
    > INSERT INTO student2 SET a2 = NEW.a1;
    > DELETE FROM student3 WHERE a3 = NEW.a1;
```

```
    > END
    > |
mysql> DELIMITER ; #将语句的结束符号恢复为分号
mysql> #那么4个表中的数据，可以使用以下查询语句进行查询，可以现数据已经有变化，触发器执行成功
mysql> SELECT * FROM student1;
mysql> SELECT * FROM student2;
mysql> SELECT * FROM student3;
mysql> SELECT * FROM student4;
```

◆ 任务小结

触发器是一种特殊类型的存储过程，与表的关系密切，用于保护表中的数据。当有操作影响到触发器保护的数据时，触发器将自动触发。按激活DML触发器的操作语句的不同来分类，可以分为INSERT触发器、UPDATE触发器和DELETE触发器。按DML触发器的操作时机的不同来分类，可以分为AFTER触发器和INSTEAD OF触发器。在触发器语句中用两个特殊的表：Deleted表和Inserted，它们是通过触发器操作自动创建驻留在内存中的临时的虚拟表。

本任务通过SSMS和T-SQL语句两种方式分别创建触发器实现对应要求，重点任务是通过T-SQL语句书写CREATE TRIGGER的脚本。

任务2　管理触发器

对“学生成绩系统”dbStudentScore数据库的触发器进行以下操作。

1）使用SSMS修改任务1中建立的触发器 trg_denyDeletebase，要求拒绝用户删除该数据库。

2）使用T-SQL语句修改任务1中建立的触发器tr_InserttbStudent，改为DELETE触发器，当删除学生记录时自动更新对应班级总人数。

◆ 任务分析

SSMS提供了相应的修改功能，可以按相关操作步骤完成。结合T-SQL相关语法，完成修改触发器的代码。

◆ 知识准备

1．修改DML触发器的语法

```
ALTER TRIGGER trigger_name
ON { table | view }
{
 {{FOR | AFTER | INSTEAD OF }
{ [ DELETE ] [ , ] [ INSERT ] [ , ] [ UPDATE ]}
AS
Sql_statement
}
}
```

说明：除了关键字由CREATE改为ALTER外，修改DML触发器的语句和创建DML触发器的语句完全相同。

2. 修改DDL触发器的语法

```
ALTER TRIGGER trigger_name
ON { ALL SERVER | DATABASE}
[ WITH ENCRYPTION ]
{ FOR | AFTER { event_type }}
AS sql_statement
```

说明：除了关键字由CREATE改为ALTER外，修改DDL触发器的语句和创建DDL触发器的语句完全相同。

◆ 任务实践

1. 使用SSMS修改触发器trg_denyDeletebase

1）在SSMS中打开“对象资源管理器”窗口，展开“dbStudentScore”数据库→“可编程性”→“数据库触发器”节点，在触发器“trg_denyDeletebase”上单击鼠标右键，在弹出的快捷菜单中选择“编写数据库触发器脚本为”→“ALTER到”→“新查询编辑器窗口”命令，如图8-6所示。

8-3 使用 SSMS 修改触发器

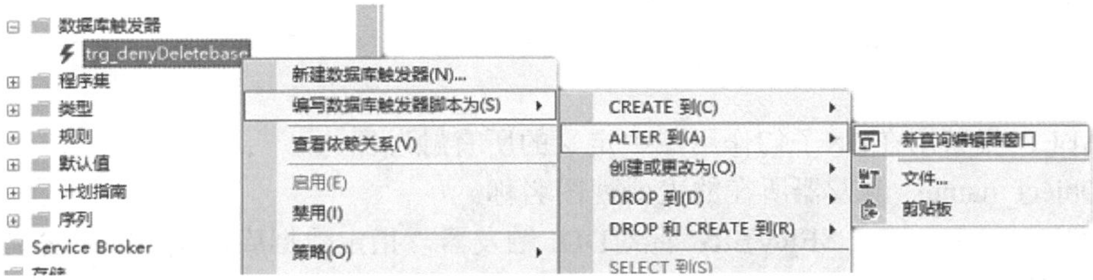

图8-6 打开修改触发器窗口

2）找到相应的T-SQL语句，将“ON DATABASE FOR DROP_TABLE, ALTER_TABLE ”修改为“ON ALL SERVER FOR DROP_DATABASE”，单击“执行”按钮，如图8-7所示。

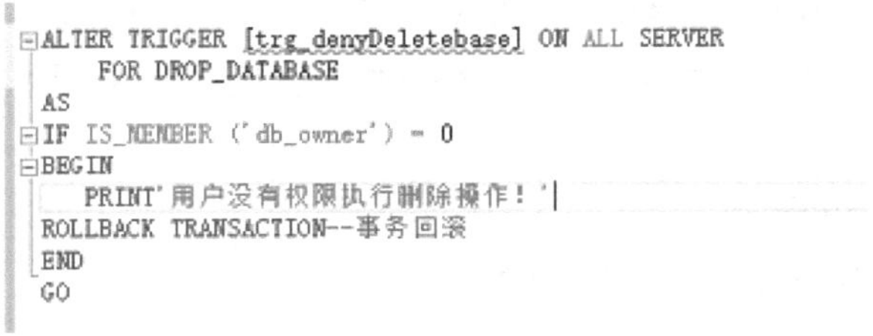

图8-7 完成修改

2. 使用T-SQL语句的方式修改触发器tr_InserttbStudent

1）打开“新建查询”窗口输入代码。代码如下。

8-4 使用 T-SQL 修改触发器

```
USE [dbStudentScore]
GO
ALTER TRIGGER [dbo].[trg_InserttbStudent]--修改触发器
ON [dbo].[tbStudent]--选择触发器表
AFTER DELETE--将激活触发器关键字改为DELETE
AS
BEGIN
--声明两个变量，一个用来统计学生人数，一个来获取班级代码
 DECLARE @stuNumber INT,@claID CHAR(6);
--使用SELECT语句从系统自动创建的DELETED表中查询新添加学生的班级代码
 SELECT @claID=ClassID FROM DELETED
--统计该班级的最新人数
 SELECT @stuNumber=COUNT(*) FROM tbStudent WHERE ClassID=@claID;
--更新tbClass表中对应班级的总人数
 UPDATE tbClass SET StudentTotals=@stuNumber WHERE ClassID=@claID
END
```

2）代码写完后，单击“执行”按钮修改完成。

◆ 知识补充

1．禁用触发器的语法

```
DISABLE TRIGGER { [ schema_name. ] trigger_name [ ,…n] | ALL }
ON { object_name | DATABASE | ALL SERVER }
```

说明：

1）ALL：指禁用在ON子句作用域中定义的所有触发器。

2）Object_name：触发器所在的表或视图名称。

3）DATABASE | ALL SERVER：针对DDL触发器，指定数据库范围或服务器范围。

举例：禁用数据库dbStudentScore的触发器trg_denyDeletebase，输入语句如下：

```
DISABLE  TRIGGER trg_denyDeletebase
ON DATABASE
```

2．启用触发器的语法

```
ENABLE TRIGGER { [ schema_name. ] trigger_name [ ,…n] | ALL }
ON { object_name | DATABASE | ALL SERVER }
```

说明：启用触发器的语法与禁用触发器的语法相同，只是关键字由DISABLE改为ENABLE。

3．删除DML触发器的语法

```
DROP  TRIGGER  trigger_name [ ,…] ][ ;]
```

说明：DML触发器存在于表中，若表被删除，表中触发器也会被删除。

4．删除DDL触发器的语法

```
DROP  TRIGGER  trigger_name [ ,…]
ON {  DATABASE | ALL SERVER }[;]
```

说明：删除DDL触发器，需要使用ON关键字指定作用域。

删除数据库dbStudentScore中的DDL触发器trg_denyDeletebase，输入语句如下：

```
DROP TRIGGER trg_denyDeletebase
ON DATABASE
```

◆ 触类旁通

1. 在MySQL中删除触发器DROP TRIGGER的语法

```
DROP TRIGGER [IF EXISTS] [schema_name.]trigger_name
```

请注意DROP TRIGGER语句需要SUPER权限。

2. 使用SHOW TRIGGERS语句查看触发器信息

```
mysql> SHOW TRIGGERS\G; #结果显示所有触发器的基本信息；无法查询指定的触发器。
```

3. 在information_schema.triggers表中查看触发器信息

```
mysql> SELECT * FROM information_schema.triggers\G #结果，显示所有触发器的详细信息；
mysql> #同时，该方法可以查询制定触发器的详细信息，如下
mysql> select * from information_schema.triggers where trigger_name='upd_check'\G;
```

所有触发器信息都存储在information_schema数据库下的triggers表中，可以使用SELECT语句查询，如果触发器信息过多，最好通过TRIGGER_NAME字段指定查询。

◆ 任务小结

本任务主要是管理触发器的内容，包括修改触发器、启用触发器、禁用触发器和删除触发器等。创建触发器和修改触发器的语法比较：除了关键字由CREATE改为ALTER外，修改触发器的语句和创建触发器的语句基本相同。

项目小结

本项目主要是学习触发器，掌握创建、修改、禁用/启用和删除触发器的方法。创建和管理触发器的思维导图，如图8-8所示。

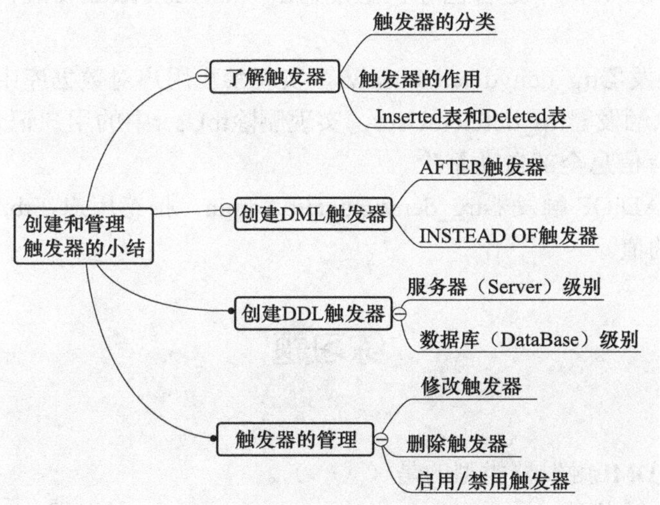

图8-8　创建和管理触发器的思维导图

本项目详细介绍了创建、启用\禁用、修改和删除触发器的常用操作，分为在SSMS平台上操作和使用T-SQL语句进行操作两种方式。

在SQL Server 2019中触发器主要分为两类：一类是DML触发器，另一类是DDL触发器。DML触发器，一般情况下包含对表或视图的INSERT语句、UPDATE语句和DELETE语句。因而DML触发器又可以分为3种类型：INSERT、UPDATE和DELETE。DDL触发器是在服务器或者数据库中发生数据定义语句事件时调用。

CREATE TRIGGER、ALTER TRIGGER、DISABLE TRIGGER、ENABLE TRIGGER和DROP TRIGGER都有详细的语法，需要重点掌握它们在不同情景中用到的代码。

拓展任务

◆ 任务描述

触发器不需要调用，当对一个表的特别事件出现时，它就会被激活。在某新闻系统数据库dbNews的开发中要求通过触发器实现以下功能。

1）保护数据库的安全，防止非法操作。

2）实现表的级联操作。

3）防止非法修改数据。

◆ 思路提示

8-5 拓展任务 1　　8-6 拓展任务 2　　8-7 拓展任务 3　　8-8 拓展任务 4

1）判断数据库dbNews中是否已存在触发器trg_denydeletedbNews，如果存在则删除该触发器。

2）创建DDL触发器trg_denydeletedbNews，实现禁止用户对数据库中表的删除操作。

3）创建AFTER触发器trg_deletetbUser，实现删除tbUser中的用户记录时，对应tbBBS中与该用户有关的所有信息全部自动删除。

4）创建INSTEAD OF 触发器trg_denyupdatetbAdmin，拒绝用户在tbAdmin表中修改管理员姓名adminName的值。

练习题

一、选择题

1. 下列不属于DML触发器类型的是（　　）。

A. INSERT触发器　　　　B. UPDATE触发器

C．DELETE触发器　　D．AFTER触发器

2．以下不属于DDL触发器类型的是（　　）。

A．CREATE触发器　　B．AFTER触发器

C．ALTER触发器　　D．DROP触发器

3．关于触发器叙述错误的是（　　）。

A．触发器是不需要调用的，当触发事件发生时它就会被激活。

B．触发器不可以同步数据库的相关表进行级联更改。

C．当触发器的功能与表的约束条件发生冲突时，触发器将被停止。

D．触发器是一类特殊的存储过程。

4．以下说法错误的是（　　）。

A．触发器不能强制数据库间的引用完整性。

B．触发器可以实现撤销或者回滚违反引用完整性的操作，以防止非法修改数据。

C．触发器和储存过程不同之处在于触发器不需要调用，通过触发执行。

D．触发器可以通过数据库中的相关表进行层叠更改。

5．下面哪个说法是正确的？（　　）

A．AFTER触发器是属于DDL触发器的类型。

B．AFTER触发器是会在对表进行约束检查前触发的。

C．INSTEAD OF触发器属于DML触发器类型。

D．AFTER触发器是在对数据进行修改后触发的。

6．下列不属于DML触发器类型的是（　　）。

A．UPDATE触发器　　B．INSERT触发器

C．DELETE触发器　　D．AFTER触发器

7．如果要启用触发器，需要使用（　　）语句。

A．ENABLE TRIGGER　　B．ALTER TRIGGER

C．DISABLE TRIGGER　　D．CREATE TRIGGER

8．开发者要执行以下（　　）操作时，才可以用DDL触发器。

A．防止对数据库架构进行某些更改。

B．希望数据库中发生某种情况以响应数据库架构中的更改。

C．记录数据库架构中的更改或者事件。

D．以上都是。

二、填空题

1．根据触发器事件的不同，可以将触发器分为________和DDL触发器两类。

2．T-SQL语句创建触发器，都需要用________关键字。

3．________表示DDL触发器的作用域是整个服务器。

4．系统为DML触发器自动创建两个表________和Deleted，分别用于存放向表中插入的行和从表中删除的行。

三、操作题

8-9 练习题 1　8-10 练习题 2　8-11 练习题 3　8-12 练习题 4　8-13 练习题 5

在学生成绩管理系统数据库dbStudentScore中，根据以下要求对触发器进行操作。

1．创建名为trig_InserttbMajor的INSTEAD OF的触发器，该触发器作用于专业表tbMajor，向该表中插入记录时显示“用户无权插入新的记录”。

2．成绩表tbScore 中列名为ScoreAll列的值是根据公式自动生成的，为防止用户误操作，在成绩表上创建UPDATE触发器trig_UpdatetbScore，要求禁止更新tbScore表中的ScoreAll列，并尝试修改学号为“S100100002”、课程代码为“kc90018”的ScoreALL值进行测试。

3．学校根据新的形势开设了新的专业，现需要将新专业的相关数据插入专业表tbMajor中，使用T-SQL语句禁用触发器trig_InserttbMajor。

4．修改成绩表tbScore下的触发器trig_UpdatetbScore，要求即不能更新ScoreAll列也不能更新Remarks列的值。

5．使用T-SQL语句删除DDL触发器trg_denyDeletebase。

项目9　数据库安全管理

项目概述

在“学生成绩系统”软件产品研发中，经过需求分析完成了该数据库和数据表的创建以及数据库的维护工作。然而，信息在产生、存储、处理、传递和利用的各个环节中都有被窃取、被篡改或被利用的危险，因此接下来数据库工程师需要对“学生成绩系统”数据库运用多种方式进行数据保护。

项目分析

对数据库的安全管理包括安全机制、角色管理、账户管理和权限管理四部分，要求读者能根据实际业务选择合适的数据库安全策略，在SQL Server 2019中进行对应管理可以使用SSMS图形界面的方式，也可以使用T-SQL语句的方式完成。

在使用T-SQL语句的方式时，需要熟练掌握语法结构。

知识与能力目标

1）能够理解数据库的安全机制并表述清楚。

2）理解并能基本掌握安全管理相关T-SQL语句的语法。

3）熟练掌握通过图形界面方式进行角色管理、账户管理和权限管理的步骤。

任务1　安全概述和安全加固

请数据库管理员对数据库系统完成以下设置，以对数据库进行安全加固。

1）对数据库设置身份验证模式。

2）对数据库的通信协议进行加密。

3）对数据设置安全审计，启用日志记录功能和设置日志目录权限。

4）对数据库进行资源控制，主要设置连接协议和监听的IP范围以及设置连接超时。

◆　任务分析

1）设置身份验证要求：应实现操作系统和数据库系统特权用户的权限分离。目的：防止操作系统用户对SQL Server数据库进行非授权管理。

2）通信协议加密要求：当对服务器进行远程管理时，应采取必要措施，防止鉴别信息在网络传输过程中被窃听。目的：为了防止包括鉴别信息等敏感信息在网络传输过程中被窃听，应使用加密通信协议，提高安全性。

3）启用日志记录功能要求：审计范围应覆盖到服务器和重要客户端上的每个操作系统用户和数据库用户。目的：数据库应配置日志功能，对用户登录进行记录，记录内容包括用户登录使用的账号、登录是否成功、登录时间以及远程登录时用户使用的IP地址。

4）设置日志目录权限目的：限制日志所在目录的权限，防止对日志文件的非授权访问。

5）设置连接协议和监听的IP范围要求：应通过设定终端接入方式、网络地址范围等条件限制终端登录。目的：设定SQL Server允许的连接协议，以及TCP/IP中监听端口时绑定的IP地址。

◆ 任务实施

9-1 安全加固

1）设置身份验证模式。展开服务器组，在“服务器”上单击鼠标右键，在弹出的快捷菜单中选择“属性”命令，在“服务器属性”窗口中，单击“安全性”选项卡，选择“服务器身份验证”认证方式为“SQL Server和Windows身份验证模式”，如图9-1所示。

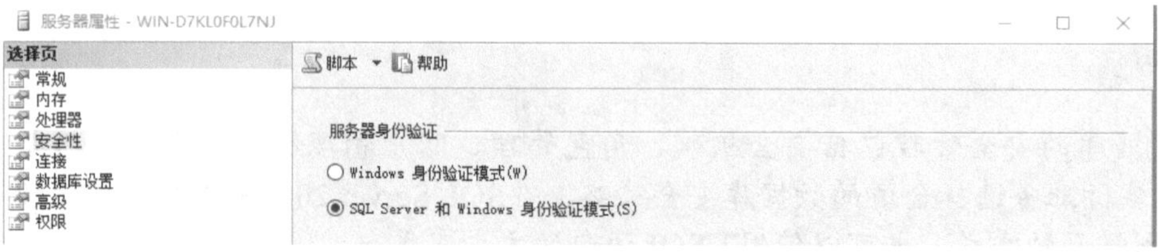

图9-1　设置身份验证模式

2）设置通信协议加密。操作步骤：展开“SQL Server配置管理器”→“SQL Server网络配置”→“MSSQLSERVER的协议”节点，在“MSSQLSERVER的协议”上单击鼠标右键，在弹出的快捷菜单中选择“属性”命令，在打开的“MSSQLSERVER的协议 属性”对话框中，单击“标志”选项卡，把“强行加密”（ForceEncryption）设为“是”，单击“确定”按钮，如图9-2所示。

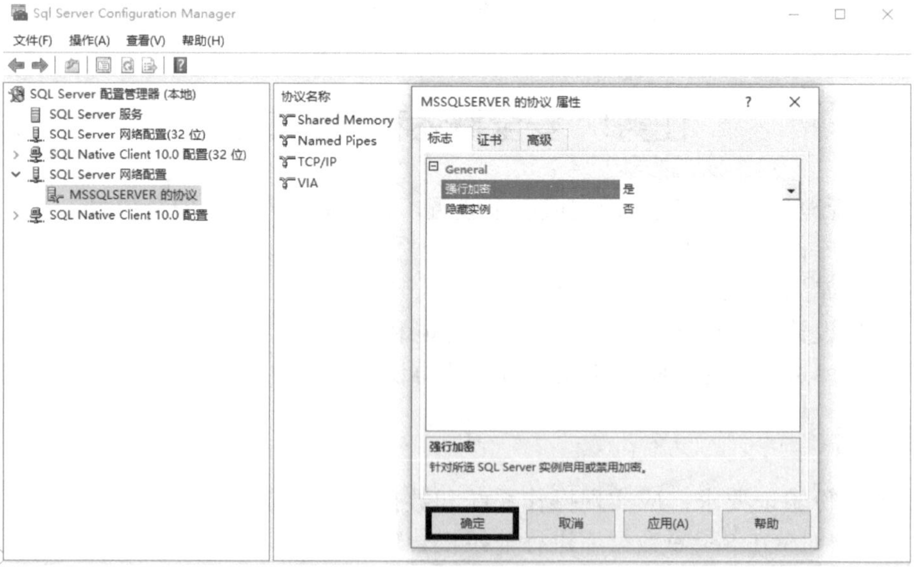

图9-2　设置通信协议加密

3）启用日志记录功能。在“SQL Server管理器”中，在服务器上单击鼠标右键，在弹出的快捷菜单中选择“属性”→“安全性”命令，选择每个登录的“登录审核”为“失败和成功的登录”，如图9-3所示。

图9-3　启用日志记录功能

4）设置日志目录权限。在“DATA属性”对话框中打开对应数据库的路径，对文件夹的权限进行设置，单击“确定”按钮，如图9-4所示。

图9-4　设置日志目录权限

5）设置连接协议和监听的IP范围。展开“SQL Server配置管理器”→“SQL Server网络配置”→“SQL SERVER的协议”节点，在右侧将不需要的协议禁用，例如，VIA和Share Memory方式可能一般不需要使用，如图9-5所示。

在图9-5中双击“TCP/IP”打开“TCP/IP属性”对话框，单击“IP地址”选项卡。如有不必要监听的IP项，则把“活动”属性设置为“否”。例如，访问数据库的应用程序也装在该服务器上，则只需要监听127.0.0.1即可，其他IP不需要监听。在应用程序中配置为使用127.0.0.1访问数据库。

6）设置连接超时和用户连接数。在“SQL Server管理器”界面左侧，在“服务器”上单击鼠标右键，在弹出的快捷菜单中选择“名称”→“属性”→“高级”命令，在右侧找到“远程服务器连接”，设置为合适的数字，如图9-6所示。

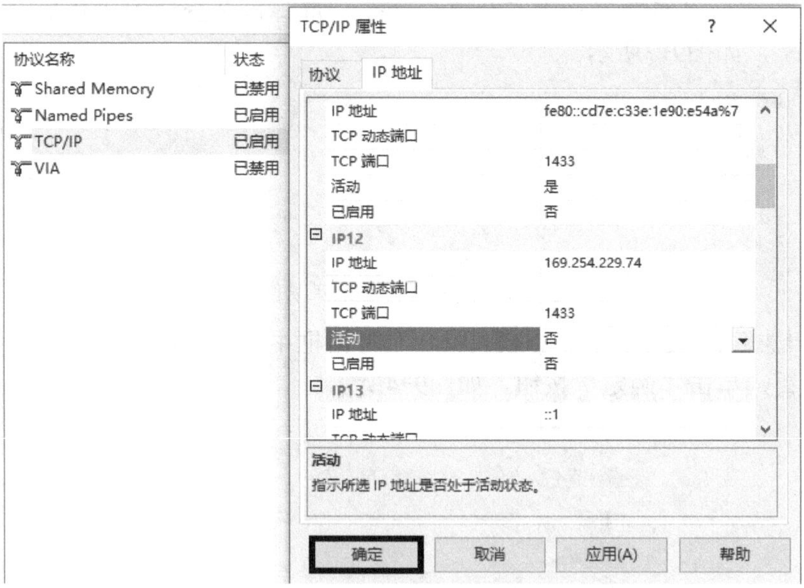

图9-5　设置连接协议和监听的IP范围

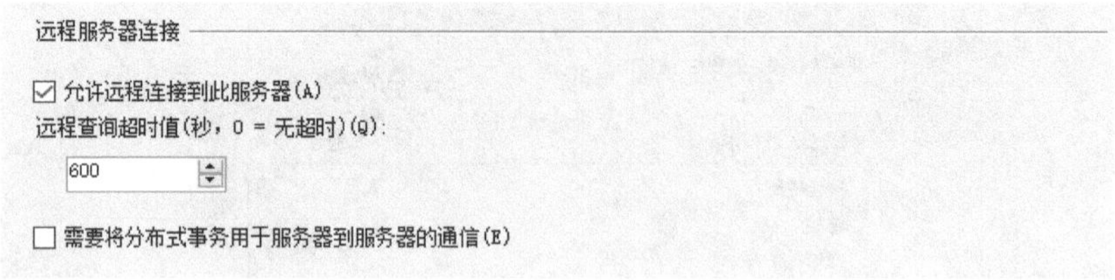

图9-6　设置连接超时

◆ 知识补充

1. 安全机制

SQL Server 2019的安全体系结构从顺序上可以分为认证和授权两个部分，其安全机制可以分为五个等级，这些等级由高到低，相互联系，用户只有通过了高一层的安全验证，才能继续访问数据库中第一层的信息。

1）客户机安全机制。数据库管理系统需要运行在某一特定的操作系统平台下。客户机操作系统的安全性直接影响到SQL Server 2019的安全性。用户在用客户机通过网络访问服务器时，首先要获得客户机操作系统的使用权限。保证操作系统的安全性是操作系统管理员或网络管理员的职责。

2）网络传输的安全机制。SQL Server对关键数据进行了加密，即使攻击者通过了防火墙和服务器上的操作系统到达了数据库也还要对数据进行破解。SQL Server 2019有两种对数据加密的方式：数据加密和备份加密。

3）实例级别安全机制。SQL Server 2019采用了标准SQL Server登录和集成Windows登录两种方式，在登录时，都必须提供登录账号和密码，数据库管理员要学会管理和设计合理的登录方式。SQL Server服务器中预先设定了许多固定服务器的角色，用于为具有服务器管理员资格的用户分配使用权力，固定服务器角色的成员可以用于服务器级的管理权限。

4）数据库级别安全机制。当建立用户登录账号信息时，SQL Server提示用户选择默认的数据库，并给用户分配权限，以后每次登录服务器后，都会自动转到默认数据库上。允许用户在数据库上建立新的角色，然后为该用户授予多个权限，再通过角色将权限赋予SQL Server 2019的用户，使其他用户获取具体数据的操作权限。

5）对象级别安全机制。对象安全性检查是数据库管理系统的最后一个安全的等级。创建数据库对象时，SQL Server 2019将自动把该数据库对象的用户权限赋予该对象的所有者，对象的拥有者可以实现对该对象的安全控制。

2. SQL Server两种验证模式

SQL Server提供了两种验证模式：Windows身份验证模式和混合模式。设置验证模式是SQL Server实施安全性的第一步，用户登录到服务器之后才能对数据库进行管理。

1）Windows身份验证模式。Windows验证模式利用了操作系统用户安全性和账号管理机制，允许SQL Server使用Windows的用户名和密码。在这种模式下，SQL Server把登录验证的任务交给了Windows操作系统，用户只要通过Windows的验证，就可以连接到SQL Server服务器。该模式可以获得最佳工作效率。

2）混合身份验证模式（Windows身份验证模式和SQL Server验证模式）。在SQL Server验证模式下，SQL Server服务器要对登录的用户进行身份验证，用户连接到SQL Server 2019时必须提供登录账号和密码，这些信息保存在数据库中的syslogins系统表中。

3. 安全控制实现技术

SQL Server数据库的安全控制措施是逐级设置的，应用的主要技术有以下几种：

1）用户标识和鉴别。该方法由系统提供一定的方式让用户标识自己的名字或身份。每次用户要求进入系统时，由系统进行核对，通过鉴定后才能提供系统的使用权。简单地理解就是为数据库提供一个用户名和密码。

2）存取控制。通过用户权限定义和合法权限检查确保只有合法权限的用户才能访问数据库，所有未授权的人员无法存取数据。简单地理解就是数据库管理员需要根据用户的角色和应用需求为用户分配适当的权限，并将其记录在数据字典中。

3）视图机制。为不同的用户定义视图，通过视图机制把要保密的数据对无权存取的用户隐藏起来，从而自动地对数据提供一定程度的安全保护。简单地理解就是数据库管理员为一些数据表创建视图，把要保密的数据对无权存取这些数据的用户隐藏起来，以保证安全。

4）审计功能。建立审计日志，把用户对数据库的所有操作自动记录下来放入审计日志中，数据库管理员可以利用审计跟踪的信息，重现导致数据库现有状况的一系列事件，找出非法存取数据的人、时间和内容等。简单地理解就是数据库管理员要启用合理的审核日志功能。

5）数据加密。对存储和传输的数据进行加密处理，从而使得不知道解密算法的人无法获知数据的内容。目前对一般数据库而言，涉及的加密对象常常是用户的登录密码，常用的技术是MD5。

◆ 任务小结

理解安全机制的五个等级：客户机安全机制、网络传输的安全机制、实例级别安全机制、数据库级别安全机制和对象级别安全机制。SQL Server提供了两种验证模式：Windows身份验证模式和混合模式。了解安全控制的一些实现技术，例如，用户标识和鉴别、存取控制、视图机制、审计功能和数据加密。

本任务是要求数据库管理员能进行基本的安全加固，掌握其操作步骤，同时也要求了解数据库的安全机制、安全技术和安全认证模式，能根据实际业务选择合适的数据库安全策略。

任务2 账 户 管 理

为保护数据库安全，数据库管理员需要对每个人分配账号并授权，请数据库管理员根据实际情况为“学生成绩系统”dbStudentScore数据库创建Windows账户登录、SQL Server登录账户和数据库用户。

◆ 任务描述

1）使用SSMS图形界面创建SQL Server登录账户为“test”、Windows登录账户为“zhoujf”、数据库用户为“DBuser1”，默认数据库为“dbStudentScore”。

2）使用T-SQL语句创建SQL Server登录账户为“test”、Windows登录账户为“zhoujf”、数据库用户为“DBuser1”，默认数据库为“dbStudentScore”。

◆ 知识准备

在SQL Server 2019中共有两种账户：登录服务器的登录账户，使用数据库的用户账户。两者意义不同，一个合法的登录账户只表明该账户通过了Windows认证或SQL Server认证，但不能表明可以对数据库数据和数据对象进行操作，所以一个登录账户总是与一个或多个数据库用户账户相对应，这样才可以访问数据库。

1．创建Windows登录账户

创建Windows登录账户有两种方法：SSMS图形界面工具和SQL命令语句。下面介绍SQL命令语句的基本语法。

```
CREATE LOGIN 登录名
{
WITH PASSWORD='密码'[HASHED][MUST_CHANGE]
[,<选项列表>[,...]]
|FROM
{WINDOWS[WITH<WINDOWS 选项>[,...]]
|CERTIFICATE证书名
|ASYMMETRIC KEY非对称密钥名
}
}
其中：
<选项列表>：：=
SID=登录GUID
|DEFAULT_DATABASE=数据库
```

```
|DEFAULT_LANGUAGE=语言
|CHECK_EXPIRATION={ON|OFF}
|CHECK_POLICY={ON|OFF}
[CREDENTIAL=凭据名]
<WINDOWS选项>::=DEFAULT_DATABASE=数据库
|DEFAULT_LANGUAGE=语言
```

举例：用CREATE LOGIN语句创建SQL Server登录名为“wang”，指定密码为“123456”，默认数据库为“DBnews”。语句如下。

```
CREATE LOGIN wang
WITH PASSWORD='123456',
WITH DEFAULT_DATABASE=DBnews
```

用CREATE LOGIN语句创建Windows账户登录。

```
CREATE LOGIN [user-20200901\wang]
FROM WINDOWS
WITH DEFAULT_DATABASE=DBnews
```

2. 创建数据库用户

创建数据库用户有两种方法：SSMS图形界面工具和SQL命令语句。下面介绍SQL命令语句的基本语法。

```
CREATE USER 用户名
[{FOR|FROM}
{ LOGIN 登录名
|CERTIFICATE 证书名
|ASYMMETRIC KEY 非对称密钥名
}
|WITHOUT LOGIN
]
[WITH DEFAULT_SCHEMA=架构名]
```

举例：使用SQL Server登录名“sql_zhou”和Windows登录名“[user-20200901\zhao]”在DBnews数据库中创建数据库用户“user_zhou”和“user_zhao”，默认架构名使用“dbo”。语句如下。

```
CREATE USER user_zhou
FOR LOGIN sql_zhou
WITH DEFAULT_SCHEMA=dbo
CREATE USER user_zhao
FOR LOGIN [user-20200901\zhao]
WITH DEFAULT_SCHEMA=dbo
```

3. 删除用户和登录账户

为了数据库的安全，管理员需要及时删除已经停用的数据库用户或登录账户，同样可以通过SSMS图形界面工具和SQL命令语句两种形式进行删除。下面介绍SQL命令语句的基本语法。

```
DROP LOGIN 登录名
```

举例：使用DROP LOGIN语句分别删除Windows登录名“zhao”和SQL Server登录名“sql_zhou”。

```
DROP LOGIN [user-20200901\zhao]
DROP LOGIN sql_zhou
```

可以使用DROP USER语句删除数据库用户，断开SQL Server的登录账户与数据库用户之间的对应关系，语法如下。

```
DROP USER 用户名
```

举例：使用DROP语句删除数据库用户“user_zhou”。

```
USE DBnews
GO
DROP USER user_zhou
```

4. 修改登录账户属性

```
ALTER LOGIN 登录名
WITH
Password='新密码'
Old_password='旧密码'
Default_database=默认数据库名
```

举例：使用ALTER语句将登录账号“www”的密码由“123456”修改为“111111”。

```
ALTER LOGIN www
WITH
Password='111111'
Old_password='123456'
```

5. Guest用户和sa用户

Guest用户是一个能够加入数据库并且登录任何数据库的特殊用户。默认情况下，Guest用户存放在model数据库中，并且被授予Guest的权限，所有新的数据库都将包含Guest账户，并且该账户将被赋予guest权限。需要注意的是，不能删除Guest用户，但是可以在master或者tempdb之外的任何数据库中执行REVOKE CONNECT FROM GUEST 来撤销它的connect权限，从而禁用Guest用户。

sa（超级管理员，system administrator）是在SQL Server系统安装过程中自动创建的用户，是登录并管理SQL Server的一个特殊账号，权限比较大。一般不建议开发的第三方应用程序用此账号进行数据访问。自己可以定义账号管理相应的数据库并进行权限分配。

◆ 任务实施

1. 创建SQL Server登录账户

9-2 账户管理

1）设置混合登录模式。在“对象资源管理器”中的“服务器”上单击鼠标右键，在弹出的快捷菜单中选择“属性”命令，打开“服务器属性”窗口，在“服务器属性”窗口中，单击“安全性”选项卡，在“服务器身份验证”中选择“SQL Server和Windows身份验证模式”，单击“确定”按钮。

2）增加SQL Server登录账户。在“对象资源管理器”展开“安全性”→“登录名”节点，在“登录名”上单击右键，在弹出的快捷菜单中选择“新建登录名”命令，打开“登录名-新建”窗口，在“登录名-新建”窗口中的登录名页面中输入用户名“test”，选择“SQL Server身份验证”，输入“密码”和“确认密码”，勾选“强制实施密码策略”复选框，其他选项取消。

管理员可根据需要选择是否强制用户密码过期。在“默认数据库”的下拉列表框可以选择用户登录的“dbStudentScore”数据库，如图9-7所示。

图9-7　新建登录名“常规”选项

3）如果使用T-SQL语句创建SQL Server登录账户名为“test”，输入如下代码。

```
CREATE LOGIN test
WITH password='test123',default_database=dbStudentScore
```

2. 创建Windows账户登录账户

1）打开计算机的“开始”→“控制面板”→“所有控制面板项”→“管理工具”→“计算机管理”，在“计算机管理”窗口中，单击“本地用户和组”→“用户”，在打开的“新用户”对话框中输入“用户名”为“zhoujf”，“密码”和“确认密码”为“123456”，单击“确定”按钮即可，如图9-8所示。

图9-8　设置Windows账号

2）打开SSMS，在“对象资源管理器”展开“安全性”→“登录名”节点，在“登录名”上单击鼠标右键，在弹出的快捷菜单中选择“新建登录名”命令，打开“登录名-新建”窗口，身份验证方式选择“Windows身份验证”，单击“搜索”按钮，在弹出的窗口中选择“高级”按钮，在“选择用户或组”对话框中单击“立即查找”按钮，在搜索结果中选择Windows用户“zhoujf”，单击“确定”按钮，回到上一级界面，“默认数据库”选择“dbStudentScore”数据库，如图9-9和图9-10所示。

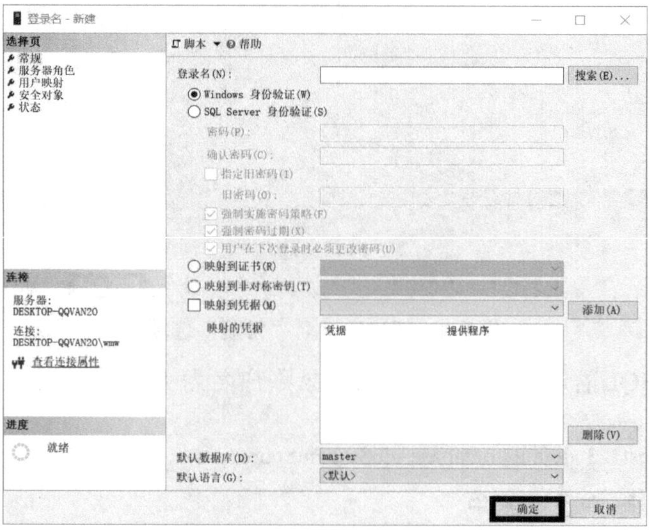

图9-9　选择“Windows身份验证”

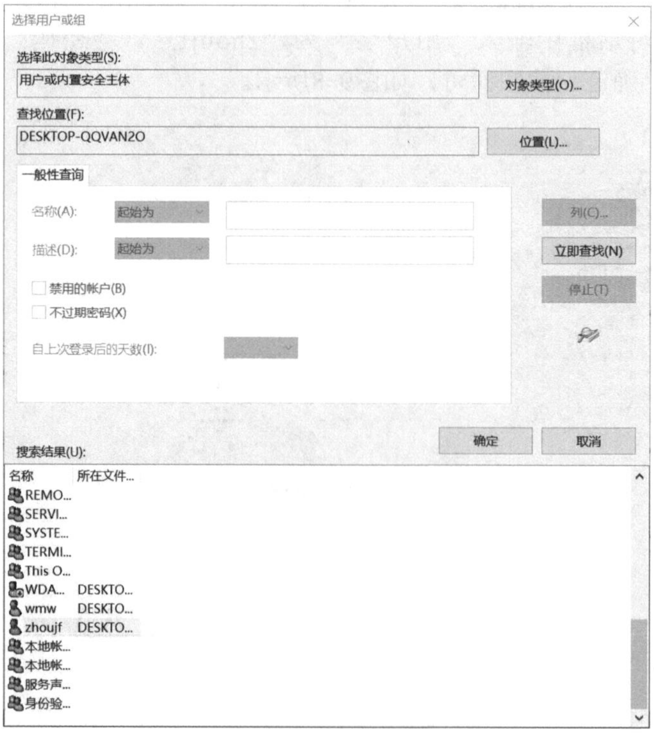

图9-10　“选择用户或组”对话框

3）如果使用T-SQL语句创建Windows登录账户，登录名为“zhoujf”，输入以下代码。

```
CREATE LOGIN [DESKTOP-QQVAN2O\zhoujf]
FROM windows
WITH default_database=dbStudentScore
```

3．创建数据库用户DBuser1

1）打开SSMS并展开“服务器”→“数据库”→“dbStudentScore数据库”→“安全性”节点，在“用户”节点上单击鼠标右键，在弹出的快捷菜单中选择“新建用户”命令，打开“数据库用户-新建”窗口，单击“登录名”文本框右边的按钮，打开“选择登录名”页面，单击“浏览”按钮，打开“查找对象”页面，选择刚建立完毕的SQL Server登录账户“test”。

2）单击“确定”按钮，回到“数据库用户-新建”窗口，在此“用户名”文本框中输入“DBuser1”，“默认架构”选择“dbo”，单击“确定”按钮，完成数据库用户的创建，如图9-11所示。

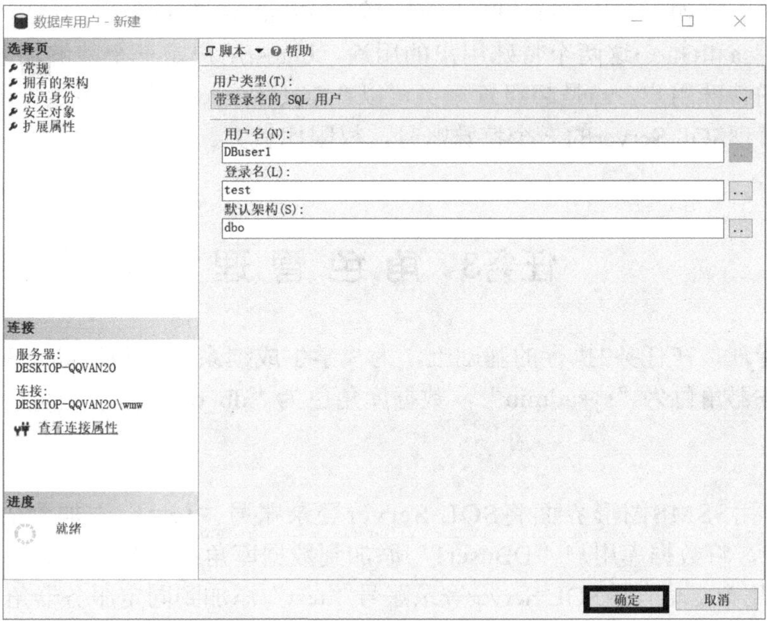

图9-11　“数据库用户-新建”窗口

3）如果使用T-SQL语句创建数据库用户，输入以下代码。

```
CREATE USER DBuser1
FOR LOGIN test
WITH default_schema=dbo
```

◆ 触类旁通

MySQL数据库的最高权限管理者是root用户，它拥有最高的权限操作。包括SELECT、UPDATE、DELETE、GRANT等操作。它也支持自主创建用户。

1．创建用户

```
mysql> # 指定ip：192.118.1.1的mjj用户登录
mysql> CREATE USER 'alex'@'192.118.1.1' identified by '123';
```

```
mysql> # 指定ip：192.118.1.开头的mjj用户登录
mysql> CREATE USER 'alex'@'192.118.1.%' identified by '123';
mysql> # 指定任何ip的mjj用户登录
mysql> CREATE USER 'alex'@'%' identified by '123';
```

2. 删除用户

```
DROP USER '用户名'@'IP地址';
```

3. 修改用户

```
RENAME USER '用户名'@'IP地址' to '新用户名'@'IP地址';
```

4. 修改密码

```
SET PASSWORD FOR '用户名'@'IP地址'=Password('新密码');
```

◆ 任务小结

本任务主要是学习Windows登录用户和数据库用户的管理，包括创建用户、删除用户和修改用户属性等，例如，使用CREATE LOGIN创建Windows登录账户，使用CREATE USER创建用户。掌握sa和Guest这两个特殊用户的用途。Guest用户是一个能够加入数据库并且登录任何数据库的特殊用户。sa是超级管理员可以在SQL Server系统安装过程中自动创建的用户，是登录并管理SQL Server的一个特殊账号，权限比较大。

任务3 角色管理

请数据库管理员在任务2执行的基础上，为“学生成绩系统”dbStudentScore数据库的登录账户设置服务器角色为“sysadmin”，数据库角色为“db_owner”。

◆ 任务分析

1）可以使用SSMS图形界面将SQL Server登录账号“test”添加到固定服务器角色“sysadmin”中，将数据库用户“DBuser1”添加到数据库角色“db_owner”中。

2）可以使用命令语句将SQL Server登录账号“test”添加到固定服务器角色“sysadmin”中，将数据库用户“DBuser1”添加到数据库角色“db_owner”中。

◆ 知识准备

使用登录账户可以连接到服务器，但是如果不为登录账户分配权限，还是无法对数据库中的数据进行完全的访问和管理。角色相当于Windows操作系统中的用户组，可以集中管理数据库或服务器的权限。按照角色作用范围分为四类：固定服务器角色、数据库角色、自定义数据库角色和应用程序角色。

1. 系统服务器角色

用来为具有服务器管理员资格的用户分配使用权力，拥有固定的系统服务器角色的用户可以拥有服务器级的管理权限。例如，更改服务器配置、关闭服务器等。SQL Server提供的系统服务器角色说明，见表9-1。

表9-1　系统服务器角色列表

角色名称	说明
sysadmin	可执行SQL Server的任何操作
serveradmin	可以更改服务器范围的配置选项和关闭服务器
setupadmin	可以添加、删除连接服务器
securityadmin	管理其登录名及其属性
processadmin	管理SQL Server进程
diskadmin	管理硬盘文件
bulkadmin	可以运行BULK INSERT语句
dbcreator	创建、更改、删除和还原任何数据库
public	其角色成员可以查看任何数据库

添加固定服务器角色成员有两种方式：通过SSMS图形界面和执行sp_addsrvrolemember存储过程。第二种方法基本语法如下：

```
sp_addsrvrolemember [@登录名=]'login',[@角色名=]'role'
```

举例：将登录名“test”添加到“sysadmin”固定服务器角色中。

```
sp_addsrvrolemember  test , sysadmin;
```

2. 数据库角色

数据库角色定义在数据库级别上，有权进行特定数据库的管理及操作。SQL Server提供的数据库角色说明，见表9-2。

表9-2　数据库角色列表

角色名称	说明
db_owner	有数据库用户全部权限
db_accessadmin	可添加或删除数据库用户的访问权限
db_securityadmin	可以修改角色成员身份和管理权限
db_ddladmin	可以在数据库中运行任何数据定义语言
db_backupoperator	可以备份和恢复数据库
db_datareader	可以读取所有用户表中的所有数据
db_datawriter	可以在所有用户表中添加、删除和更改数据
db_denydatareader	不能读出数据库内用户表中的任何数据
db_denydatawriter	不能写入数据库内用户表中的任何数据
public	具有数据库的默认权限

添加数据库角色成员有两种方式：通过SSMS图形界面和执行sp_addrolemember存储过程。第二种方法基本语法如下：

```
sp_addrolemember [@角色名=]'role',[@成员名=]'security_account'
```

举例：将数据库dbnews中的用户“wang_user1”和“wu_user2”添加为数据库角色“db_owner”的成员。

```
sp_addrolemember db_owner , wang_user1
sp_addrolemember  db_owner , wu_user2
```

3. 自定义数据库角色

在实际的数据库管理过程中，要求某些用户只能对数据库进行插入、更新和删除的操作，但是固定数据库角色中不能提供这样一个角色，因此，需要创建一个自定义的数据库角色。

4. 应用程序角色

应用程序角色能够用其自身、类似用户的权限来运行，它是一个数据库主体，应用程序主体只允许通过特定应用程序连接的用户访问特定数据。在默认情况下，应用程序角色不包含任何成员，并且应用程序角色必须激活之后才能发挥作用，当激活某个应用程序角色之后，连接将失去用户权限，转而获得应用程序权限。添加应用程序角色可以使用CREATE APPLICATION ROLE语句，语法格式如下：

```
CREATE APPLICATION ROLE [角色名]
WITH PASSWORD=' PASSWORD'[,DEFAULT_SCHEMA=SCHEMA_NAME]
```

其中DEFAULT_SCHEMA=SCHEMA_NAME：指定服务器在解析该角色的对象时将搜索的第一个架构。

举例：使用Windows身份验证登录SQL Server 2019，创建名称为“APP_User”的应用程序角色，输入语句如下。

```
CREATE APPLICATION ROLE APP_User
WITH PASSWORD=123pwd
```

◆ 任务实施

1. 使用SSMS图形界面方法

1）在SSMS中，展开“对象资源管理器”→“安全性”→“登录名”节点，在“登录名”上单击鼠标右键，在弹出的快捷菜单中选择“属性”命令，打开“登录属性-test”窗口，选择“服务器角色”选择页，这时会在右边列出所有的固定服务器角色，用户根据需要选择对应的服务器角色，勾选“sysadmin”服务器角色的复选框，单击“确定”按钮完成，如图9-12所示。

9-3 角色管理

图9-12 服务器角色

2）在SSMS中，展开“对象资源管理器”→dbStudentScore→“安全性”→“用户”节点，在用户“DBuser1”上单击鼠标右键，在弹出的快捷菜单中，选择“属性”命令，在打开的“数据库用户-DBuser1”窗口中，选择“成员身份”选项页，勾选db_owner复选框，单击“确定”按钮，如图9-13所示。

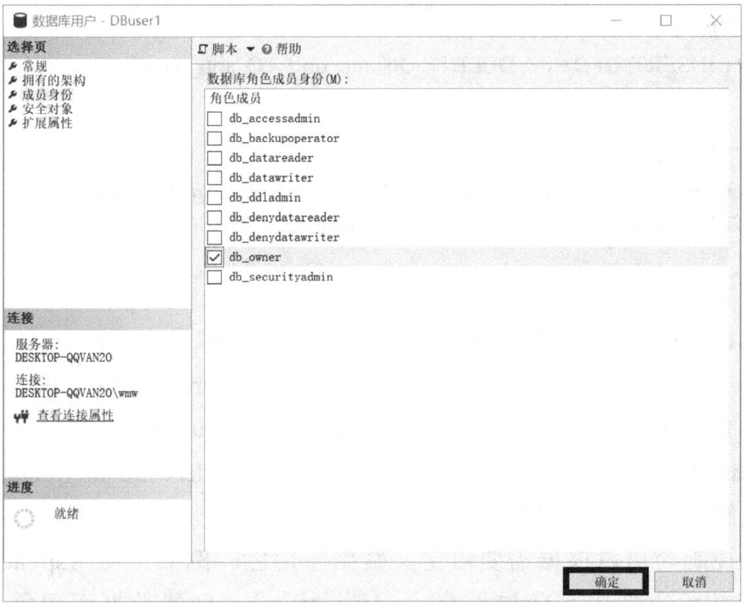

图9-13　数据库用户的角色

2. 使用命令语句方法，输入如下代码并执行

```
sp_addsrvrolemember test,sysadmin;//将SQL Server登录账号“test”添加固定服务器角色“sysadmin”中
db_owner,DBuser1;//数据库用户“DBuser1”添加到数据库角色为“db_owner”中
```

◆ 触类旁通

MySQL主要管理角色的语句，见表9-3。

表9-3　MySQL主要管理角色的语句

语句	作用
CREATE ROLE and DROP ROLE	创建和删除角色
GRANT and REVOKE	给角色或者账户分配权限
SHOW GRANTS	显示 账户/角色所拥有的权限或者角色
SET DEFAULT ROLE	设置账户默认使用什么角色
SET ROLE	改变当前会话的角色
CURRENT_ROLE()函数	显示当前会话的角色
mandatory_roles和activate_all_roles_on_login 系统变量	允许定义用户登录时强制的或者激活授权的角色

创建角色。

```
mysql> #角色名和账户名相同，也是名字+host，如果没有写host，默认为'%'
mysql> CREATE ROLE 'app_developer', 'app_read', 'app_write'; #创建了3个角色
```

赋予角色权限。

```
mysql> #给app_db数据库中所有表的所有权限
mysql> GRANT ALL ON app_db.* TO 'app_developer';
mysql># app_db数据库中所有表的查询权限
mysql> GRANT SELECT ON app_db.* TO 'app_read';
mysql> #app_db数据库中所有表的修改权限
mysql> GRANT INSERT, UPDATE, DELETE ON app_db.* TO 'app_write';
```

赋予角色。

```
mysql> GRANT 'app_developer' TO 'dev1'@'localhost';
mysql> GRANT 'app_read' TO 'read_user1'@'localhost', 'read_user2'@'localhost';
mysql> GRANT 'app_read', 'app_write' TO 'rw_user1'@'localhost';
```

◆ 任务小结

了解SQL Server提供的系统服务器角色：sysadmin、serveradmin、setupadmin、securityadmin、processadmin、diskadmin、bulkadmin、dbcreator和public。了解SQL Server提供的数据库角色：db_owner、db_accessadmin、db_securityadmin、db_ddladmin、db_backupoperator、db_datareader、db_datawriter、db_denydatareader、db_denydatawriter和public。

本任务要理解和掌握系统服务器角色和数据库角色的含义和作用，能根据业务数据库进行角色的权限控制，可以根据需要自定义数据库角色。例如，使用sp_addsrvrolemember添加系统服务器角色；使用存储过程sp_addrolemember创建数据库角色；使用CREATE APPLICATION ROLE创建应用程序角色。

任务4 权 限 管 理

请数据库管理员在任务3执行的基础上，为“学生成绩系统”dbStudentScore数据库进行授予或撤销权限。

◆ 任务分析

1）使用SSMS图形界面拒绝“DBuser1”用户对数据表“tbStudent”的更新操作，授予其插入、更改和删除权限。

2）使用命令语句拒绝“DBuser1”用户对数据表“tbStudent”的更新操作，授予其插入、更改和删除权限。

◆ 知识准备

数据库权限指明用户能够获得哪些数据库对象的使用权，以及用户能够对哪些对象执行何种操作。用户在数据库中拥有的权限取决于用户账户的数据库权限和用户所在数据库角色的类型。

1．分配权限

分配权限有两种方式：通过SSMS图形界面授权和执行GRANT语句授权。语法如下。

```
GRANT {ALL[PRIVILEGES]}|权限[(列[,...])][,...]
[ON 安全对象]TO主体[,...]
[WITH GRANT OPTION ][AS主体]
```

参数说明如下。

1）ALL：授予所有可能的权限。

2）权限：权限名称。

3）列：指定表、视图或表值函数中要授予其权限的列的名称。

4）ON安全对象：指定将授予其权限的安全对象。

举例：为“dbStudentScore”数据库中的“user_zhang”和“user_wang”授予创建表的权限。

```
GRANT CREATE TABLE
TO user_zhang,user_wang
GO
```

2．拒绝权限

拒绝权限有两种方式：通过SSMS图形界面和执行DENY命令。其语法如下。

```
DENY {ALL[PRIVILEGES]}|权限[(列[,...])][,...]
[ON 安全对象]TO主体[,...]
[CASCADE][AS主体]
```

其中，CASCADE表示拒绝分配指定用户或角色的权限，同时对该用户角色授予该权限的所有其他用户和角色也拒绝授予该权限。

举例：对“sql_zhou”用户和“role_mytwo”角色成员拒绝使用CREATE VIEW权限。

```
DENY CREATE VIEW TO sql_zhou，role_mytwo
```

3．撤销权限

撤销权限使用REVOKE命令，格式如下。

```
REVOKE[GRANT OPTION FOR]
{
[ALL[PRIVILEGES]]|权限[(列[,...])][,...]
}
[ON 安全对象]
{TO | [FROM]}主体[,...]
[CASCADE][AS主体]
```

参数说明如下。

1）该命令只适用于当前数据库内的权限，GRANT OPTION FOR表示将撤销授予指定权限的能力。

2）该命令只在指定的用户、组或角色上取消授予或拒绝的权限。

3）该命令默认授予“sysadmin”固定服务器角色成员，“db_owner”数据库角色成员，“db_securityadmin”数据库角色成员。

举例：撤销对用户“user_zhang”和“user_wang”的授权。

```
REVOKE CREATE TABLE,CREATE DEFAULT
FROM user_zhang,user_wang
CASCADE
GO
```

◆ 任务实施

9-4 权限管理

1．使用SSMS图形界面操作方法

1）展开“对象资源管理器”→dbStudentScore→“安全性”→“用户”→“DBuser1”节点，在用户“DBuser1”上单击鼠标右键，在弹出的快捷菜单中选择“属性”命令，打开“数据库用户-DBuser1”窗口，选择“安全对象”选择页单击“搜索”按钮，在打开的“添加对象”对话框中，选择“特定对象”，单击“确定”按钮，如图9-14和图9-15所示。

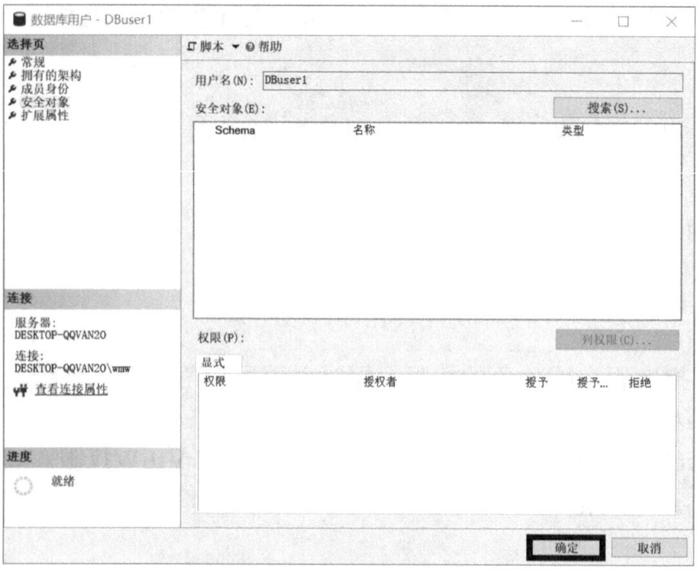

图9-14　选择安全对象属性

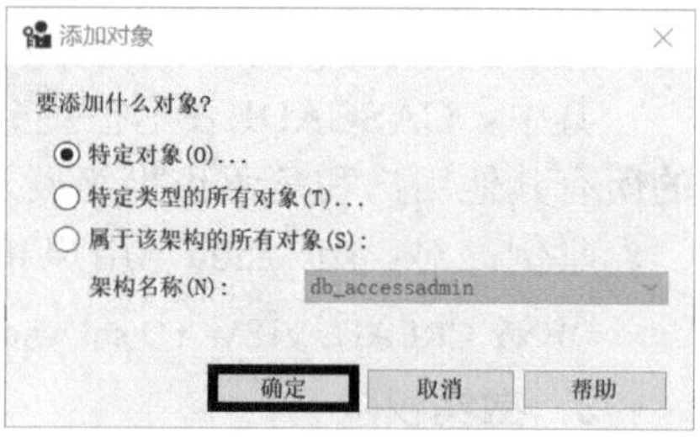

图9-15　添加对象

2）在“选择对象”对话框中，单击“对象类型”按钮。在“选择对象类型”对话框中勾选“表”复选框，单击“确定”按钮，如图9-16和图9-17所示。

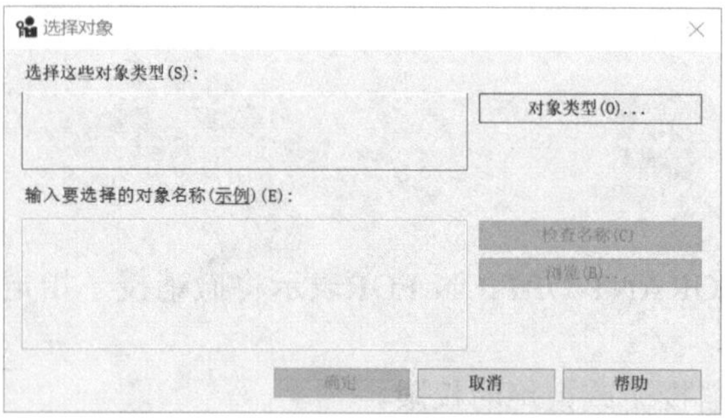

图9-16　单击“对象类型”按钮

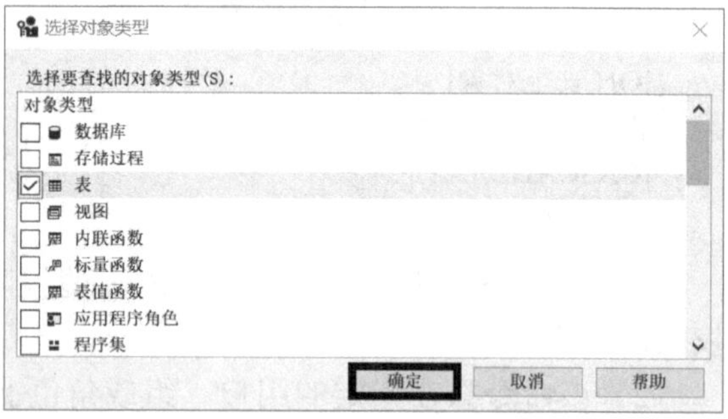

图9-17　选择对象类型

3）此时，“浏览”按钮可用，单击“浏览”按钮，在“查找对象”对话框中选择要对其进行权限操作的表，此时勾选数据表“tbStudent”复选框，单击“确定”按钮，如图9-18和图9-19所示。

4）回到前面的页面，在“安全对象”里已列出要更改权限的表，“显式”权限栏里已列出该表目前的所有权限，在“授予”列勾选“插入”“更改”“删除”复选框，在“拒

绝”列中勾选“更新”复选框。单击“确定”按钮完成权限设置，如图9-20所示。

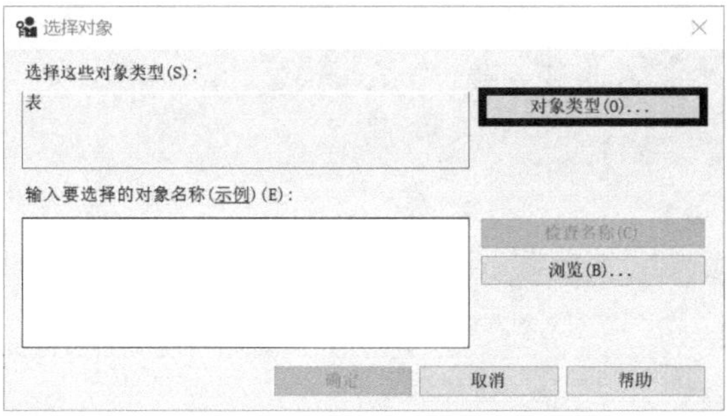

图9-18 单击“浏览”按钮

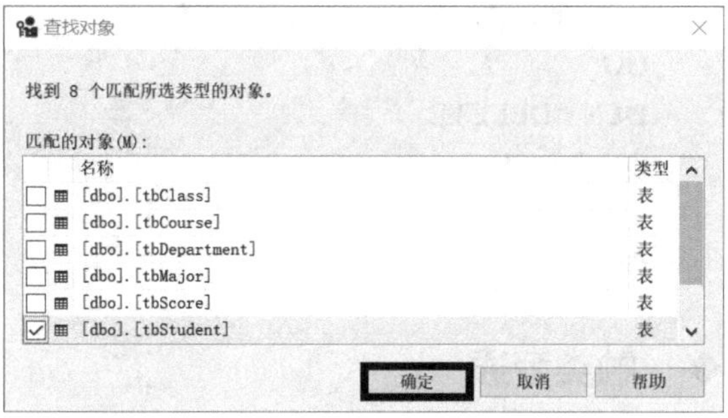

图9-19 “查找对象”对话框

图9-20 修改权限

2. 使用命令语句进行操作

选择“新建查询”命令，在界面中输入授予权限命令如下。

```
USE dbStudentScore
GO
GRANT INSERT,UPDATE
ON dbStudent
TO DBuser1
GO
```

选择“新建查询”命令，在界面中输入拒绝权限命令如下。

```
USE dbStudentScore
GO
DENY DELETE
ON dbStudent
TO DBuser1
GO
```

◆ 触类旁通

对于新建的MySQL 用户，可以用GRANT语句来对其授权。它的语法格式如下。

```
GRANT
<权限类型> [ ( <列名> ) ] [ , <权限类型> [ ( <列名> ) ] ]
ON <对象> <权限级别> TO <用户>
其中<用户>的格式：
<用户名> [ IDENTIFIED ] BY [ PASSWORD ] <口令>
[ WITH GRANT OPTION]
| MAX_QUERIES_PER_HOUR <次数>
| MAX_UPDATES_PER_HOUR <次数>
| MAX_CONNECTIONS_PER_HOUR <次数>
| MAX_USER_CONNECTIONS <次数>
```

1）授予表权限时，<权限类型>可以指定为以下值：

SELECT：授予用户可以使用SELECT语句进行访问特定表的权限。

INSERT：授予用户可以使用INSERT语句向一个特定表中添加数据行的权限。

DELETE：授予用户可以使用DELETE语句从一个特定表中删除数据行的权限。

DROP：授予用户可以删除数据表的权限。

UPDATE：授予用户可以使用 UPDATE语句更新特定数据表的权限。

ALTER：授予用户可以使用ALTER TABLE语句修改数据表的权限。

REFERENCES：授予用户可以创建一个外键来参照特定数据表的权限。

CREATE：授予用户可以使用特定的名字创建一个数据表的权限。

INDEX：授予用户可以在表上定义索引的权限。

ALL 或 ALL PRIVILEGES：所有的权限名。

2）授予列权限时，<权限类型>的值只能指定为SELECT、INSERT和UPDATE，同时权限的后面需要加上列名列表 column-list。

实例：使用GRANT语句创建一个新的用户，用户名为“testUser”，密码为“testPwd”。用户“testUser”对所有的数据有查询、插入权限，并授予GRANT权限。

```
mysql> GRANT SELECT,INSERT ON *.*
    -> TO 'testUser'@'localhost'
    -> IDENTIFIED BY 'testPwd'
    -> WITH GRANT OPTION;
```

◆ 任务小结

本任务要求掌握使用SSMS图形界面和T-SQL语句的方式进行权限的管理，创建分析权限、拒绝权限和撤销权限，例如，使用GRANT 语句分配权限、使用DENY 语句拒绝权限，使用REVOKE语句撤销权限等。

项目小结

本项目主要讲解如何对数据库进行安全管理，包括分配账号和授权，需要读者掌握相关知识点。数据库安全管理的思维导图，如图9-21所示。

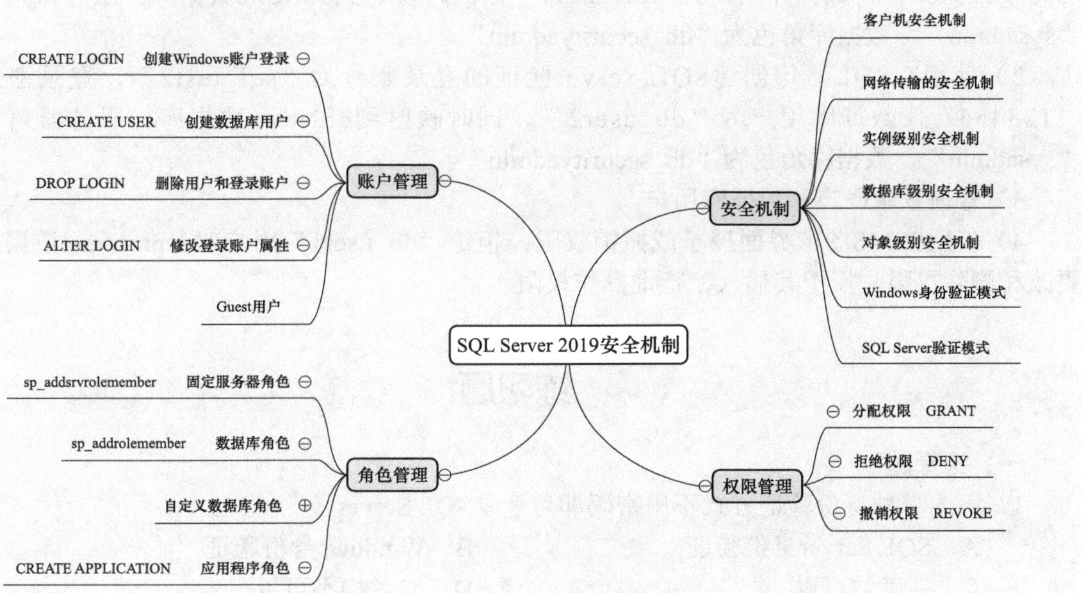

图9-21　数据库安全管理的思维导图

本项目介绍了SQL Server 2019的安全体系结构，详细讲解了Windows身份验证模式和混合模式的操作步骤。在账户管理里讲述了创建Windows账户登录、创建数据库用户的两种方法。在角色管理中讲解了固定服务器角色、数据库角色、自定义数据库角色和应用程序角色的相关概念以及两种创建方法。在权限管理中讲解了如何分配权限、拒绝权限和撤销权限的两种方法。需要读者全部掌握，并能熟练完成操作。

拓展任务

◆ 任务描述

为了保障数据的安全，数据库管理员需要对数据库分配账号并授权，每个账号有一定的访问范围，超过此范围的访问被视为非法访问。如果您是数据库管理员，为新闻网站系统数据库“dbNews”创建用户并授权。

◆ 思路提示

9-5 拓展任务 1　　9-6 拓展任务 2　　9-7 拓展任务 3

以下是任务分解和思路提示：

1）使用SSMS图形界面创建一个SQL Server验证的登录账号为“sql_test1”，登录密码为“123456”，数据库用户为“db_user1”，同时映射到dbNews数据库。服务器角色为“sysadmin”，数据库角色为“db_securityadmin”。

2）使用T-SQL语句创建SQL Server验证的登录账号为“sql_test2”，登录密码为“123456”，数据库用户为“db_user2”，同时映射到dbNews数据库。服务器角色为“sysadmin”，数据库角色为“db_securityadmin”。

3）管理登录账户和数据库用户。

4）使用SSMS图形界面授予或撤销权限：拒绝“db_user1”用户对department数据表的更改和删除权限，授予其插入、查询操作权限。

练习题

一、选择题

1．下面哪种身份验证方式不用密码即可登录SQL Server（　　）。

A．SQL Server身份验证　　B．Windows身份验证

C．二者均可以　　D．二者均不可以

2．下列不属于数据库用户的操作范围的是（　　）。

A．启动与停止计算机　　B．数据库的创建

C．数据表操作　　D．执行SQL语句

3．CREATE LOGIN语句的作用是（　　）。

A．创建Windows账户登录　　B．创建SQL Server登录账户

C．创建数据库用户　　D．修改账户

4．创建数据库用户时可以执行（　　）命令语句。

A．CREATE LOGIN　　B．CREATE USER

C．CREATE LOGIN USER　　D．A和C都可以

5．（　　）用户是一个能够加入数据库并且允许登录任何数据库的特殊用户。

A．guest　　B．master　　C．tempdb　　D．model

6．下列属于服务器角色的有（　　）。

A．sysadmin　　B．dbcreator　　C．securityadmin　　D.db_accessadmin

7．下列服务器角色中具有管理SQL Server登录账户权限的是（　　）。

A. securityadmin　　B. serveradmin
C. processadmin　　D. sysadmin

8. 创建数据库用户时可以执行（　　）命令语句。

A. CREATE LOGIN　　B. CREATE USER
C. CREATE LGOIN USER　　D. A和C都可以

9. 固定服务器角色不包含（　　）。

A. public　　B. processadmin　　C. db_ddladmin　　D. serveradmin

10. 自定义应用程序角色需要执行（　　）命令语句。

A. CREATE ROLE　　B. CREATE APPLICATION ROLE
C. CREATE DATABASE ROLE　　D. A和B都可以

11. GRANT和REVOKE语句主要用来维护数据库的是（　　）。

A. 完整性　　B. 可靠性　　C. 安全性　　D. 一致性

12. 下面哪一个不是SQL Server 2019数据库的角色类型（　　）。

A. 固定服务器角色　　B. 数据表角色
C. 自定义数据库角色　　D. 应用程序角色

13. SQL Server 2019存在的许可权是（　　）。

A. 语句　　B. 对象　　C. 预定义　　D. 以上均可

14. 授予数据库用户插入和删除权限，使用的命令是（　　）。

A. GRANT　　B. DENY　　C. REVOKE　　D. 以上都不是

15. 撤销数据库用户插入和删除权限，使用的命令是（　　）。

A. GRANT　　B. DENY　　C. REVOKE　　D. 以上都不是

二、操作题

9-8 练习题 1　　9-9 练习题 2　　9-10 练习题 3　　9-11 练习题 4

对dbStudentScore数据库完成以下操作：

1. 用T-SQL中语句创建一个Windows登录账户为“Winwang”，然后把它添加到服务器角色“securityadmin”。

2. 用T-SQL语句创建一个SQL Server登录账户为“sql_one”，然后添加到服务器角色“sysadmin”中。

3. 用T-SQL语句将数据库用户“dbuser”添加到数据库角色“db_datareader”和“db_datawriter”中。

4. 指定sql_one账户对数据表“tbClass”只有选择权限，不拥有插入、更改和删除权限。

项目10 使用ASP.NET开发网页程序

项目概述

“学生成绩查询系统”的数据库已创建，项目小组中的工程师需要开发Web网页查询系统，让老师和学生可以通过网页查询到相应的成绩数据。

开发工具：SQL Server 2019、Visual Studio 2019。

开发语言或者脚本：C#、HTML5、CSS。

开发环境和调试环境：Windows 10专业版、Google Chrome。

项目分析

为了完成“学生成绩查询系统”的网页端查询系统的开发，主要工作任务包括完成ASP.NET开发环境的部署，连接SQL Server 2019数据库；完成个人成绩查询和成绩统计网页、班级成绩查询 和成绩统计网页的开发。

知识与能力目标

1）能下载和安装Visual Studio 2019。

2）能完成ASP.NET开发环境的部署，连接SQL Server 2019数据库。

3）使用C#代码把SQL Server 2019数据库的内容呈现在网页中，完成数据查询功能和数据列表功能。

4）能较熟练地调试编写的网页程序。

任务1 部署ASP.NET开发环境

下载并安装Visual Studio软件，在Visual Studio环境中部署Web网站项目，并把SQL Server数据库连接到Visual Studio环境中。

◆ 任务分析

经分析，主要完成以下内容。

1）在网上搜索Visual Studio开发工具安装包，下载Visual Studio安装包，并安装好Visual Studio软件。

2）配套素材中提供了学生成绩查询系统的Web程序的项目文件“DBstudent”，该项目文件已经完成了HTML5页面的排版和布局，可以直接应用到ASP.NET编程环节中。

3）在Visual Studio 2019中打开项目“DBstudent”，并配置SQL Server数据库连接。

10-1　下载和安装软件

◆　任务实施

1. 下载和安装Visual Studio软件

1）进入Visual Studio 2019官网，单击“下载”按钮进入下载页面，可根据需求选择相应的版本，如图10-1所示。

图10-1　Visual Studio 2019下载页面

2）下载好安装包，打开安装包按操作提示进行安装。在程序加载步骤选择所需要的开发环境，这里选择第一个“ASP.NET和Web开发”，如图10-2所示。

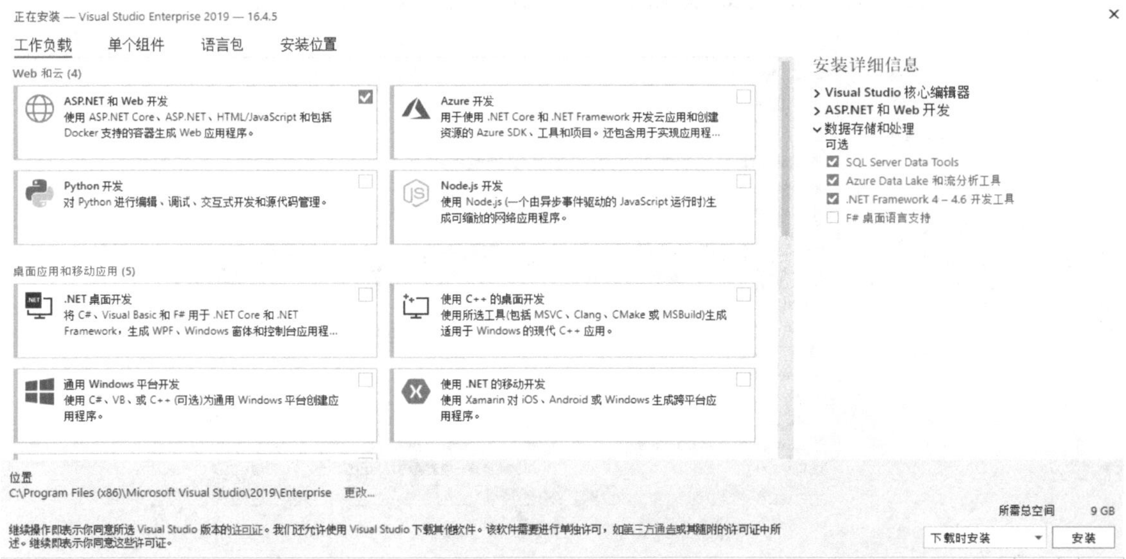

图10-2　选择“工作负载”

3）选择单独组件。上一步在“工作负载”已经选择“ASP.NET和Web开发”，这里会根据上一步的选择项默认选中所需要的组件，也可以根据需求选择要安装的单个组件。

4）选择安装位置，设置完成后单击“安装”按钮，等待程序自动完成安装。在安装过程中可以选择边下载边安装，也可以选择下载完成后再安装。

5）等待安装完毕之后，重启计算机，即可使用Visual Studio 2019。后续可以根据情况，按软件的提示进行产品的注册和激活。

2．部署开发环境

10-2　部署开发环境

1）检查SQL Server网络配置。在Windows中选择“开始”→SQL Server Configuration Manager命令，打开“SQL Server配置管理器”，在“SQL Server网络配置”的“MSSQLSERVER的协议”和“SQL Native Client 10.0配置”的“客户端协议”中，确认“TCP/IP”的“状态”是“已启用”，如图10-3所示。

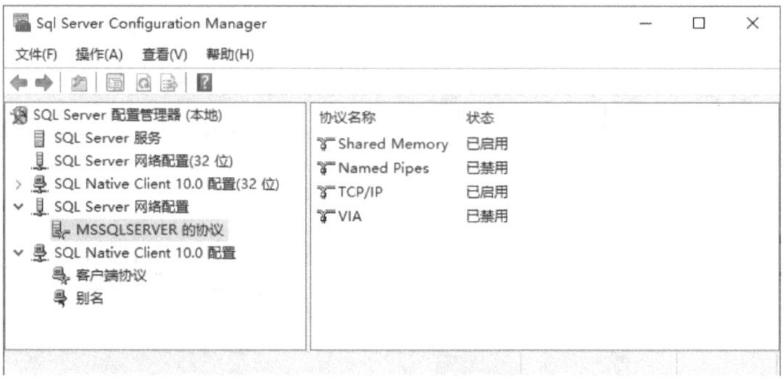

图10-3　SQL Server网络配置

2）开启SQL Server Browser服务。选择“控制面板”→“所有控制面板项”→“管理工具”命令，打开“服务”窗口，确认“SQL Server Browser”服务已经开启。它可以让局域网中的计算机通过IP访问在线考勤系统网站和数据库，如图10-4所示。

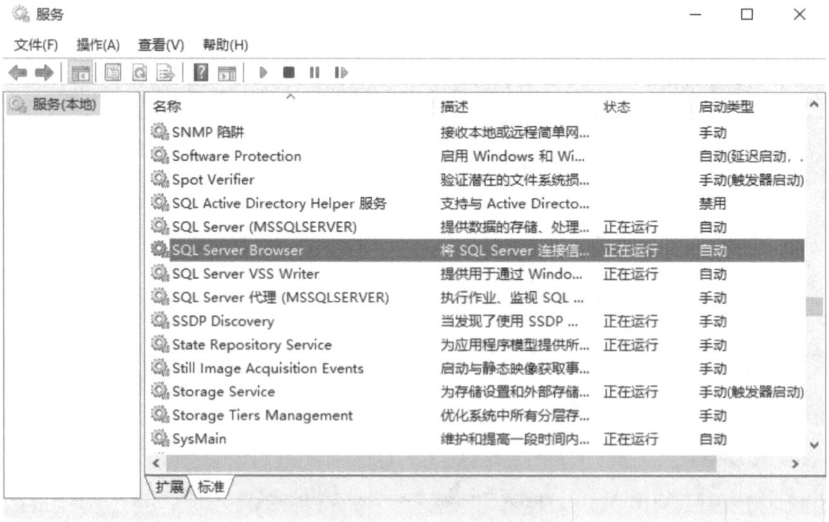

图10-4　开启SQL Server Browser服务

3）打开配套素材文件夹，找到“DBstudent”文件夹并复制到C盘根目录下。双击文件“DBstudent.sln”，调用Visual Studio打开网站项目。

4）配置web.config文件。打开项目“DBstudent”的web.config文件，在“<connectionStrings>”节点中修改数据库连接代码，代码如下。

```
<add name="dbStudentScoreConnectionString"
connectionString="Data Source=USER-20191209SY\ZHLG;
Initial Catalog=dbStudentScore;
Integrated Security=True" providerName="System.Data.SqlClient"/>
```

说明：Data Source是数据源，可以是本数据库系统的服务器名也可以是数据库系统的IP地址，Initial Catalog是数据库的名称，Integrated security=true表示以Windows身份验证的方式连接数据库，providerName="System.Data.SqlClient"是用来声明将要连接的数据库类型是SQL Server数据库，以上数据请根据实际情况修改。

或者以SQL Server账号登录，代码如下。

```
<add name="dbStudentScoreConnectionString"
connectionString="Data Source=192.168.1.2;
Initial Catalog=dbStudentScore;
User ID=teachersa;
Password=teacher12345" providerName="System.Data.SqlClient"/>
```

说明：User ID为SQL Server的登录账号，Password为密码。

5）测试项目数据库链接。打开“视图”→“服务器资源管理器”窗口，然后展开“数据连接”选择“dbStudentScoreConnectionString”的数据库，可以进一步打开数据库的表和视图，如图10-5所示。

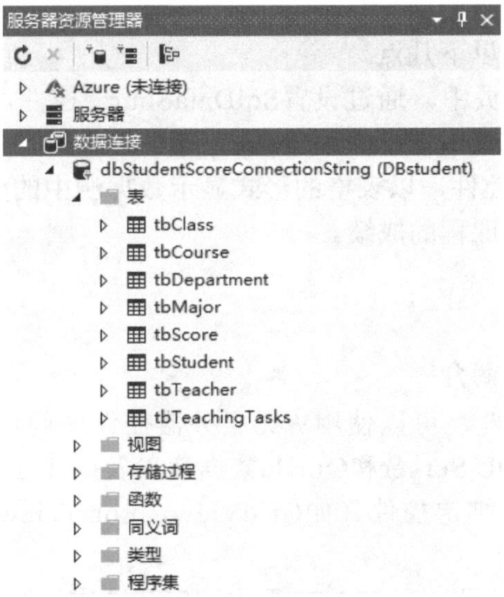

图10-5　测试数据连接

◆　任务小结

本任务主要是在网上搜索Visual Studio开发工具安装包，下载Visual Studio安装包，并安装好Visual Studio软件。在Visual Studio环境中部署ASP.NET开发环境，部署学生成绩查询系统的开发环境，并把SQL Server数据库连接到Visual Studio环境中。

任务2　实现个人成绩查询网页

在个人成绩查询初始网页GRCJCX.aspx中输入学号，可以查询学生每门课程的成绩。个人成绩查询初始网页，如图10-6所示。

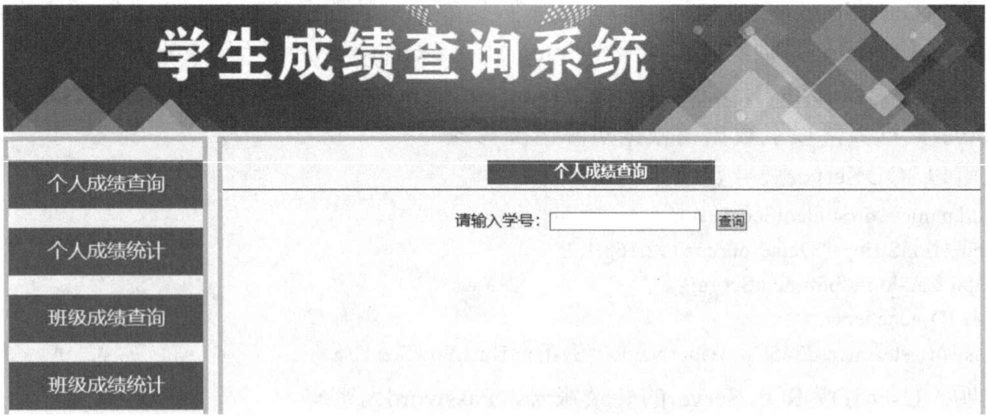

图10-6　个人成绩查询网页的初始页面

◆ 任务分析

经分析，主要内容包括以下几点。

1）在GRCJCX.aspx网页中，通过设置SqlDataSource控件，完成配置数据源及数据连接，实现对学生个人成绩的查询。

2）通过设置GridView控件，以表格的形式显示数据源中的数据，实现学生个人成绩的查询功能，显示该学生每门课程的成绩。

◆ 知识准备

1. SqlDataSource控件简介

通过SqlDataSource控件，可以使用Web服务器控件访问位于关系数据库中的数据。其中可以包括Microsoft SQL Server和Oracle数据库以及OLE DB和ODBC数据源。可以将SqlDataSource 控件与数据绑定控件（如GridView、FormView和DetailsView控件）一起使用。

使用SqlDataSource控件可以在ASP.NET页中访问和操作数据。只需提供用于连接到数据库的连接字符串并定义使用数据的SQL语句或存储过程即可。在运行时，SqlDataSource控件会自动打开数据库连接，执行SQL语句或存储过程，返回选定数据。

下面以空白网页test.aspx为例，简单介绍SqlDataSource控件的使用。

1）打开test.aspx，添加一个SqlDataSource 控件。

2）配置SqlDataSource控件。首先，单击SqlDataSource控件的任务框，选择“配置数据源”选项，打开“配置数据源”对话框，选择上个任务已经配置好的数据链接，如图10-7所示。

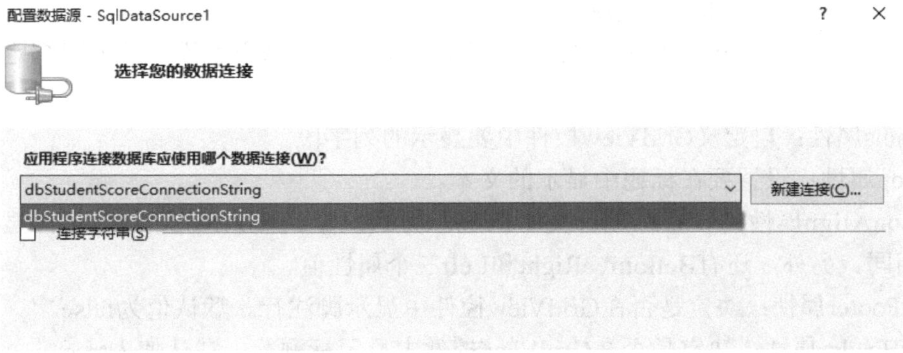

图10-7 “配置数据源”对话框

3）单击“下一步”按钮，配置SELECT语句，选择要查询的表和所要查询的列，如图10-8所示。

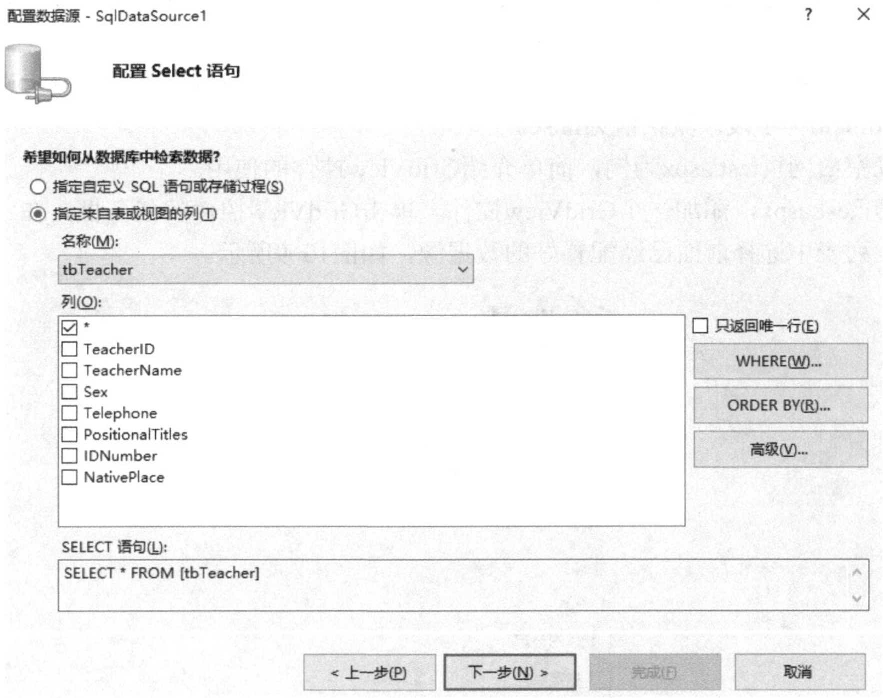

图10-8 配置SELECT语句

4）最后，单击“下一步”按钮，测试查询结果。向导将执行窗口下方的SQL语句，将查询结果显示在窗口中间。单击“完成”按钮，完成数据源配置及连接数据库。

2. GridView控件简介

GridView控件以表格的形式显示数据源中的数据。每列表示一个字段，每行表示一条记录。它不仅可以利用数据源控件自动绑定数据显示，还可以直接使用数据源控件操作命令对表中的数据进行选择、排序、编辑等操作。GridView控件的常用属性有以下几个：

（1）数据绑定和显示属性

DataSourceID属性：指定数据源控件ID。

AutoGenerateColumns属性：决定是否指定数据源中的每个字段自动创建绑定字段。默认值为true。

Columns属性：自定义GridView控件中要显示的列字段。

Caption属性：设置要在标题中显示的文本。

CaptionAlign属性：设置标题行文本的显示方式。默认值为NoSet，即顶部显示，与属性值Top相同。另外，还有Bottom、Right和Left三个属性值。

ShowFooter属性：决定是否在GridView控件中显示脚注行。默认值为false。

ShowHeader属性：决定是否在GridView控件中显示标题行。默认值为true。

（2）数据编辑功能属性

AutoGenerateDeleteButton属性：决定是否在GridView控件中自动添加带有“删除”按钮的CommandField列字段。默认值为false。

AutoGenerateEditButton属性：决定是否在GridView控件中自动添加带有“编辑”按钮的CommandField列字段。默认值为false。

AutoGenerateSelectButton属性：决定是否在GridView控件中自动添加带有“选择”按钮的CommandField列字段。默认值为false。

下面以空白网页test.aspx为例，简单介绍GridView控件的使用。

1）打开test.aspx，添加一个GridView控件。单击GridView控件的任务框，在“选择数据源”的下拉列表中选择前面已经配置好的数据源，如图10-9所示。

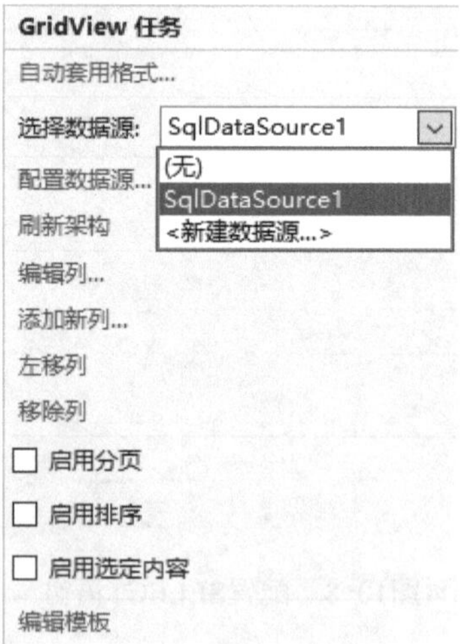

图10-9　选择数据源

2）单击GridView控件的任务框，选择“编辑列”命令，打开“字段”对话框，将每个BoundField控件绑定字段的HeaderText属性设置为该列的标题名，如图10-10所示。

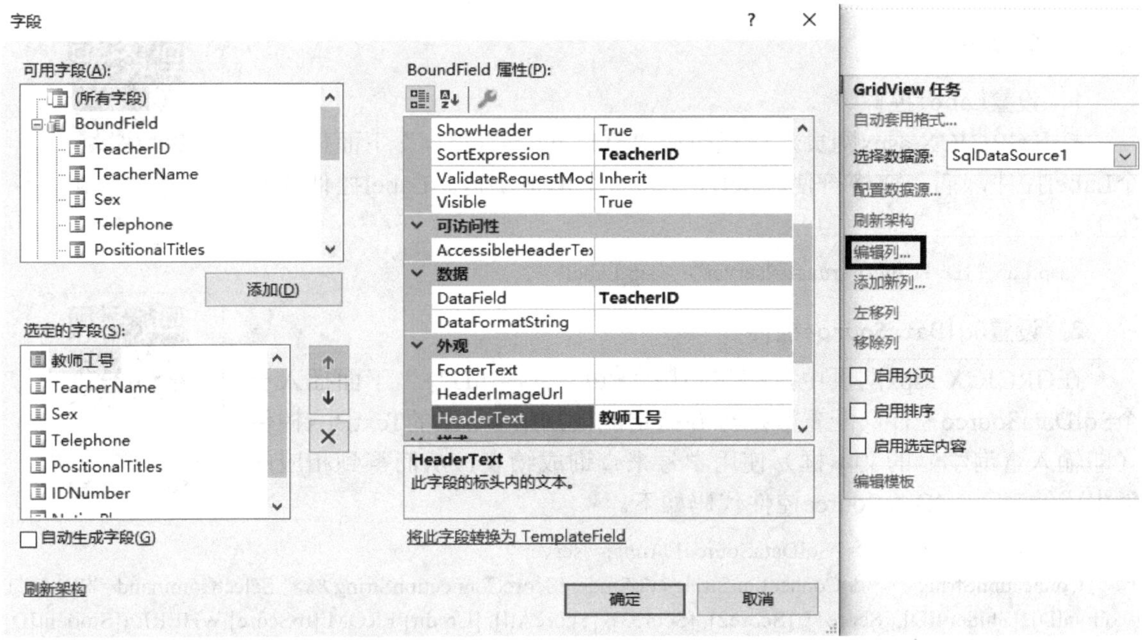

图10-10　选择“编辑列”打开“字段”对话框

3）在GridView控件的“属性”窗口，可以根据需求来设置GridView控件的属性，如图10-11所示。

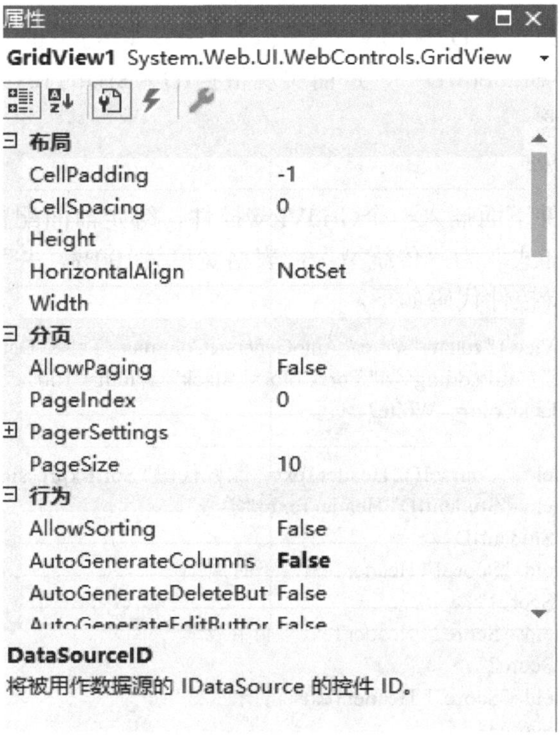

图10-11　GridView控件的“属性”窗口

◆ 任务实施

10-3 设置Label控件1

1. 设置Label控件

打开GRCJCX.aspx网页，在代码块“<td class="td2">”下面插入一个Label控件，插入空格符使Label控件向右空两个字符。Label控件代码如下。

```
<asp:Label ID="Label1" runat="server"></asp:Label>
```

10-4 设置SqlDataSource控件1

2. 设置SqlDataSource控件

在GRCJCX.aspx网页中，在代码块“<td class="td3">”下面插入一个SqlDataSource控件，配置数据源并指定能根据ID为SID的TextBox控件（即输入查询学号的文本框）使用学号来查询成绩表，从而得到相应的学生成绩表。SqlDataSource控件代码如下。

```
<asp:SqlDataSource ID="SqlDataSource1" runat="server"
ConnectionString="<%$ ConnectionStrings:dbStudentScoreConnectionString %>" SelectCommand="SELECT
[CourseID], [StudentID], [Score1], [Score2], [Score3], [ScoreAll], [Credit] FROM [tbScore] WHERE ([StudentID]
= @StudentID)">
<SelectParameters>
<asp:ControlParameter ControlID="SID" Name="StudentID" PropertyName="Text" Type="String" />
</SelectParameters>
</asp:SqlDataSource>
```

说明：“ControlID="SID"Name="StudentID"”语句指的是将“SID”控件的值赋给“StudentID”，进而实现根据ID为SID的TextBox控件的学号来查询成绩表。

10-5 设置GridView控件1

3. 设置GridView控件

在SqlDataSource控件下面插入一个GridView控件，绑定前面配置好的数据源，“套用表格样式”为“传统型”，表格宽度为100%，并为表格添加边框线。GridView控件代码如下。

```
<asp:GridView ID="GridView1" runat="server" AutoGenerateColumns="False" DataSourceID="SqlDataSource1"
EnableModelValidation="True" CellPadding="4" ForeColor="Black"  Width="100%">
<AlternatingRowStyle BackColor="White" />
<Columns>
<asp:BoundField DataField="CourseID" HeaderText="课程代码" SortExpression="CourseID" />
<asp:BoundField DataField="StudentID" HeaderText="学号"
    SortExpression="StudentID" />
<asp:BoundField DataField="Score1" HeaderText="平时成绩"
    SortExpression="Score1" />
<asp:BoundField DataField="Score2" HeaderText="期中成绩"
    SortExpression="Score2" />
<asp:BoundField DataField="Score3" HeaderText="期末成绩"
    SortExpression="Score3" />
<asp:BoundField DataField="ScoreAll" HeaderText="总评成绩"
    SortExpression="ScoreAll" />
```

```
<asp:BoundField DataField="Credit" HeaderText="学分"
    SortExpression="Credit" />
</Columns>
<EditRowStyle BackColor="#2461BF" />
<FooterStyle BackColor="#507CD1" Font-Bold="True" ForeColor="White" />
<HeaderStyle BackColor="#507CD1" Font-Bold="True" ForeColor="White" />
<PagerStyle BackColor="#2461BF" ForeColor="White" HorizontalAlign="Center" />
<RowStyle BackColor="#EFF3FB" />
<SelectedRowStyle BackColor="#D1DDF1" Font-Bold="True" ForeColor="#333333" />
</asp:GridView>
```

说明：表格样式设置。在GridView控件的任务框内，单击自动套用格式，选择表格样式；表格宽度设置在“属性”窗口中的“Width”属性中设置；边框线在“属性”窗口“GridLine”属性中设置。

10-6 设置 Button 控件 1

4. 设置查询按钮Button控件

双击“查询”按钮，它会自动打开GRCJCX.aspx.cs网页并自动生成Button1_Click（）的代码块，补充并完成代码块，如下。

```
protected void Button1_Click(object sender, EventArgs e)
{
    Label1.Text = "亲爱的" + SID.Text + "同学，您好！您所选修的课程成绩如下：";
}
```

5. 调试网页

在Visual Studio中，打开GRCJCX.aspx网页，然后按<F5>键启动调试功能，它会自动在网页浏览器中打开，输入相应的学号单击“查询”按钮，效果如图10-12所示。

图10-12 个人成绩查询网页效果

◆ 任务小结

本任务主要是实现个人成绩查询网页的功能，主要是通过SQL语句和C#代码把学生个人每门课程成绩的内容显示在网页中。为了完成网页的功能，要掌握SqlDataSource控件和GridView控件的基本用法，能对SqlDataSource控件的SelectCommand指定合适的SQL语句，以实现数据的查询功能。

任务3　实现班级成绩查询网页

对班级成绩查询初始网页BJCJCX.aspx实现输入班号查询该班级所有学生每门课程成绩的功能。

◆ 任务分析

经分析，主要内容包括以下几点。

1）在BJCJCX.aspx网页中，通过设置SqlDataSource控件完成配置数据源及数据连接，实现对班级所有学生每门课程成绩的查询。

2）通过设置GridView控件，以表格的形式显示数据源中的数据，实现班级所有学生每门课程成绩的查询功能，显示该班级每个学生每门课程的成绩。此SQL语句属于多表查询，写好这一个多表查询语句是本功能模块的核心。

10-7　设置Label控件2

◆ 任务实施

1. 设置Label控件

打开BJCJCX.aspx网页，在代码块“<td class="td2">”下面插入一个Label控件，插入空格符使Label控件向右空两个字符。Label控件代码如下。

```
<asp:Label ID="Label1" runat="server"></asp:Label>
```

2. 设置SqlDataSource控件

在BJCJCX.aspx网页中，在代码块“<td class="td3">”下面插入一个SqlDataSource控件，配置数据源并指定能根据ID为CID的TextBox控件（即输入查询班号的文本框）使用班号来查询成绩表，从而得到相应的班级成绩表。SqlDataSource控件代码如下。

10-8　设置SqlDataSource控件2

```
<asp:SqlDataSource ID="SqlDataSource1" runat="server" ConnectionString="<%$ ConnectionStrings:dbStudentScoreConnectionString %>" SelectCommand="SELECT tbClass.ClassName, tbStudent.StudentName, tbCourse.CourseName, tbScore.Score1, tbScore.Score2, tbScore.Score3, tbScore.ScoreAll
FROM tbClass, tbStudent, tbCourse, tbScore
WHERE (tbClass.ClassID = tbStudent.ClassID) AND (tbScore.StudentID = tbStudent.StudentID) AND (tbScore.CourseID = tbCourse.CourseID) AND (tbClass.ClassID = @ClassID)">
<SelectParameters>
<asp:ControlParameter ControlID="CID" Name="ClassID" PropertyName="Text" />
</SelectParameters>
</asp:SqlDataSource>
```

说明：本次查询的数据来自多表中的数据，在此也可采用项目3中所述的两种方法来解决。

3. 设置GridView控件

在SqlDataSource控件下面插入一个GridView控件，绑定前面配置好的数据源，“套用表格样式”为“传统型”，表格宽度为100%，并为表格添加边框线，设置自动分页，每页20条数据，设置跳页选项。GridView控件代码如下。

10-9　设置
GridView控件2

```
<asp:GridView ID="GridView1" runat="server" CellPadding="4" DataSourceID="SqlDataSource1"
EnableModelValidation="True" ForeColor="Black" Width="100%" AutoGenerateColumns="False"
AllowPaging="True" PageSize="20">
    <AlternatingRowStyle BackColor=” White” />
    <Columns>
    <asp:BoundField DataField="ClassName" HeaderText="班级名称" SortExpression="ClassName" />
    <asp:BoundField DataField="StudentName" HeaderText="学生姓名" SortExpression="StudentName" />
    <asp:BoundField DataField="CourseName" HeaderText="课程名称" SortExpression="CourseName" />
    <asp:BoundField DataField="Score1" HeaderText="平时成绩" SortExpression="Score1" />
    <asp:BoundField DataField="Score2" HeaderText="期中成绩" SortExpression="Score2" />
    <asp:BoundField DataField="Score3" HeaderText="期末成绩" SortExpression="Score3" />
    <asp:BoundField DataField="ScoreAll" HeaderText="总评成绩" SortExpression="ScoreAll" />
    </Columns>
    <EditRowStyle BackColor="#2461BF" />
    <FooterStyle BackColor="#507CD1" Font-Bold="True" ForeColor="White" BorderStyle="Solid" />
    <HeaderStyle BackColor="#507CD1" Font-Bold="True" ForeColor="White" />
    <PagerSettings FirstPageText="第一页" LastPageText="最后一页" Mode="NextPreviousFirstLast"
NextPageText="下一页" PreviousPageText="上一页" />
    <PagerStyle BackColor="#2461BF" ForeColor="White" HorizontalAlign="Center" Height="25px" />
    <RowStyle BackColor="#EFF3FB" />
    <SelectedRowStyle BackColor="#D1DDF1" Font-Bold="True" ForeColor="#333333" />
    </asp:GridView>
```

说明：本次查询的数据记录较多，需在设置GridView控件任务框勾选“启用分页”复选框，默认分页为10条记录。如要更改为其他数字，则需在“属性”窗口中的“PageSize”属性中设置；跳页选择在“属性”窗口中的“PageSetting”属性中设置。

10-10　设置
Button控件2

4. 设置查询按钮Button控件

双击“查询”按钮，它会自动打开BJCJCX.aspx.cs网页并自动生成Button1_Click（）的代码块，补充并完成代码块，结果如下。

```
protected void Button1_Click(object sender, EventArgs e)
{
    Label1.Text = "您好！ " + CID.Text + "班的课程成绩如下：";
}
```

5. 调试网页

在Visual Studio中打开BJCJCX.aspx网页，然后按<F5>键启动调试功能，它会自动在网页浏览器中打开，输入相应的班号单击“查询”按钮，效果如图10-13所示。

图10-13　班级成绩查询网页效果

◆ 任务小结

本任务主要是实现班级成绩查询网页的功能，主要是通过SQL语句和C#代码把班级所有学生每门课程成绩的内容显示在网页中。在Web开发中可以灵活使用GridView控件辅助，从而快速实现Web读取数据表的开发，例如，对GridView控件可以设计自动分页功能和设定预设的表格样式。

项目小结

本项目主要是结合ASP.NET和SQL Server数据，利用编程的方式实现成绩数据的查询。通过开发学生成绩查询系统，培养和训练读者掌握以下能力和技能。开发学生成绩查询系统的思维导图，如图10-14所示。

本项目详细介绍了“从零”开始设计和开发学生成绩查询系统的整个过程。

在Visual Studio环境中部署ASP.NET开发环境，并把SQL Server数据库连接到Visual Studio环境中。检查SQL Server网络配置，开启SQL Server Browser服务，配置web.config文件的数据库连接代码等以保证数据库能在网页中访问。

掌握GridView控件的用法，它可以在ASP.NET页中访问和操作数据。只需提供用于连接到数据库的连接字符串，并定义使用数据的SQL语句或存储过程即可。

掌握GridView控件的用法，它以表格的形式显示数据源中的数据，不仅可以利用数据源控件自动绑定数据显示，还可以直接使用数据源控件操作命令对表中的数据进行选择、排序、编辑等操作，方便程序员进行数据的操作，可以很大程度地减少程序员的编程量，以实现数据报表的呈现。

要完成一个Web系统的开发，需要多方面的综合知识，需要读者提高综合知识的运用能力，积累丰富的编程经验，才会提高编程效率，减少调试错误。

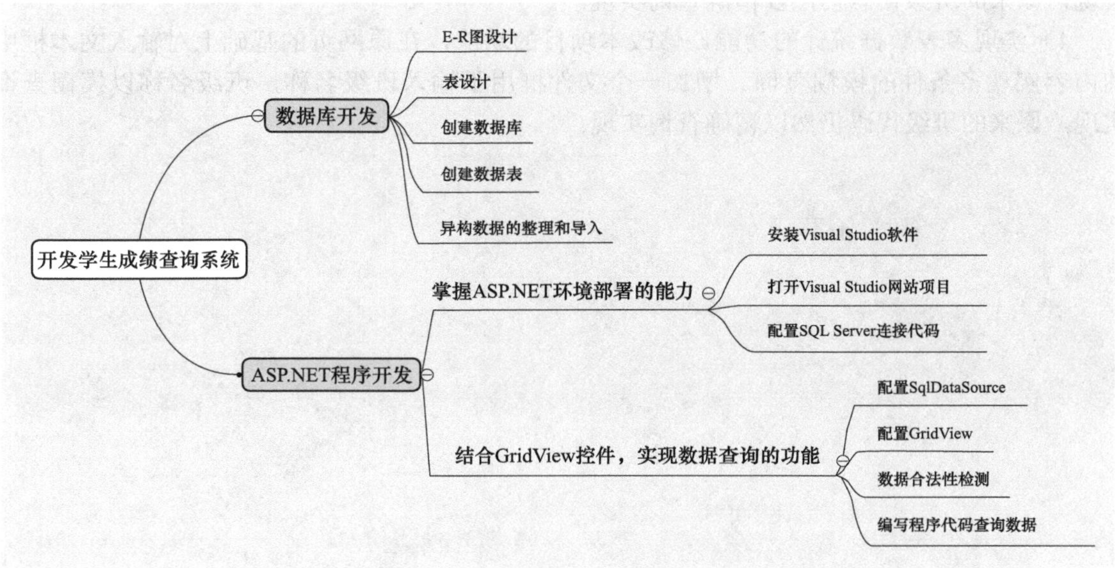

图10-14　开发学生成绩查询系统的思维导图

拓展任务

◆ 任务描述

学生成绩查询系统还有一些其他功能模块没有完成。结合前面的知识，完成以下功能页相应的设计和开发任务：

1）设计院系和专业等信息查询的页面。

2）设计班级、学生、教师等信息统计的页面。

3）设计通过模糊查询和查询链接实现班级成绩查询的页面。

4）设计通过模糊查询和查询链接实现班级成绩统计的页面。

◆ 思路提示

1）实现单表数据查询的功能。参考本任务的网页风格，自主设计网页classSearch.aspx，读取班级表tbClass的数据，输入班级名称后，单击“查询”按钮可以实现“班级信息查询页面”。

2）实现单表数据统计的功能。参考本任务的网页风格，自主设计网页classAnalysis.aspx，读取班级表tbClass的数据，提供1个“搜索”文本框，输入专业代码的信息，显示“专业代码、校区、年级和班级人数”，单击“查询”按钮可以实现“班级信息统计查询页面”。

3）实现多表数据查询的功能。修改本项目的功能，在原网页的基础上对输入文本框中的内容实现多条件的模糊查询。增加一个文件框用于输入班级名称，班级名称以模糊查询实现，原来的班级代码仍然以精确查询实现。

4）实现多表数据统计的功能。修改本项目的功能，在原网页的基础上对输入文本框中的内容实现多条件的模糊查询。增加一个文件框用于输入班级名称，班级名称以模糊查询实现，原来的班级代码仍然以精确查询实现。

参 考 文 献

[1] 王珊，萨师煊．数据库系统概论[M]．5版．北京：高等教育出版社，2014．

[2] Abraham Silberschatz，Henry F.Korth，S.Sudarshan．数据库系统概念（原书第5版）[M]．杨冬青，马秀莉，唐世渭，等译．北京：机械工业出版，2007．

[3] 李俊民．SQL Server数据库开发自学经典[M]．北京：清华大学出版社，2015．

[4] 孙亚男，郝军．SQL Server 2016 从入门到实战[M]．北京：清华大学出版社，2018．

[5] 刘芳．SQL Server数据库技术及应用项目教程[M]．北京：清华大学出版社，2010．

[6] 郭力子，等．Visual C#程序设计应用教程[M]．2版．北京：机械工业出版，2017．